国家重点图书

专家为您答疑丛书

农用运输车使用与维修
百问百答

赵晓顺 于华丽 桑永英 刘洪杰 编著

中国农业出版社

内 容 简 介

　　本书以问答形式介绍农用三轮和四轮运输车的驾驶、使用、维修、常见故障的诊断与排除方法。全书共分三章：第一章介绍农用运输车的基本知识、维护与保养以及相关的油料常识；第二章介绍农用运输车的驾驶技术和有关知识；第三章主要介绍农用运输车的发动机、底盘、电气及液压系统的常见故障及诊断与排除方法。

　　本书以通俗简明的语言和直观形象的图表，可使读者快速入门，轻松上手。

　　本书可供农用运输车驾驶员、修理人员、管理人员、技术人员学习参考，也可作为农用运输车驾驶员的培训用书。

编著者 赵晓顺　于华丽

　　　　桑永英　刘洪杰

审　稿 邝朴生

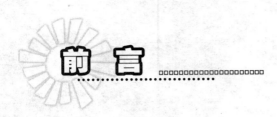

前　言

　　目前，农用运输车已经成为我国交通运输工具的重要组成部分，是一种适应我国目前农村经济水平的交通运输工具。它具有结构简单、使用维修方便、价格低廉等优点，深受广大农民的喜爱，近年来得到了迅速发展，不仅大大促进了我国农村与农村之间、乡村与城市之间的物资交流，还有利于农村资本的积累，为农村经济的快速发展发挥着越来越重要的作用。为了帮助农用运输车驾驶员、维修和管理人员提高技术水平，高效、安全地使用、维修农用运输车，我们编写了《农用运输车使用与维修百问百答》一书。

　　本书运用通俗简明的语言，并辅以直观、形象的图表，清晰地表述了农用运输车零部件的结构、几何形状及相互位置，系统地介绍了农用运输车的基本知识、使用与维修、常见故障的诊断与排除方法，使读者易懂、易学、易会，适合广大农民驾驶人员、修理人员、技术人员等阅读参考。

作　者

2012 年 4 月

目　录

第一章 农用运输车基本知识

一、概述

1. 什么是农用运输车?

根据 GB 7258—2004《机动车运行安全技术条件》和 GB 18320—2008《三轮汽车和低速货车安全技术要求》，更换了"农用运输车"的名称，低速载货汽车是对农用运输车的新称谓，将其纳入了"汽车"范围以加强管理，将"三轮农用运输车"更名为"三轮汽车"，将"四轮农用运输车"更名为"低速货车"。农用运输车（低速载货汽车）是以柴油机为动力装置，用于农村道路货物运输的低速机动车，主要有三轮农用运输车（三轮汽车）和四轮农用运输车（低速货车）两类。具体规定如下：

（1）四轮农用运输车（低速货车） 即标定功率不大于28kW，载质量不大于 1 500kg，最大设计车速不大于 70km/h，具有四个车轮的农用运输车。

（2）三轮农用运输车（三轮汽车） 即标定功率不大于9kW，载质量不大于 750kg，最大设计车速不大于 50km/h，具有三个车轮的农用运输车。

2. 农用车有哪几类车型？各有何特点？

农用车按车轮的数量分为三轮农用车和四轮农用车两类。

(1) 三轮农用车　三轮农用车的载质量有 500kg 和 750kg 等类型，有带驾驶室和不带驾驶室两种，转向装置有转向把式和转向盘式两种，启动方式有人力启动和马达启动两种。

为三轮农用车匹配的发动机型号有 175、R175、R175A、180、R180、R180N、185、R190、S190、S195 和 S1100，多数三轮农用车配用 S195 型柴油机。

三轮农用车是一种介于拖拉机和轻型汽车之间的农用运输机械，主要为农业生产服务，如运送生产资料和农业生产产出物，配上施水装置还可进行灌溉和喷药等作业，同时也可用于短途客运。根据我国目前农业运输以"三中"（中小吨位、中低等级道路和中等驾驶水平）为主的实际情况，其设计思想是在保证基本使用功能并保证安全要求的原则下，尽量简化结构，降低制造成本，以满足广大农民的需要和购买能力。因此，三轮农用车的显著特点是：以柴油机为动力、结构简单、车速较汽车低、稳定性差。

20 世纪 80 年代初我国开始着手研制三轮农用车，早期研制的是配装 170 型柴油机的骑式三轮运输车。之后，在结构上进行了重大改进，将骑式改为坐式，配用动力由单一的 170 型柴油机拓展到 175、180、185、190 及 195 等多种型号的柴油机。动力传动方式也有了很大的改变，不仅有链传动，而且有皮带传动、动力输出轴传动等多种传动方式。操向方式不仅有转向把式，也有转向盘式。有无驾驶室的，也有带驾驶室的。由于三轮农用车具有结构简单、机动灵活、使用方便、价格低廉等特点，深受广大农民的喜爱并得到飞速发展。目前，全国已有多家定点生产厂家，如山东时风集团公司、南京金虹集团、山东巨力集团有限公司和山东聊城双力农用车集团公司。

近年来，国家不断加强对三轮农用车生产和使用的管理。1990 年机械电子工业部和公安部对所有生产企业的生产必备条件及车型进行了考核认证，并对三轮农用车进行了目录管理；

1992年机械电子工业部和公安部规定了《三轮农用运输车特定技术条件》；1993年公安部颁布了《农用运输车安全基准》。使三轮农用车的生产和使用进入了依法科学管理的轨道。随着三轮农用车结构设计的不断改进，企业生产条件的日臻完善，产品质量明显提高。

（2）四轮农用车　四轮农用车的载质量分为1.5t、1.0t、0.75t和0.5t 4个等级，驾驶室有平头和长头两种类型，其座位有单排、一排半和双排之分，卸载方式有自卸和非自卸两种类型。

与四轮农用车匹配的柴油机型号有285、295、375、380、480、485和490，多数四轮农用车配用375、480和485型柴油机。

目前，四轮农用车的配套动力多为多缸柴油机，缸径为75～100mm，以四缸柴油机为多，三缸柴油机也不少，二缸柴油机应用已很少。主要包括以下系列：

①75‐80‐85系列。如480、485型柴油机，为四轮农用车的主动力。

②老85‐90系列。如490型直喷柴油机，在四轮农用车上配套较多。

③N85系列。该系列原是为农用车设计并兼顾其他用途的通用柴油机，现生产形势不尽如人意。

④90系列。由立式单缸柴油机扩展而来的，有二缸、三缸、四缸柴油机。现在配套已经不多。

⑤95‐100系列。主要为老95系列，原作为拖拉机动力，经改造后用在载质量为1.5t的四轮农用车上。在此基础上改进的4100QB型柴油机，在大吨位四轮农用车上应用较多。

3. 三轮农用车结构形式有哪些？

三轮农用车根据结构形式不同分类如下：

（1）按驾驶员乘坐方式不同分为骑式和坐式。骑式三轮农用车斜梁和车箱架之间由上平梁连接。驾驶员跨骑在上平梁上，发动机设置在两腿之间，上下车不方便，劳动条件恶劣。早期设计的三轮农用车采用这种乘坐方式，目前已逐渐淘汰。

坐式三轮农用车车架前部分为敞开结构（图1-1），驾驶员两腿放在发动机之前，操作方便，劳动条件有所改善。

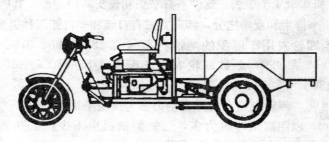

图1-1 坐式三轮农用车

（2）按转向操纵方式不同分为转向把式和转向盘式。转向把式结构简单，但操纵舒适性不如采用敞开式齿轮-齿条转向结构的转向盘式，转向盘式造价相对较高。

（3）按动力传动方式不同分为轴传动、皮带传动和皮带-链传动几种。

（4）按变速箱操纵结构不同分为左手换挡和右手换挡两种，左手换挡使用不方便，但操纵结构简单；右手换挡使用方便，但操纵结构复杂。

4. 农用车由哪几部分组成？各有何功用？

农用车主要由发动机、底盘和电器设备三大部分组成。

（1）发动机 发动机是农用车的动力装置，其作用是使供入汽缸的燃油和空气（可燃混合气）燃烧，并将产生的热能转变为机械能（动力）输出。农用车大都采用高速、四冲程柴油发动机

（简称柴油机）。其中三轮农用车所用柴油机大多为单缸；而四轮农用车由于需要较大的动力输出，故多采用多缸柴油机，常见的有二缸、三缸和四缸等。

（2）底盘 除发动机和电器设备之外的其他系统和装置统称为底盘。它包括传动系统、转向系统、制动系统、行驶系统和安全防护装置。

①传动系。发动机和驱动轮之间的所有传动件统称为传动系。其功用是将发动机发出的动力传给驱动轮，使农用车获得所需要的各种行驶速度，实现农用车的起步、停车和倒车。四轮农用车的传动系主要由离合器、变速箱、传动轴、主减速器、差速器和半轴等部件组成。其中主减速器、差速器和半轴等统称为后桥，也称驱动桥。三轮农用车的传动系与四轮车基本相同，只是许多三轮农用车传动系中采用了皮带传动或链传动装置，而传动轴用得不多。

②转向系。农用车行驶过程中，由驾驶员操纵，迫使转向轮偏转，然后再回位的一整套机构，就称为农用车的转向系。其功用是改变农用车的行驶方向和保持稳定的直线行驶。农用车大多采用机械转向系，它主要由转向操纵机构、转向器和转向传动机构三大部分组成。

③制动系。农用车在行驶时，如遇到障碍物或其他特殊情况，就需要在尽可能短的距离内将车速减到很低，直至停车；下长坡时，要将车速限制在一定的安全值以内；有时，需要在坡道上较长时间停车，就要使其可靠停稳。使行驶中的车辆减速直至停车，使下坡的车辆速度保持稳定，以及使已停驶的车辆保持不动，这些作用统称为制动。对农用车实施制动，必须对农用车轮毂施加一定的外力，这种外力称为制动力。产生制动力的一系列专门装置即称为制动系。

④行驶系。农用车的行驶系通常由车架、车桥、悬架和车轮等部分组成，但因车型不同，具体结构会有明显差异。其功用是

把柴油机传到驱动轮的驱动力矩，变为车辆前进所需要的推动力，将驱动轮的旋转运动变为车辆在路面上的移动，保证车辆的行驶。

（3）**电器设备**　电器设备主要用来启动柴油机（对电启动式农用车），保证车辆安全行驶和夜间照明。电器设备一般包括电源设备、用电设备和配电设备三部分。电源设备由发电机（直流发电机或硅整流发电机）和配用的调节器，以及蓄电池等组成；用电设备由启动电动机、照明灯具、仪表及电喇叭等组成；配电设备由电源开关、保险丝和导线等组成。

农用车上的用电设备与汽车、拖拉机等的电器设备相同，都采用低压电源（一般为 6V 或 12V）和单线制，即用电设备只有一根导线接电源（火线），另一根导线则由机体代替。

5. 三轮农用车产品型号编制规则是怎样的?

各种三轮农用车按 JB/T 10197—2000《三轮农用运输车型号编制规则》编制产品型号。

三轮农用车型号一般由类别代号、特征代号、主参数代号、功能代号和区别代号组成，特征代号与主参数代号之间以短横线隔开，其排列顺序如图 1-2 所示。

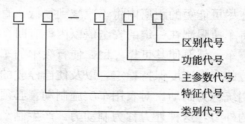

图 1-2　三轮农用车型号组成

（1）**类别代号**　7Y，表示三轮农用车。

（2）**特征代号**　特征代号一般用三轮农用车主要结构的汉语

拼音字母的第一个字母表示。根据三轮农用车的结构特点规定：

P——装转向盘式转向器（手把式转向的不标注）；

J——装驾驶室（不装驾驶室的不标注）；

Z——轴传动型（其他传动型不标注）。

（3）主参数代号　主参数代号由发动机标定功率和额定载质量的代号组成。

第一位数字为功率代号，用发动机 1 小时标定功率 kW 数接近的整数表示，如：

5——标定功率为 5kW 的柴油机；

6——标定功率为 5.6kW 的柴油机；

7——标定功率为 6.5kW 的柴油机；

8——标定功率为 7.4kW 的柴油机；

9——标定功率为 8.8kW 的柴油机。

第二、第三位数字表示三轮农用车的额定载质量，用 kg 数的 1/10 表示，如：

50——额定载质量为 500kg；

75——额定载质量为 750kg。

（4）功能代号　功能代号一般用三轮农用车的特殊用途或功能的汉语拼音字母表示，规定：

D——自卸式（非自卸式不标注）。

（5）区别代号　区别代号由改进代号和（或）变型代号组成。

三轮农用车机构经较大改进后，在原型号后加注字母 A，如进行了数次改进，则在字母 A 后从 2 开始依次加注改进的次数，当原型号末位为字母时可省略字母 A。为了增加三轮农用车的用途和功能，基本型三轮农用车的某些结构形式经改变后，在原型号后应加注变型代号。一般应用增加用途或功能的主要特征的汉语拼音字母的第一个字母表示。

以型号 7YP－875A4 为例：7YP－875A4 表示转向盘式转

向，不装驾驶室，发动机为标定功率为 7.4kW 的柴油机，额定载质量为 750kg，第四次改型的三轮农用车。7YPJ‑850D 表示转向盘转向，装驾驶室，标定功率为 7.4kW 的柴油机，额定载质量为 500kg 的自卸式三轮农用车。

6. 四轮农用车产品型号编制规则是怎样的？

根据 JB/T 7735—1995《四轮农用运输车型号编制规则》，四轮农用车型号一般由系列代号、功率代号、载质量代号、结构和功能代号及区别标志组成，其排列顺序如图 1‑3 所示。

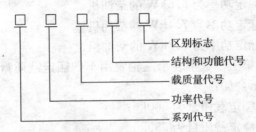

区别标志
结构和功能代号
载质量代号
功率代号
系列代号

图 1‑3 四轮农用车型号组成

（1）系列代号 用汉语拼音字母表示，用以区别不同系列或不同设计的机型。如无必要，系列代号可省略。

（2）功率代号 用发动机标定功率千瓦数接近的圆整数表示。

（3）载质量代号 用额定载质量百千克数接近的圆整数表示。载质量小于 950kg 的圆整数前用"0"占据空位。

（4）结构和功能代号 用一个或两个大写汉语拼音字母表示，字母的含义为：

C——长头，D——自卸式，F——吸粪，G——罐式，H——活鱼，L——冷藏，P——一排半座，Q——清洁，S——四轮驱动，SS——洒水，W——双排座，X——厢式，K——客车。无代号的表示平头单排座两轮驱动非自卸式。

（5）区别标志　结构经较大改进后，在原型号后加注区别标志，用阿拉伯数字表示。原型号末位为数字时区别标志前加一短横线。

以型号 2815W2 为例：2815W2 表示标定功率为 28kW，载质量为 1 500kg，双排座平头两轮驱动非自卸式，第二次改进型的四轮农用车。

7. 如何选择农用车车型？

三轮农用车结构简单，使用维修方便，轮距窄，转弯半径小，适合田间道路条件。在结构上与小型拖拉机更为接近，它的发动机是单缸柴油机，标定功率为 8.8kW 左右，载质量一般为 500kg，价格便宜。三轮农用车基本上是手摇（人力）启动。一般没有车棚，或只有简易车棚，因此驾驶员的工作条件较差，噪声大，振动较大。按转向操纵方式有转向盘式和手把式。转向盘式相对操纵方便、灵活。按驾驶员坐椅分骑坐式和乘坐式，乘坐式较为舒适。

三轮农用车的变速箱有 2 挡，2＋1 挡，3＋1 挡等几种，后桥有普通型和强化型两种。如工作条件恶劣，应选功率较大，挡位较多，强化后桥型的。用户选择时应结合自己对农用车的基本要求和使用条件等，对照农用车的技术特征进行筛选。

例如：拟购的三轮农用车除能完成一般中短途运输之外，还希望能完成一些其他作业，如铡草、脱粒、喷洒农药等，则可考虑选择多功能运输车；当车辆要经常行驶在高低不平的路面上时，应优先考虑选择形体小，离地间隙较大的三轮农用车，它具有较好的通过性；当车辆要常在坡度较大的路面行驶时，应选择具有较大爬坡度的车辆。

四轮农用车在结构上更接近于轻型汽车。与三轮式相比，它的结构较复杂，对使用、维修要求较高。它的发动机多为二缸、三缸和四缸发动机，因此载质量较大，多为 1 000kg 和 1 500kg，也有 750kg 和 500kg 的。

四轮农用车的种类较多，除基本型（又称普通型）外，还有自卸式、双排座、半排座、四轮驱动等变型产品。适合于乡间或城乡运输。

四轮农用车有比较正规的驾驶室，有较多的监测仪表，乘坐较舒适，驾驶方便，但其价格较三轮农用车要高。

从结构上，四轮农用车有相对简单机型和相对复杂机型。从技术层次上有高档、中档和低档 3 种。

对于一般用途，选择基本型就可以了，但若有特殊要求和用途，则可选择变型产品。如经常装卸散装货物（如沙石、煤炭等），可选自卸型；乘坐人员多，而装载货物少时，可选双排座（最多可乘坐 6 人）；当装载物品体积较大时，可选加长轴距或加高栏板型。

8. 如何选购农用车？

购买农用车时要根据自己的经济实力和用途，选择安全可靠、性能优良、美观舒适、经济实用的车型。

（1）根据经济状况和实际需求选购三轮或四轮农用车　农用车如按载质量可分为 0.5t、1.0t、1.5t 等类型。四轮农用车又可分为平头式和长头式两类。平头式农用车，视野开阔，驾驶室宽敞舒适，但售价较高；且维修发动机不十分方便；长头式农用车，操作性好，安全系数高，使用维修较方便，但货厢容积要小一些。三轮农用车结构简单，价格便宜，操纵灵活轻便，很适合在农村道路上行驶，但其稳定性欠佳，驾驶员操纵环境条件较四轮农用车要差一些，载货量也较少。另外，国家有关部门还对三轮、四轮农用车分别规定了使用年限。其中，三轮农用车的使用年限不得超过 5 年，四轮农用车的使用年限不得超过 8 年。

（2）根据制造质量、可靠性、售后服务等确定品牌 全国目前共有农用车正式生产厂家近 280 家。各家的产品除达到国家规定的技术要求外，还有其不同特点（如在不同的销售地区，将配用不同厂家的发动机，以充分满足不同用户的需求和维修服务的方便）。用户需对当地或周边邻近地区生产厂家生产的农用车是否适合自己的需要，同类车在已购车用户中的反映（质量好坏、"三包"服务是否到位、及时，易损零配件是否供应充足、通用，价格是否合理，维修是否方便）等方面进行综合考虑。选择技术力量强、制造质量高、故障少、性能好的产品。要首先选择生产量大、生产时间长、质量较稳定的产品。一般来说，这样的产品可靠性较高，使用中故障较少，购买费用可能会高一些，但节约了维修费、停机费，提高了安全性，因此还是合算的。

（3）购置时，做好验车、接车工作 车型确定后，可请有经验、熟悉农用车的技术人员帮忙选购。一般要进行以下几方面检查。

①外观质量检查。

a. 漆膜应无脱落、划伤、碰伤、皱纹等。

b. 各焊接部位应牢靠，焊缝行直，无漏焊、虚焊、夹渣等焊接缺陷。

c. 检查各连接螺栓的紧固情况。特别是一些重要部位，如转向机构、制动机构、轮胎以及传动箱等处的螺栓紧固情况。

d. 检查是否有漏（渗）油、漏（渗）水、漏气、漏电情况。检查方法是，农用车行驶约 30min 后，停车检查各接合面，油管、水管的接头，应无上述"四漏"现象。

e. 检查车门、玻璃，要安装平齐，牢固可靠。

f. 检查装箱清单、随车工具、易损件、备件、使用说明书等是否齐全、完整。

②柴油机的检查验收。

　　a. 摇车检查：用摇把摇转曲轴，应感到柴油机压缩有力，减压机构工作正常，各部无异常响声，机油压力指示正常。

　　b. 柴油机启动性能检查：按规定加注润滑油、冷却水和柴油。对于手摇启动的，在拉起减压手柄、用摇把摇动时应轻松灵活。在摇动加速后，放下减压手柄，柴油机应能顺利启动。用电动机启动的，在蓄电池正常情况下，接通电源，按下启动钮，在5s之内，能顺利启动柴油机。然后停机，隔2min进行第二次试启动，若也能在5s之内启动，则表明柴油机启动性能良好。冬季温度低，柴油机的启动性不好，必要时可在水箱里加热水，直至从放水开关中放出的水温超过30℃，再进行如上所述的启动性能检验。

　　c. 柴油机空运转检查：柴油机启动后，若运转平稳，声音清脆，润滑油压力、水温正常，排气无色或青色，说明柴油机空运转正常。

　　d. 柴油机加速性能检查：加大或减小油门时，调速器应工作灵敏，加速性能良好。加大油门时，柴油机加速轻快、灵敏，减小油门时，减速快捷迅速。在固定一个油门时，发动机转速应平稳。发电机工作正常，照明、喇叭、灯光、信号等各电器设备工作良好。

　　③底盘的检查。

　　a. 起步检查：离合器、传动箱、制动器、转向机构等应工作正常可靠，无发卡、涩现象，无异响。

　　b. 离合器踏板自由行程要正确，分离完全彻底，接合平稳可靠，不得有抖动、打滑现象。

　　c. 变速箱挂挡、换挡顺利，无脱挡、跳挡现象。

　　d. 制动系反应灵敏，制动距离合乎要求，制动时不跑偏。

　　e. 转向机构操纵灵活轻快，能根据需要顺利转向、倒车。转向盘自由行程应正确。

　　④液压自卸部分。

a. 液压操纵系统应操作方便、灵活。

b. 油缸工作正常。当操纵手柄在"举升"位置时，举升油缸随柴油机油门增大，举升速度随之增快。当油缸举升到顶点一瞬间，可听到安全阀开启的"吱、吱"声，马上将手柄放到"下降"位置，油缸活塞杆应平稳下降。

c. 自卸功能可靠，油缸举升到最高位置时，车厢的倾角不得小于 45°，从举升开始到举升完毕的时间不得超过 20s；在规定的装载质量下净沉降（柴油机熄火时，油缸下降的程度）不得超过 5％。

9. 农用车的基本术语有哪些?

（1）整备质量　整车加足燃油、冷却水、润滑油、制动液，并带齐随车工具、备胎及其他备品时的全部质量（kg）。

（2）载质量（过去习惯称载重量）　产品出厂时，由制造厂根据使用条件并考虑诸多方面因素规定的车辆装载质量（kg）。

（3）轮距　同一车轴上左右两轮轮胎中心线的距离（mm），如图 1-4 所示。

（4）轴距　前轴中心线至后轴中心线的距离（mm），如图 1-4所示。

（5）最小离地间隙　车辆满载时，车辆最低部位到地面的距离（mm）。

（6）最小转向圆直径　车辆转向时，转向盘打到最左或最右的极限位置，外侧前轮中心轨迹的圆弧直径就是最小转向圆直径（m）。直径越小，车辆的机动性能越好。农用车规定：三轮农用车的最小转向圆直径不大于 9m，四轮农用车的最小转向圆直径不大于 15m。

（7）最大爬坡度　农用车满负荷时能爬越的最大坡度。

（8）驱动轮　发动机动力通过传动装置把力传给车轮，驱使

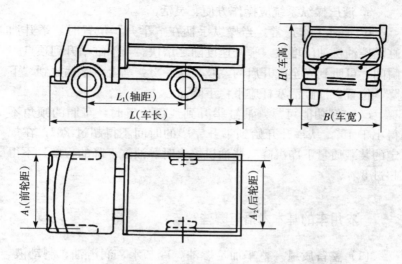

图 1-4　农用运输车的外型

车辆运动的轮子称为驱动轮。一般情况下，农用车的后轮为驱动轮。

（9）导向轮　通过转向机构能使车辆转向的轮子称为导向轮。一般情况下，农用车的前轮为导向轮。

10.　如何正确使用农用车？

新购入农用车后，首先应仔细阅读使用说明书，然后检查车的外露螺栓连接紧固情况，有松动的地方应及时拧紧，最后加入所要求标号的燃油、润滑油及冷却水以备发动。新车在行驶100～200km后，等到发动机冷却下来时，应按规定次序再一次拧紧缸盖螺栓和进排气管螺栓。

（1）新车磨合　车辆的使用寿命及性能与其初期的使用状况有很大关系。因此新车必须按使用说明书的规定，逐步提高车速，增加载质量，严格进行磨合。

（2）**燃油**　用户应根据用车地区的环境温度来选择合适标号的柴油。

（3）**机油**（柴油机用）　柴油机润滑系所用机油品种，应根据季节选择。因为机油的黏度是随温度的变化而变化的，温度高（或低）机油黏度就变小（或变大）。机油过稀或过稠都不能使柴油机得到可靠的润滑。

（4）**液压油**　液压油选择不当会影响车厢倾卸时间。

（5）**冷却水**　行车时冷却水的温度应保持在 75～95℃，水温较低时不要高速行驶。在热车状态下冷却水应缓慢加注，使热空气能从水箱中排出。

（6）**后桥壳齿轮油**　采用双曲线主减速器的农用车，后桥壳内必须使用汽车双曲线齿轮油，且冬夏季使用不同牌号，否则主减速器将加速磨损。

（7）**空气滤清器**　它的纸滤芯要按规定清洗或更换。

（8）**柴油滤清器**　要定期进行清洗，并注意高低压油管，保证油路清洁、畅通。

（9）**其他应注意事项**　要注意日常的保养、润滑，冬季每天发动车前，应给水箱加足热水，收车后应放尽冷却水。经较长时间停放的车辆，在启动前应排尽燃油管路中的空气（将柴油滤清器上的放气螺钉拧松，揿动手油泵，直到空气泡排完时，再将放气螺钉拧紧），然后再启动。对于新驾驶员，应学习有关车辆构造及工作原理知识，严格按驾驶技术要求合理驾驶。

11. 农用车道路交通管理规定有哪些?

为加强农用车的管理，本着为社会主义市场经济体制服务和保障道路交通安全、畅通的原则，1993 年 5 月 17 日中华人民共和国公安部对农用车的道路交通管理作出规定，现摘要如下:

（1）农用车（包括四轮和三轮，下同）的检验、核发牌证和驾驶员培训、考核、发证等管理工作，一律由公安机关交通管理部门按机动车统一进行管理。

（2）对农用车统一实施产品目录管理制度。各地公安机关交通管理部门对列入目录的生产企业及其农用车产品，查验车辆合法来历凭证和产品合格证，并检验车辆合格后，办理核发牌证手续。

（3）农用车安全技术检验的依据是《农用运输车安全基准》，凡不符合安全基准的农用车，一律不予核发牌证，不准上道路行驶。

（4）四轮农用车驾驶员培训、考核及准驾规定，按照大型转向盘式拖拉机的有关规定执行；三轮农用车驾驶员的培训、考核（手把式三轮农用车场内驾驶，可参照摩托车场内驾驶图考核）及准驾规定，按照小型方向盘式拖拉机的有关规定执行。机动车驾驶证准驾车型代号按公安部机动车驾驶证文件的规定签注，即四轮农用车为"G"，三轮农用车为"L"。

（5）农用车不准拖带挂车，不准在高速公路上行驶。在其他道路上行驶，其行驶路线和时间，由各地根据当地情况自行规定。

（6）基于有些经济不发达地区和偏远地区交通不便，以及群众生产、生活实际需要，可否允许农用车乘人，由各地自行掌握，凡允许乘人的地区，要制定具体的管理措施，并严格管理。

12. 三轮农用车的主要技术参数有哪些?

为了保证三轮农用车产品质量和交通安全，机械电子工业部和公安部对三轮农用车的主要技术参数作了特别的规定，作为产品验收和核发牌证的依据，见表1-1。

表 1-1　三轮农用车主要技术参数

序号	项　目	规定值
1	整车外形尺寸（长×宽×高）(m)	≤4.0×1.5×2.0
2	载质量（kg）	500　　750
3	发动机标定功率（12 小时功率，kW）	≤8.8
4	最高车速（km/h）	≤50
5	最小离地间隙（mm）	160
6	前轮最大转角（左转/右转）	≤45°/≤45°
7	最小转向圆直径（m）	≤9
8	空载侧倾稳定角	≥25°
9	最大爬坡度（%）	≥18
10	驻车坡度（%）	20
11	紧急制动距离（空载，初速度 20km/h，m）	≤5
12	跑偏量（mm）	≤80

13. 四轮农用车的主要技术参数有哪些?

为了保证四轮农用车产品质量和交通安全，机械电子工业部和公安部对四轮农用车的主要技术参数作了特别的规定，作为产品验收和核发牌证的依据，见表 1-2。

表 1-2　四轮农用车的主要技术参数

序号	项　目	指　标			
1	结构形式	4×2×（4×4）有驾驶室式、柴油机			
2	空载最高车速（km/h）	≤70			
3	额定载质量（t）	1.50	1.00	0.75	0.50
4	标定功率（kW）	≤28	≤23	≤16	≤12
5	最小转向圆直径（m）	≤15		≤9	
6	最小离地间隙（mm）	≥200		≥180	
7	最大爬坡度（%）	≥25		≥20	

二、农用运输车的维护与保养

14. 农用车如何磨合，并注意哪些事项？

新车在使用前必须进行认真地磨合，磨合是影响车辆寿命的关键工作，忽视了磨合，将会缩短车辆的使用寿命。

新车在刚开始运行时，各相互接触的运动表面粗糙度较大，摩擦比较厉害，往往容易引起发热现象，如果不注意温升情况并给予良好的润滑冷却，就可能使摩擦表面产生损伤以致烧坏，严重影响车辆使用寿命。

新车磨合包括磨合前的准备、柴油机空转磨合、整车空载磨合和负荷磨合四个步骤。

（1）磨合前的准备

①检查所有外露的连接件、紧固件是否可靠拧紧。

②按运输车说明书的要求在各加油部位加注润滑油。

③燃油箱和水箱分别灌满油和冷却水，检查有无渗漏。

④检查轮胎气压。

⑤检查制动系的工作是否正常，各管路接头处有无漏油。

⑥检查转向机构各部位有无松旷和卡滞现象。

⑦检查电器设备、灯光和仪表是否正常，并检查蓄电池电解液液面。

（2）柴油机空转磨合（时间 15min）　按规定的启动方法启动柴油机，低速运转 7min，中速运转 5min，高速运转 3min。在柴油机空转磨合过程中，应仔细倾听和观察有无异常声响或异常现象，燃油、机油和冷却水有无渗漏，水温是否正常。若发现有不正常现象，应立即停车排除，然后继续进行磨合。

（3）整车空载磨合（时间 100min）　在空载磨合中要进行直线行驶和转弯行驶。在行驶过程中要适当地使用制动器多次，

挂高挡时油门不要开得过大，以免车速过高造成事故。车辆各挡
位的空载磨合时间见表1-3。

表1-3　各挡位的空载磨合时间

挡位	1	2	3	4
磨合时间（min）	10	20	30	40

空载磨合时，应注意观察下列情况：

①柴油机工作情况是否正常。

②离合器调整间隙是否合适，分离是否彻底。

③换挡是否轻便灵活，是否完全到位。

④转弯是否轻便灵活。

⑤车辆有无跑偏现象。

⑥制动器工作是否可靠，制动时左、右轮胎印迹是否一致。

空载磨合过程中，如发现有不正常的现象和故障，应找出原
因，排除故障，再继续进行空载磨合，而后转入负荷磨合。

（4）整车负荷磨合　所谓整车负荷磨合，就是让车辆装载一
定质量的货物上路行驶，其磨合顺序和规定见表1-4。

表1-4　各挡位的负荷磨合级别和里程

行驶里程（km）	载货质量（额定载质量的%）	各挡最大车速（km/h）			
		1	2	3	4
0～150	0	5	9	16	25
150～450	25	5	11	18	30
450～800	50	8	13	20	35
800～1 200	100	8	16	25	38

新车磨合期应在良好的路面上行驶，加速要缓慢，以免给柴
油机以冲击负荷。磨合期要尽量避免车辆爬坡，夏季在气温
20℃以上进行新车磨合时，每行车10～15km应停车休息
10min，以免发动机过热。负荷磨合过程中应注意的事项与空载

磨合时间相同，其保养工作应按规定的方法进行。

负荷磨合完成以后，继续使用累计工作时间 80h（包括全部磨合时间）后进行以下几项工作，车辆才能转入正式运输作业。

①停车后趁热放出变速箱中的齿轮油，然后注入柴油，用 1 挡运转车辆 2min，放出变速箱中的柴油，再注入新的齿轮油。

②停熄柴油机，趁热放出油底壳里的机油，再注入新的机油。

③趁热按规定扭矩拧紧汽缸盖螺母。

④清洗柴油滤清器纸质滤芯，再用干净柴油清洗机油滤清器铜丝网滤芯。

⑤检查并调整气门间隙。

⑥放出发动机中的冷却水，并清洗冷却系统，往水泵轴承及底盘各油嘴加注润滑油，加足冷却水。

⑦检查所有的外部紧固螺栓和螺母，特别是固定车轮的轮毂螺母，如有松动必须拧紧。

⑧检查离合、制动踏板的自由行程，必要时进行调整。

⑨给操纵系统中各零部件的转动摩擦副加注润滑油。

15. 什么是农用车技术保养?

农用车在使用过程中，各零部件或配合件，由于松动、磨损、疲劳、腐蚀等因素的作用，工作能力会逐渐降低或丧失，导致整机的技术状态失常。另外，燃油、润滑油及冷却水等工作介质也会逐渐消耗或性能发生变化，使其出现启动困难、功率下降、耗油增加、零件磨损加剧、故障增多等各种不正常现象，降低车的使用寿命，甚至会引起严重事故。

针对农用车零部件技术状态恶化的原因、规律以及工作介质的消耗程度，适时采取清洗、紧固、调整、更换以及添加等维护性措施，以保证零部件的正常工作性能和车的正常工作条件，称之为农用车的技术保养。

　　做好技术保养工作，可减缓各零件技术状态的恶化速度，延长其使用寿命，及时消除隐患，防止事故发生。技术保养是一项繁琐而细致的工作，不仅需要一定的技术，更需有严肃认真的工作态度。

16. 我国农用车技术保养制度包括什么？

　　实践证明，任何"重使用、轻保养"或在保养工作中进行不必要的大拆大卸的做法，其结果必然导致各机构、零件的早期磨损或损坏，为此必须建立合理的技术保养制度。现行的技术保养制度，是根据各零部件技术状态恶化速率的不同，把各项需要定期维护保养的操作，归并为几种级别的定期保养，如每班保养、一级保养、二级保养等。两次同级保养的间隔称为该级保养的保养周期。

　　技术保养周期的计量，一般有两种方法，即工作小时法和燃油消耗量法。农用车由于其工作时负荷变化不大，故一般按工作小时法进行，也有将保养周期折合成行驶里程数的。

17. 三轮农用车技术保养规程如何？

　　三轮农用车的保养分为日常保养、一级技术保养和二级技术保养。

（1）日常保养

　　①清洁车辆。

　　②检查燃油、润滑油和冷却水量，不足时添加。

　　③检查各部分连接件的紧固情况，如有松动应及时拧紧。要特别注意检查制动操纵系统连接件、前后轮和前叉的紧固情况。

　　④检查皮带和链条的张紧度，必要时应调整。

⑤检查轮胎气压，不足时应充气。

⑥检查减震器往复运动时是否有卡滞现象，若有应及时排除。

⑦检查电器、灯光及喇叭的工作情况。

（2）一级技术保养　三轮农用车行驶 1 500km 时，除完成日常保养项目外，还应进行下列保养。

①检查钢板弹簧是否断裂，若有问题应及时更换。

②检查调整制动器和离合器踏板的自由行程，使之处于良好的技术状态。

③检查调整气门间隙。

④清洗空气滤清器。

⑤清洗柴油滤清器。

⑥更换变速箱机油，并用柴油清洗变速箱。更换前叉减震器油。

⑦用柴油清洗油底壳及润滑油路，更换新机油。

（3）二级技术保养　三轮农用车行驶 8 000～10 000km 时，除完成一级保养内容外，还需进行下列项目的保养。

①拆卸制动器，清洗各零件，检查制动蹄片磨损情况，更换或修复损坏零件。

②拆卸并清洗前轮轴和减震器，更换损坏零件和减震器油。

③拆检离合器，观察摩擦片的磨损情况，必要时更换离合器片。润滑分离轴承。

④检查各部分轴承磨损情况，必要时进行清洗和更换。

⑤检查并清洗前叉及后桥各零件，如有严重磨损和裂纹，应立即更换，并注足润滑油。

⑥检查轮胎磨损情况，必要时将后轮轮胎左、右调换。

⑦检查车架焊接部位是否有裂纹，若发现裂纹应及时焊修。

⑧拆卸气门组零件，清除气门积炭并研磨气门。

⑨拆卸曲柄连杆机构，检查轴承和活塞环间隙，清洗油路，

修复或更换损坏零件。

⑩清洗水箱及水套的水垢，并清洗柴油箱。

18. 四轮农用车技术保养规程如何？

四轮农用车的保养项目包括日保养、一级（一号）保养、二级（二号）保养、三级（三号）保养和换季保养。

（1）日保养 农用车在使用过程中，每日出车前或收车后都要进行保养，其目的在于及时检查并发现隐患，排除故障，防止意外事故的发生。日保养内容如下。

出车前检查内容：

①检查并紧固外露螺栓，特别应注意前后轮、柴油机与车架及钢板弹簧骑马螺栓的紧固情况。

②检查整车有无异响及漏油、漏水、漏气等异常现象，如有应查明原因后排除。

③检查燃油、机油和冷却水，不足时添加。

④检查进、排气管及油管接头等处的密封情况，如有异常予以紧固。

⑤检查离合器和制动器，以保证其工作可靠。

⑥清除各处泥土、灰尘及油污；检查各加油处通气孔，并保证其畅通。

⑦根据规定，向润滑点加注润滑脂或润滑油。

⑧检查减震器及转向轴承，应灵活无阻滞，保证转向机构的工作可靠。

⑨检查轮胎气压是否足够，不够应补足。

⑩检查灯光、喇叭、雨刷器、指示灯等是否正常；检查随车工具、附件是否齐全；检查装载是否合理、安全可靠。

途中检查内容（行驶 2h 左右）：

①行驶中注意各仪表、柴油机和底盘各部件的工作状态。

②停车检查轮毂、制动鼓、变速箱和后桥的温度是否正常。

③检查机油、冷却水等是否有渗漏现象。

④检查传动轴、轮胎、钢板弹簧、转向和制动装置的状态及紧固情况。

⑤检查装载物的状况。

停车后保养内容：

①清洁车辆。

②检查风扇皮带的松紧度。用指头按下皮带中部，能按下15～25mm 为正常。

③冬季放掉冷却水（未加防冻液时）。

④切断电源。

⑤排除故障。

（2）一级保养（一号保养） 农用车行驶 2 000～2 500km 或工作 100h 后，除完成日保养内容外，还需进行紧固和润滑等工作内容。具体如下所述。

①清除空气滤清器的积尘。

②清洁农用车各总成外部。

③检查调整水泵和发电机皮带的张紧度。

④检查蓄电池液面，不足时添加。

⑤检查变速箱和后桥的润滑油量，不足时添加。

⑥检查、紧固转向系统；检查转向盘的自由行程，必要时进行调整。

⑦检查和调整手、脚制动器，检查制动总泵和离合器分泵的防尘罩和贮油杯及油管接头是否正常。

⑧检查钢板弹簧有无断裂、错开，紧固螺栓是否松动。

⑨检查离合器、变速箱、减震器、发动机、驾驶室和车厢的紧固情况。

⑩按规定润滑点进行润滑，必要时更换油底壳内机油。

（3）二级保养（二号保养） 农用车行驶 5 000km 或工作

200h 后，除进行一级保养项目外，还应进行二级保养，其主要工作是以检查、调整为重点，具体内容如下。

①清洗柴油机机油滤清器和曲轴箱，并更换机油。

②清洗柴油箱。

③清洗柴油滤清器壳体和滤芯，必要时更换滤芯。

④检查或更换空气滤清器的纸芯，或清洗滤清器，更换机油。

⑤检查调整气门间隙。

⑥检查喷油器的喷油压力及喷雾质量。

⑦检查车轮制动器，清洗制动分泵，并对活塞皮碗用新的钙基润滑脂润滑。

⑧前后轮胎交叉换位。

⑨检查调整离合器间隙。

⑩检查调整轮毂轴承间隙，并加注润滑脂；润滑柴油机水泵轴承；检查前后钢板弹簧 U 形螺栓及吊耳的紧固情况。

(4) 三级保养（三号保养）　农用车行驶 30 000km 或工作累计 1 200h 后，除完成二级保养的内容外，还应进行三级保养，其主要工作是以总成解体、更换易损和磨损过量的零件，消除隐患为重点，具体工作内容如下。

①分解发动机，检查下列项目。

a. 检查连杆、曲轴的轴承径向间隙和轴向间隙，并检查轴瓦的技术状态，必要时更换轴瓦。

b. 清洗活塞和活塞环，检查测量汽缸活塞间隙、活塞环的端间隙和边间隙，必要时更换新件。

c. 检查气门和气门座的密封情况，必要时进行研磨或更换新件。

d. 检查调整机油压力，使其达到规定要求。

②清除进、排气管和消声器内的积炭。

③拆检变速箱，检查各齿轮啮合及磨损情况。

④拆检离合器，润滑分离轴承及变速箱第一轴的前轴承。

⑤检查并清洗转向器和变速箱总成，同时更换润滑油。

⑥拆检并清洗后桥减速器和差速器，按要求调整轴承间隙，必要时可对锥齿轮的啮合情况进行调整。

⑦拆下发电机和启动电机进行清洗及润滑。

⑧拆检转向节及纵、横拉杆各接头，并进行清洗和润滑。

⑨拆检制动总泵和分泵，清洗管路。

⑩清洗并润滑传动轴及十字轴承；检查驾驶室骨架和车厢横梁有无开焊、断裂等现象。

(5) 换季保养　换季保养是根据不同季节和气温，对农用车更换相应牌号的柴油、机油和齿轮油，使之在该季节条件下能进行正常工作。

19. 怎样做好农用车使用中保养?

(1) 出车前

①在发动机启动前应检查下列各项。

a. 散热器水量、燃油箱油量及发动机的机油油面高度。

b. 蓄电池液面高度。

c. 轮胎气压（包括备胎）及随车工具。

d. 整车装备是否齐全。

②在发动机启动后应检查下列各项。

a. 在不同转速下，检查发动机和各仪表的工作情况。

b. 喇叭、车灯、后视镜、雨刷器的工作情况。

c. 车辆各部分是否有漏水、漏油（包括燃油、机油、齿轮油、制动液）现象。

d. 脚制动和手制动是否有效。

(2) 行车中

①在途中行驶时应检查下列各项。

a. 各操纵机构是否灵活有效，应没有任何阻滞现象和感觉。

b. 在行驶中应注意发动机和底盘各部分有无不正常杂声和气味。

②在长途行车停歇时应注意检查下列各项。

a. 车辆各部分有无漏水、漏油现象。

b. 前后悬挂、传动轴、转向纵横拉杆以及转向臂各处的连接和紧固情况，轮胎螺母的紧固情况，胎面上有无铁屑等尖锐物。

c. 检查制动鼓、轮毂、变速器及后桥的温度是否过热。

(3) 行驶后　车辆完成当天运输任务后，应做好下列各项工作：

①排除在行驶中所发现的故障，做好下次出车准备。

②做好车辆的清洁整理工作。

③如在严冬时未加防冻液的车辆，应放尽全部冷却水。

④检查轮胎是否受损。

20. 夏季使用农用车应该注意什么？

夏季驾车行驶，因为用电少，蓄电池容易过充而过热，电解液最易蒸发，出车前若发现其液面高度不够，则加添蒸馏水补充。行车中，要经常检查并调整风扇皮带的张紧度。若遇发动机过热，散热器中的冷却液沸腾时，应停车休息，待温度下降后，再补充冷却液。

在高温天气行车时，应经常检查轮胎气压和温度，若发现过高时，严禁用泼冷水或放气的方法来降低气压，应停车休息，待胎温降低恢复正常后再继续行驶，以免轮胎损坏。

21. 冬季使用农用车应该注意什么？

我国南北温差大，如果气温没有降到0℃以下，一般都不会对车的安全行驶产生什么大的影响，所以这里的冬季应该指 0℃以下的气温。冬季行车应该注意如下问题。

（1）冬季应该预热发动，起步后应用低速挡行驶一段路程，待底盘各运动部位得到正常润滑后，才能换挡逐渐加速行驶。

（2）农用车在冰雪路面上行驶时，应适当减速，并要避免急转弯和紧急制动，以防侧滑发生事故。在冰雪路面上长途运行时，最好在轮胎上加装防滑设备。

（3）在严寒时行车要做好防范。如遇到散热器或其出水管冻结，应关闭百叶窗和保温套，使发动机怠速运转，设法解冻。实在无法，可用棉纱蘸点燃油点燃烘烤，但应小心，切勿失火和烧坏机件。冬季要尽量少使用启动机。应注意蓄电池的保温，以保护蓄电池。

冬季要在没有采暖的车库或野外较长时间停车，而车又未使用防冻液时，要防止冻坏散热器和发动机机体，预防方法是将冷却系中的水放尽。

22. 怎样做好农用车的换季保养？

凡使用地区全年最低气温在 0℃ 以下，入夏和入冬前，可结合一级和二级保养，同时完成下列换季保养项目。

由冬入春，最低气温在 10℃ 以上时，应进行下列内容的保养：

（1）换油底壳机油，使用夏季 40 号柴油机机油。

（2）换变速箱、后桥和转向器内的润滑油，使用夏季齿轮油。

（3）换柴油，使用 0 号或 10 号轻柴油。

（4）调整蓄电池的电解液密度，使密度适当降低。

（5）调整发电机的电压调节器，适当降低充电电压。

（6）清洗车轮轮毂轴承，并换上滴点较高的轴承润滑脂。

（7）清除冷却系水垢，清理其他各通气孔道。

由秋入冬，最低气温低于10℃时，应进行下列内容的保养：

（1）换用冬季用润滑油。

（2）换用冬季用燃油。

（3）清洗车轮轮毂轴承，并换上滴点较低的轴承润滑脂。

（4）调整发电机调节器，适当增大充电电流和电压。

（5）调整蓄电池电解液相对密度，并清理蓄电池通气孔。

（6）入冬以后，应在冷却水中加入防冻液，如无防冻液，在停车时间较长或气温过低时，应在停车后放尽冷却水。

23. 农用车如何合理节油？

合理节约用油是指在保证行车安全，车辆使用性能正常，以及有利于提高运输生产效益和延长机件寿命等前提下，科学合理地节省用油。实践证明，只要精心维护好车辆，保证车辆良好状态，掌握正确的驾驶操作技术和保持良好的行车习惯，节约油料是大有潜力可挖的。

（1）**运输车的技术状态对节油的影响**　运输车的技术状态的恶化或任何故障，都会直接或间接地导致油耗的增加。因此，保证车辆良好的技术状态对节油非常重要。

①发动机的技术状态对节油的影响。发动机的技术状态包括气门间隙的开度大小、配气相位是否正确、供油提前角的大小、喷油器工作是否正常、汽缸压力是否足够、冷却系工作是否正常、"三滤"（空气滤清器、燃油滤清器、机油滤清器）是否清洁等内容，它们是否良好，将直接影响车辆的动力性及燃油经济性。

②底盘技术状态对节油的影响。底盘的技术状态包括传动系中轮毂轴承间隙大小、前束调整是否合适、轮胎气压是否合适和制动系工作是否正常等内容。车辆的滑行性能与底盘各部件的技

术状态密切相关。滑行性能好，车辆滑行起来就轻快，发动机消耗于底盘上的无用功率就小。据统计，传动系在工作中消耗的无用功为传递功率的 10%～15%。因此要减少燃油的消耗，就必须提高车辆底盘的技术状态和滑行性能。

（2）驾驶节油技术 驾驶操作的技术水平与燃油的消耗关系密切，正确合理的驾驶操作，可以大大降低燃料消耗。

①预热与保温。所谓预热与保温是指在冬季启动发动机时先要进行预热，车辆在行驶中要保持正常的工作温度。

预热：冬季气温低，机油黏度大，润滑不良，燃油不易蒸发和雾化以及在低温时蓄电池点火能量不足等原因，致使发动机启动困难、燃油消耗增加、机件磨损加剧。为缩短发动机的预热时间，应在冷却系中装节温器，如用节温器不能奏效，则应采用外界加热的措施，如向水箱中灌注热水等，但禁止用明火烧烤发动机油底壳。

保温：车辆在行驶过程中，应保持发动机的水温在 80～90℃（水冷发动机），如超限则要使水温恢复正常。

②不要猛起步或猛踏油门踏板加速。

③选择经济车速行驶。经济车速的选择需根据道路情况由驾驶员灵活掌握，农用车的经济车速一般在最高车速的 60%左右。

④操作时要脚轻手快。脚踩油门踏板要"轻踩缓抬"，这样发动机速度会缓慢升降，这样可减少额外油耗，从而实现节油目的。

另外，换挡迅速也可增加机体的使用寿命，并能节约燃油。

合理使用安全滑行。在车辆行驶中，切断发动机动力输出，车辆靠自身的惯性力或下坡时的势能继续行驶的工况，称为滑行。车辆滑行时，发动机因无需动力输出，油耗很少，可以节油。

⑤合理使用滑行不但可以节油，而且可以减少机件的磨损和延长轮胎的寿命。滑行必须遵循"确保行车安全，避免机件损

坏，点滴节约用油"的原则。注意，遇陡坡、长坡下行时千万不可空挡滑行以免超速失控造成事故。

⑥行驶中必须换挡时，尽量保持发动机在较低稳定转速工作，从而选择合适的换挡时机，并尽可能用高速挡行驶。

⑦正确使用制动。在保证行车安全的前提下，应尽量少用或不用制动，以免增加燃油消耗。需要制动时，也宜采用预见性制动，尽量避免使用紧急制动。

24. 农用车如何节省轮胎?

轮胎是车辆行驶的重要部件，也是易损件，它占车辆成本的8%～20%。因此，节省用胎具有重要的经济意义。

节省用胎，就是采取措施延长轮胎的使用寿命。使用寿命与轮胎的使用条件、车辆的性能、驾驶技术及轮胎的维护保养有着密切的关系。

(1) 轮胎的工作气压　轮胎在一定载荷和行驶条件下要经常保持标准气压，压力过高或过低都会造成轮胎的早期磨损或破坏。

(2) 轮胎负荷选择　车辆必须严格按额定负荷装载，尽量避免超载。

(3) 驾驶技术的影响　轮胎的寿命与驾驶员的驾驶技术直接相关。如急剧起步、紧急制动、超速行驶、急转弯和路面选择不当等，会加快轮胎的损坏。因此，驾驶员要养成良好的驾驶习惯。另外，要注意车辆停放地点的选择，避免轮胎与油污、酸、碱等有腐蚀性的物质接触而造成损坏。

(4) 底盘的技术状态与轮胎寿命的关系　前束值过大或过小、车轮轴承松旷、轮辋变形，都会加剧轮胎磨损；前、后桥发生变形或有位移造成前、后桥轴不平行，导致轮胎偏磨。总之，保持底盘各零部件良好的技术状态是减少轮胎损失的有效途径。

（5）轮胎的安装与更换 农用车的前后、左右轮胎必须匹配安装。同一车轴上两侧车轮轮胎规格必须一致。更换旧胎，原则上要成对地更换。

除上述注意事项外，还应做好轮胎的维护工作，及时清除嵌入胎面的杂物，对破损的轮胎应及时修复，努力提高轮胎的利用率。

25. 如何延长农用车的大修间隔里程？

延长农用车的大修间隔里程，也就等于延长了农用车的使用寿命，减少修理费用，降低了使用成本，提高了运输车的经济效益。另外，由于减少了车辆的停修日，提高了车辆的利用率，亦即提高了运输车的生产率和经济效益。农用车使用寿命的长短，很大程度上取决于对车辆的正确使用和维护。要严格遵守使用规定，认真执行保养制度，以减缓零件的磨损。

（1）搞好农用车的走合期 走合期对车辆使用寿命的长短关系极大。搞好走合期，就能减少零件的磨损量，改善表面质量，提高耐磨性，为延长农用车使用寿命打下良好的基础。

（2）正确启动 启动的磨损约占发动机总磨损的50%。停车时间越长，启动磨损越大，发动机温度越低，启动磨损越大。发动机启动前，用手摇柄摇转曲轴30～40圈使各摩擦部位得到机油润滑，再行启动。

（3）保持发动机正常工作温度 水冷发动机正常工作温度为80～90℃。此温度下，发动机零件磨损最小。因此，应保持散热器和水套的清洁，保持冷却水数量充足，保持冷却系统各部机件、装置正常工作，保持节温器工作正常，正确使用保温装置。

（4）坚持中速行驶。

（5）防止运输车过载，车辆使用中要防震、防冲击、防事故。

（6）防止发动机产生爆燃。

（7）加强使用中的保养。

保持空气滤清器、燃油滤清器和机油滤清器的清洁；对底盘的各传动部件，要勤检查、勤调整，保证良好润滑，防止不合理的磨损发生；对农用车整车、发动机、底盘等要做好清洁保养工作。

26. 怎样做好农用车长期停车的保养？

为了防止车辆因长期停驶而引起的各部分技术状况变坏，应定期进行下列保养工作：

（1）停驶两周以上的车辆，应将车架支起，以解除前后悬挂和轮胎的负荷。

（2）根据需要进行除锈和防锈工作。

（3）每周摇转曲轴一次，以防锈蚀。

（4）每月检查一次轮胎气压并进行充气。

（5）每月检查一次蓄电池，电液平面必须高出保护板 10～15mm，不足时加蒸馏水，禁止加电解液。加蒸馏水后冬季必须补充电，以防冻坏。用苏打水或稀氨水清洗蓄电池表面与桩头，并将桩头与导线涂凡士林，以防腐蚀。

（6）每月启动发动机一次，怠速运转 4～5min，检查发动机的工作情况。

（7）当车辆需停驶两个月以上时，应将车辆特别是发动机与蓄电池进行封存。

27. 农用车封存保养有何必要性？

农用车在一段时间内不使用，需较长时间存放时，必须进行科学地保管和专门地维护保养。否则车辆技术状态恶化的速率可能会比工作期间还要快。这是因为：

（1）在闲置期间，许多自然因素对车辆产生强烈的作用。如在闲置期间，车辆的所有运动部件都停止了运转，靠液体流动润滑的运动配合工作表面，由于缺乏充分的油膜保护，会产生异常蚀损，甚至出现严重锈斑或金属剥离现象。

（2）精密偶件，由于长期在某一位置静置不动，会产生胶结和卡死，以至报废。

（3）各种流通管道和控制阀门等，容易产生阻塞或卡滞现象。

（4）在闲置期间，空气中水分和尘土容易侵入机器内部，使一些零件受到污染和锈蚀。

（5）在阳光直射下，由于紫外线的强烈作用，橡胶件极易老化变质；轮胎若长期以某一固定部位承受车辆重力，易使轮胎体因局部长期挠曲而产生损伤等。

28. 农用车封存保养有何要求？

（1）车辆封存前的工作

①清洗车辆，除去锈蚀，补好油漆缺损表面，需要保护的光洁面可涂防锈油。

②松开风扇皮带。

③用油纸封住空气滤清器进气口及消声器尾管的出气口。

④取下蓄电池进行清洗、检查，存放室内。

⑤清除全部电线上的污垢并擦干。

⑥放出燃油箱中燃油，并清除污垢和沉淀物，然后注入完全清洁的燃油，以防锈蚀。

⑦卸下车轮和制动鼓，清除其污垢后，装复原位。

⑧架起车辆车架，使车轮离地 3cm 以上，保持轮胎气压不低于 0.46MPa。

⑨使离合器踏板及制动踏板处于自由状态，变速操作手柄置于空挡位置。

⑩将少量无水机油加入进气道，摇车使其附着在活塞顶部、缸套内壁及气门座等处。最后把活塞摇到压缩上止点位置，使气门处于关闭状态，气门弹簧处于放松状态，汽缸内部与外界隔绝。

（2）车辆在封存期的保养　长期封存的车辆应定期进行保养，如果蓄电池未放出电解液，则应每月以 0.5A 的电流充电一次。每两月按下述项目进行保养：

①查看车辆，如发现锈蚀，应清洗锈蚀部分并涂漆或涂油。

②转动转向盘至左、右极限位置 2～3 次。

将车存放在通风良好、干燥清洁的场地，最好存入室内或棚内，应远离火源。用上述方法封存可维持 3 个月。超过 3 个月，应照此重新封存保养。并应采取摇转曲轴或短时间启动柴油机，使车运转的方式，让各运动部件得到定期维护性运转。

（3）车辆封存结束后的启封作业

①去除封存用的油脂，按使用说明书规定对车辆所有润滑点进行润滑。

②按封存前的操作项目恢复车辆行驶的准备，检查各部分是否完善。

三、油料常识

29. 农用车主要用哪些油料？

农用车所用的油料一般有柴油、润滑油（柴油机油和齿轮油）以及润滑脂等。油料是农用车最重要的工作介质。油料费在运输成本中占有相当大的比重。因此，了解油料的基本知识，正确地使用油料，是防止和减缓油料品质变坏的前提，是保证农用车状态完好的重要环节，是节约油料、降低运输成本的重要措施。否则，油料选用不当，保管、使用不良，会造成农用车故障增多和人力物力的浪费。

30. 柴油分几种？各适用于哪种类型的柴油机？

柴油是农用车的主要燃料，柴油有 3 种：轻柴油、农用柴油和重柴油。

(1) 轻柴油　轻柴油适用于高速柴油机。农用车均以轻柴油为燃料。

(2) 农用柴油　农用柴油适用于气温较高的季节或有专门预热装置的柴油机。当气温高于 20℃ 时，农用车也可使用价格较便宜的农用柴油。

(3) 重柴油　大型低速的柴油机多用重柴油。

31. 什么是柴油的凝点、闪点、燃点和自燃点？

凝点：是指柴油开始失去流动性的温度。它是评定柴油低温流动性的一个重要指标。柴油的牌号就是根据凝点的不同来制定的。

闪点：油料在规定的条件下加热蒸发，与空气形成混合气，此混合气遇明火能产生短促的闪火时的最低温度，称为闪点。它是表示油料蒸发倾向和安全性的指标。在贮存和使用中，柴油受热的最高温度应低于闪点 20～30℃。

燃点：又称点燃温度，是指在特定情况下加热油料，与空气形成混合气，此混合气与火焰接触着火燃烧而不熄灭的最低温度。柴油的燃点为 40～80℃。

自燃点：又称自燃温度。油料受热到一定程度，不用引火便能自行着火的最低温度称为自燃点。柴油的自燃点为 330℃。

32. 柴油的使用性能有哪些？

柴油的使用性能有流动性、雾化性、着火性和腐蚀性等。

（1）流动性和雾化性 柴油的流动性和雾化性影响柴油的供油和喷雾。决定这个性能的主要因素有柴油的黏度和凝点，以及水分和机械杂质的含量。

（2）着火性 着火性表现在从柴油喷入燃烧室到着火燃烧这段时间的长短。它对发动机工作的平稳性和启动快慢有很大影响。

（3）腐蚀性 柴油含有硫、酸、碱和水分等杂质，对发动机零件会产生腐蚀作用，因此在选择柴油时，应注意柴油含杂质情况。

33. 轻柴油按质量分为几个等级？各等级的牌号是如何命名的？

柴油是柴油机燃烧作功的主要材料。它的正确使用，对柴油机的工作影响极大。柴油又是所有油料中消耗最大的一种。因此，选好、用好柴油，是驾驶员必须掌握的知识。

车辆用柴油一般为轻柴油。我国轻柴油按质量分为优级品、一级品和合格品 3 个等级。每个等级的轻柴油，按凝点分为 6 种牌号，即把凝点不高于 10℃、0℃、－10℃、－20℃、－35℃ 和 －50℃ 的轻柴油相应命名为 10 号、0 号、－10 号、－20 号、－35 号和－50 号轻柴油。

市面上常见的有一级品和合格品轻柴油，优质品轻柴油生产量较少，一般仅供出口。

34. 如何选用轻柴油？

选用轻柴油时，应根据不同地区和不同季节的气温情况来选择轻柴油的牌号，一般所选用的轻柴油的凝点应比当地最低气温低 5℃。当最低气温在 0℃以上时，可选用 0 号轻柴油；最低气温在 0～－10℃时，可选用－10 号轻柴油；最低气温在－20～－10℃时，可选用－20 号轻柴油；最低气温在－35～－20℃时，可选用－35 号轻柴油；10 号轻柴油适于气温高于 10～20℃的地方。

35. 轻柴油的使用有哪些注意事项？

（1）轻柴油的牌号代表着该柴油的凝点。油品在温度降低时，由于会析出石蜡晶体，使柴油发生混浊。随着温度的继续下降，析出的石蜡晶体会越来越多，互相联结而结晶成网，柴油就会慢慢凝固而失去流动性。凝点就是指油料开始失去流动性时的温度，也就是说，从 10 号轻柴油到－50 号轻柴油，其凝点越来越低。它们都有各自不同的使用范围，分别在气温不同的各个地区和季节使用。

（2）选用轻柴油时，主要是根据车辆使用时的环境温度。一般轻柴油的冷滤点比凝点低 4～6℃。各号轻柴油的使用温度及环境见表 1-5。

表 1-5 轻柴油的使用环境温度及地区

牌号	使用地区季节	使用最低气温（℃）
10 号	全国各地 6～8 月份，长江以南地区 4～9 月份	12
0 号	全国各地 4～9 月份，长江以南地区冬季	3
－10 号	长城以南地区冬季，长江以南地区严冬	－7
－20 号	长城以北地区冬季，长城以南、黄河以北地区严冬	－17
－35 号	东北和西北地区严冬	－32
－50 号	东北的漠河、新疆的阿尔泰地区严冬	－45

（3）轻柴油的凝点愈低，价格愈高。所以，虽然全年只用一种低凝点的轻柴油可以满足使用要求，但不经济。

（4）合格品轻柴油中，含有较多的不饱和烃，而不饱和烃容易与外界空气发生氧化反应，生成胶质，使柴油的品质变坏，故一般不要一次购买过多的柴油，应随用随买。

（5）柴油的洁净对使用有非常重要的意义。因为柴油机的燃油系比较精密，尤其是三大精密偶件（柱塞偶件、出油阀偶件和针阀偶件），其配合间隙只有 $0.0015\sim0.0025$mm。柴油中一旦混入机械杂质，就会使精密偶件急剧磨损，甚至几十个小时就报废（虽然在燃油系中有滤清器对柴油进行净化，但滤芯容纳杂质的数量有限，而且，一般滤芯只能滤去 $0.04\sim0.09$mm 以上的杂质，小于 0.04mm 的杂质仍会进入三大精密偶件）。另外，不洁净的柴油还会引起滤芯堵塞、柱塞副卡死等严重故障，使柴油机无法工作。除机械杂质外，水分和胶质对柴油机的影响也不能忽视。柴油本身就含有一定量的胶质，它在柴油的储运保管过程中，还会催化产生新的胶质。

这些胶质悬浮在柴油中，会堵塞滤芯，且容易在燃烧室中形成积炭；而柴油中的水分在温度低于 $0℃$ 时就会结冰，影响柴油的流动性。所以，为了使柴油保持高度洁净，不影响柴油机的正常工作，在柴油的储运和添加过程中要注意下列问题：

①盛油用的容器和加油工具一定要保持洁净。

②贮油容器一定要带盖，防止灰尘和水分进入油中。

③目前，农用车所使用的轻柴油可直接到加油站购买，不需净化。而对于桶装柴油，则必须沉淀 48h 以上才能使用，使柴油中的悬浮杂质沉淀下去，然后抽取上面的柴油加入油箱。用油时不能摇动油桶，吸油管口应安装在距桶底 $15\sim20$cm。

④盛油容器底部的柴油，不要加入油箱，应集中过滤后再用。

⑤加油时，最好采用闭式过滤加油方式（如加油站的加油枪）。如无条件，也可采用绸布放在漏斗上过滤加油。为防止洒油和杂质进入油箱，最好用长嘴带盖的加油桶。另外，不要在雨雪天或风沙大的情况下加油，以防尘土或水分进入油箱。

⑥柴油是易燃品，故在贮存和使用中应注意防火。

36. 柴油机油的分类和牌号是如何划分的？

我国润滑油的分类和牌号，是参照国际通用标准制定的。新的国家标准规定，内燃机油属于 L 类（润滑剂和有关产品）中的 E 组（内燃机）。内燃机油又分为汽油机油（代号为 Q）和柴油机油（代号为 C）。柴油机应使用柴油机油润滑。新的标准要求：首先根据使用条件的不同，对润滑油进行质量分级，然后再根据润滑油的黏度等级划分牌号。

以柴油机油为例，根据该分类法，分为 CA、CB、CC 和 CD 4 个质量等级，其中 CA 级适于在缓和到中等工作条件下使用高质量燃油的轻负荷柴油机，CC 级柴油机油适于中等到苛刻条件下的柴油机，CD 级柴油机油适于在高速、高负荷工作条件下的中等增压柴油机，CB 级柴油机油我国不生产。

按新的国家标准，柴油机油按黏度等级划分为 10 个牌号，即 0W、5W、10W、15W、20W、25W、20、30、40、50。前 6 个带英文字母"W"表示为冬季用油，后 4 个为夏季用油。

牌号中的数字越小，表明该机油的黏度越小，适用的环境温度越低。为了满足冬夏通用的要求，减少随季节换油带来的不便，又发展了多级油，其牌号用一斜线将冬夏两个级号联起来，如 10W/20 等，表示该油的作用性能既满足冬季用 10W 号机油的使用要求，又满足夏季用 20 号机油的使用要求。选用好合适的多级油后，冬夏可不用换油。

37. 柴油机油有何作用？

（1）**润滑作用** 机件直接摩擦，摩擦阻力大，磨损严重，机件之间加入机油后，机油将相互摩擦的摩擦面隔开，形成阻力较小的液体摩擦，可以减少摩擦阻力和磨损，提高机械的工作效率，延长机件的使用寿命。

（2）**冷却作用** 柴油在柴油机中燃烧放出的热量和摩擦产生的热量，如不及时导出，就会使金属零件的温度逐渐升高、强度变低或使机件变形。柴油机油在机件间不断循环，就可将这些热量带出，保持正常的工作温度，使柴油机正常工作。

（3）**保护作用** 柴油机中的金属零件表面经常与空气、水蒸气和燃气等腐蚀性气体接触，极易受腐蚀。而柴油机油可以在这些零件表面经常保持一层油膜，使之与空气等隔开，减少或避免金属腐蚀。

（4）**密封作用** 机油在汽缸与活塞之间形成油层，可以减少汽缸与活塞之间的漏气等。

（5）**清洁作用** 机油在柴油机中循环并被过滤，可以不断带走摩擦表面由于摩擦而产生的金属磨屑等，使摩擦表面保持清洁，减少磨损。

（6）**减震降噪作用** 机油处于相对运动的零件表面间，可以防止金属直接撞击，减轻震动，降低噪声。

38. 如何选用柴油机油？

柴油机油的选择，应首先根据柴油机工作条件的苛刻程度，选用合适的等级。如前所述，低速货车选用 CA 级柴油机油即可。

质量等级选定后，再根据环境气温，并结合柴油机的技术状况，选择柴油机油的牌号（即黏度等级）。柴油机油的具体选用：在黄河以北及其他气温较低，但不低于－15℃的地区，冬季使用20CA 单级油，夏季应换用黏度稍高的 30CA 单级油；若使用15W/30 多级油，在上述地区可全年通用。在长江流域的华东、中南、西南、华南冬季气温不低于－5℃的广大地区，30CA 可全年通用。而在广东、广西、海南炎热的地区，则应选用 40CA单级油。在长城以北或其他气温低于－15℃的寒区，应选用15W/30 或 10W/30 多级油。在黑龙江、内蒙古、新疆等严寒区，则应选用 5W/20 多级油。

39. 柴油机油在使用时应注意哪些事项？

(1) 正确选择柴油机油牌号　选择机油牌号（黏度）时，不要认为高牌号（高黏度）油有利于保证润滑和减少磨损。实际上高黏度油的低温流动性差，启动后流入机件之间的速度慢，启动磨损大，摩擦功率损失大，会导致燃油消耗量增加，还有循环速度慢、冷却和清洗作用差等弊端。所以，在保证活塞环密封良好、机件磨损正常的情况下，应适当选用低黏度的柴油机油。只有在柴油机磨损严重、间隙偏大等条件情况下，才可以考虑选用比本地区气温要求的黏度等级提高一级的柴油机油。

(2) 要保持曲轴箱油面正常　油面过低会加速机油氧化变质，甚至因缺油引起机件烧坏；油面过高，会从汽缸和活塞的间隙中窜入燃烧室参与燃烧，造成机油的浪费和燃烧室积炭增多。

(3) 保持曲轴箱通风良好　及时保养机油滤清器，保证机油清洁，延缓机油的变质速度。

(4) 柴油机油的添加与贮存过程中，由于受外界温度的变化、太阳暴晒、风吹雨淋以及沙尘飞落等影响，容易蒸发、氧化或混入水分、杂质，丧失添加剂作用、加速油品变质，因此应采取以下措施防变质：保持清洁避免弄脏；减少与空气接触；防晒降温；恶劣天气不在室外加油。

（5）低速货车用户一般不具备油品分析和化验的知识和仪器，故实行按质更换机油较难。一般应按保养说明书的规定，实行按期换油。平时使用中，也可用"斑痕法"，对在用机油的使用情况进行简易判断；即将在用机油滴在白纸（最好用滤纸）上，待油滴扩散后，仔细观察其斑痕。若核心有较多炭粒和沥青时，表明机油滤清器工作不良，但机油并未变质；若核心黑点大，呈黑褐色，而且均匀无颗粒，说明机油已变质，应更换；若核心黑点与四周黄色浸痕边界不明显，表明添加剂未失效，可继续使用；若边界明显，环带较宽，则表明添加剂已失效，应换用新油。

40. 怎样用简便方法识别使用中机油的好坏？

（1）**看**　用机油标尺取两滴机油分别滴在一张洁净的中性滤纸（若无，可临时用白纸替代）和一张塑料纸上，过 10min 左右，仔细观察两滴机油的形状和光泽度。中性滤纸上的油滴已扩散，若扩散斑点周围存在环形圈，这是机油含水的特征，环圈数越多，含水量越多，含水量极高时，用机油标尺取样，油滴呈现乳浊状，有泡沫，热机时抽出的游标尺表面可发现有水珠。塑料纸上的油滴上层颜色若逐渐变得暗淡，甚至完全失去光泽，说明机油内的添加剂失效。

（2）**闻**　靠近滤纸上的机油扩散斑点闻气味，若闻到有汽油的味道，说明机油里混有汽油。

（3）**捏**　取一滴机油，放在食指、拇指间搓捏并感觉，若有细粒，说明机油含杂质较多（金属磨屑，由于空气带进发动机内的灰尘以及含铅汽油燃烧后产生的化铅微粒等）；两手指分开，机油丝的长度若大于 3cm，则表明黏度过大；两手指搓捏无滑腻感受，手指分开，油丝长度少于2cm，则说明机油过稀。

（4）想 把发动机近来存在的有关机械故障和由"看—闻—捏"而知的现象加以联系，科学分析，辅助判断，做出机油是否变质的正确结论。

41. 汽机油与柴机油有何区别？

柴机油比汽机油黏度大，柴机油中加有多种添加剂，具有抗腐蚀、抗氧化等作用，这是汽机油不能与之相比的。

柴油机与汽油机相比，负荷较大，燃烧温度高。同时柴油中含硫量比汽油多，燃烧后易形成硫酸或亚硫酸，而硫酸和亚硫酸具有较大的腐蚀性，这就要求润滑油具有良好的抗腐蚀性能。

在使用中汽机油不能代替柴机油。如果在当时缺柴机油的情况下，可临时选用高黏度的汽机油暂时代替柴机油。

42. 如何延长机油使用期限？

（1）加机油时，一定要注意清洁。机油加注口一定要擦干净，避免尘土等杂质进入，特别是三轮农用车发动机的加机油口更应注意清洁。

（2）油底壳内应保证不缺油。要经常检查曲轴箱的通气孔是否畅通，以保证通气。

（3）要保证活塞环有良好的技术状态，以使汽缸中的气体不下窜至油底壳。

（4）根据季节变化，及时换用适当牌号的机油。

（5）适时保养机油滤清器，以保证滤清效果。

（6）发动机温度不能过高，以避免机油高温氧化。

（7）适时清洗润滑系统，以保持润滑油清洁。

43. 如何确定机油更换时间?

各机型说明书中都规定发动机工作 100～200h 时,应更换油底壳内机油。但润滑油的质量与平时工作负荷、保养及日常使用很有关系,应因车而宜。通常,可用以下方法检查机油是否可以再用:

(1) 从油底壳内取出一定量的机油,放入容器内,边倒边注意油流,如果油流能保持细长且均匀,说明还可以用,否则应更换。

(2) 用手捻研机油,如油中杂质过多或黏性太差,则应更换。

(3) 观察机油颜色和稀稠程度,若机油呈黑色,过稠或过稀则应更换。

44. 润滑油有何作用?

润滑,是在相对运动的两个接触表面之间加入润滑剂,从而使两摩擦面之间形成润滑膜,将直接接触的表面分隔开来,变干摩擦为润滑剂分子间的内摩擦,达到减少摩擦,降低磨损,延长机械设备使用寿命的目的,即谓之润滑。

润滑油的作用:

(1) 降低摩擦　在摩擦面加入润滑剂,能使摩擦系数降低,从而减少了摩擦阻力,减少了能源消耗。

(2) 减少磨损　润滑剂在摩擦面间可以减少磨粒磨损、表面疲劳、黏着磨损等所造成的磨损。

(3) 冷却作用　润滑剂可以吸热、传热和散热,因而能降低摩擦热造成的温度上升。

(4) 防锈作用　摩擦面上有润滑剂存在,就可以防止因空气、水滴、水蒸气、腐蚀性气体及液体、尘埃、氧化物引起的锈蚀。

（5）传递动力　在许多情况下润滑剂具有传递动力的功能，如液压传动等。

（6）密封作用　润滑剂对某些外露零部件形成密封，能防止水分杂质侵入。

（7）减震作用　在受到冲击负荷时，可以吸收冲击能。

（8）清净作用　通过润滑油的循环可以带走杂质，经过滤清器滤掉。

45. 齿轮油的牌号有几种？如何选用？

齿轮油是用来润滑变速箱齿轮等机件的。由于齿轮的工作条件较苛刻，如接触面积小、齿面负荷大、齿面上的油膜易遭到破坏等，故要用在高负载下仍能在齿面形成牢固油膜层的齿轮油润滑，以减少磨损。

低速货车的变速箱，选用普通车辆齿轮油即可。国家标准规定，共有 80W/90、85W/90 和 90 这 3 个牌号，它们的适应范围如下：

80W/90 号齿轮油，适于在 −25℃ 以上地区全年使用；

85W/90 号齿轮油，适于在 −15℃ 以上地区全年使用；

90 号齿轮油，适于在 −10℃ 以上地区全年使用。

变速箱中加注齿轮油要适量，因为变速箱中齿轮传动装置的润滑为油浴式，如果加油过多，会增加搅拌阻力，造成能量损失；加油过少，则会使润滑不良，加速齿轮磨损。另外，要按规定更换齿轮油。

齿轮油主要用于变速器、主传动器、转向器等处。

46. 润滑脂有几种？如何选用？

润滑脂是一种半固体膏状润滑剂。与润滑油相比，润滑脂具有良好的塑性和黏附性。它在常温和静止的条件下，易在使用部位保持它原有的状态，当受热或机械作用时则变稀，能像润滑油一样起润滑作用；而当热或机械的作用消失后，它又恢复原状。因此，润滑脂能在裸露、密封不良等不能用润滑油的场合下，对机械起润滑、密封、保护和减震等作用。

常用的润滑脂有钙基润滑脂、钠基润滑脂、钙钠基润滑脂和锂基润滑脂等几种。

（1）钙基润滑脂（俗称黄油）　是常用的润滑脂。它具有良好的抗水性和保护性，广泛用于易接触水和潮湿的场合。其缺点是耐温性差，使用温度低，使用温度不超过 70℃。可用于底盘摩擦部位、水泵轴承、分电器等处。

（2）钠基润滑脂　它的特点是耐热不耐水（与钙基润滑脂相反），适合于高速、高温轴承的润滑。低速货车上的发电机轴承等，即用该润滑脂润滑。

（3）钙钠基润滑脂　它的性能介于钙基润滑脂和钠基润滑脂之间，在低速货车上，可代替钙基润滑脂和钠基润滑脂。常用的有 1 号和 2 号两种牌号。

（4）锂基润滑脂　它兼具前述数种润滑脂的共同优点，具有良好的抗水性、较高的耐温性和防锈性，可在潮湿和高低温范围内满足多数设备的润滑，是一种通用润滑脂。使用它有利于减少润滑脂的品种和改善润滑效果，但价格较贵。

47. 润滑脂在使用时应该注意什么？

（1）在轴上使用时，不要涂满，只需涂装 1/2～2/3 即可，过多的润滑脂不但无用，还会增加运转阻力，使轴承温度升高。

（2）用于轮毂轴承时，要提倡"空毂润滑"，即只在轮毂轴承上涂装适当的润滑脂，轮毂内腔不涂。若为了防锈，只薄薄抹一层即可，否则，不仅浪费润滑脂，而且会造成轮毂轴承散热不良，润滑脂受热外溢，影响制动性能，甚至发生打滑。

在使用和保管润滑脂时，要注意清洁，不要露天存放。用完后要加盖，防止灰尘、沙土混入，最好放在阴凉干燥的地方。不要用木制容器存放润滑脂，因木料吸油，易使润滑脂变硬。特别是复合钙基润滑脂，更易吸潮变硬。

48. 变速箱与后桥的齿轮润滑油有何区别？

由于变速箱和后桥齿轮的材质和结构不同，所以要分开选用齿轮润滑油，以保证变速箱密封件不泄漏，铜部件不腐蚀及后桥齿轮得到充分的润滑。后桥均使用适合双曲线齿轮的车辆齿轮油，而变速器不宜用双曲线齿轮油。

一些车主和农用车维修人员，由于不了解双曲线齿轮油的特点，片面地认为双曲线齿轮油比普通齿轮油性能好，因此，在遇到没有现成的普通齿轮油时，或为了"爱护"车辆而用双曲线齿轮油来代替普通齿轮油而加入农用车变速箱。但这不仅仅会带来不必要的经济损失（因双曲线齿轮油较贵），而且会造成变速箱齿轮的腐蚀性磨损，不利于变速器的正常工作。

由于双曲线齿轮传动具有啮合平顺性好、减速比大等特点而广泛地使用于车辆后桥主减速器齿轮传动。但由于双曲线齿轮在啮合传动过程中，传递的压力很高（达 4 000MPa），相对滑移速度可达 400m/min，因而产生很高的瞬时温度（600～800℃），而一般的油性添加剂在 100℃ 左右就会从摩擦表面脱附，油膜被破坏。在这种极压条件下，为防止磨损、擦伤和黏合，必须降低金属接触面的摩擦，所以双曲线齿轮油中加入了含氯、硫、磷等元素的有机化合物作为极压添加剂。在极压条件下，这些添加剂在摩擦面的高温部分与金属反应，生成了剪应力和熔点都比纯金属低的化合物，即在啮合齿面上生成了一层假润滑层，从而防止接触表面咬合或熔合。这种假润滑层是由摩擦表面金属与添加剂分子中各种活性基因起化学作用而形成的。多数情况下，极压添加剂的效果取决于形成的金属硫化物、氯化物以及磷与金属的化合物。由此可以看出：它是依靠"腐蚀"金属表面而起到极压抗磨作用的。其中，含硫添加剂对有色金属，尤其对铜及其合金有较强的腐蚀作用，含氯添加剂作用时生成的氯化铁膜易发生水解，生成盐酸，对金属产生腐蚀。

对于普通齿轮传动（常为渐开线齿轮），齿面单位压力较低（2 001～3 000MPa），且工作温度不高，一般低于 90℃，所以油膜不易破裂，润滑条件较好，不必使用极压添加剂。若使用双曲线齿轮油，从上述极压添加剂的作用机理可知，势必会有部分添加剂产生作用，从而使齿轮产生不必要的腐蚀磨损。

因此应该根据变速箱与后桥的齿轮传动特点，选用性能合适的齿轮油。

49. 废机油为何不能代替齿轮油？

有不少驾驶员经常把废机油当齿轮油用，这种做法欠妥，主要有以下害处：

（1）废机油中含有大量油泥、胶质、酸类等物质，它们不仅会阻碍润滑油膜的形成，使润滑性能降低，而且酸类物质的腐蚀作用会造成齿轮、齿面点蚀。

（2）废机油中还含有大量的铁屑、沙粒等杂质，加快齿轮的磨损，缩短其使用寿命。

（3）齿轮油的黏度是机油的 3～5 倍，即便是新机油，因其黏度小，承载能力差，也不能作为齿轮油用，故废机油更不宜做齿轮油用。

50. 怎样选用制动液？

制动液俗称刹车油，用于制动器和离合器助力器中。

制动液有醇型、矿物油型和合成型 3 种。

醇型由精制蓖麻油和乙醇（酒精）制成，它对金属及橡胶零件的腐蚀较小，但沸点低；国产 1 号醇型制动液用于一般地区，3 号醇型制动液用于较炎热地区。

矿物油型制动液沸点高，对金属无腐蚀，但对橡胶件有腐蚀。目前市场上进口制动液中矿物油型较多，使用时要注意识别，若使用矿物油型制动液，橡胶皮碗和软管都要换用耐油的。

合成型制动液沸点高，适应温度范围大，对金属和橡胶零件的腐蚀小。国产牌号有 4603、4604、4604－1 等。

51. 使用制动液时应注意哪些事项？

（1）使用不同牌号的制动液时，应将制动系统彻底清洗干净，再换用新制动液。各种制动液绝对不能混用，应尽量按车辆说明书的要求选用制动液。

（2）灌装制动液的工具、容器必须专用，不可与其他装油的容器混用。

（3）制动液（特别是合成制动液）是有毒物品，能损坏漆膜，加注时应避免溅入人眼或涂漆表面。

（4）不要使用已经吸收了空气中潮气的制动液和脏污的制动液，否则会使机件早期磨损和制动不良。

（5）不要使用有白色沉淀物的制动液，也不要将白色沉淀物滤除后使用。

（6）制动液要定期更换，以免制动液中含水量增多。一般在车辆行驶 4 万公里或 1 年更换 1 次。

(7) 制动液不可露天存放，以防日晒雨淋变质。

52. 如何选用金属清洗剂？

在农用车、汽车等的维护与修理时，大多采用柴油、煤油或汽油作清洗液来清洗零件。这不仅浪费能源，且存在着潜在的不安全因素，稍有不慎，则可能酿成火灾。近年来，一种新型的金属清洗剂逐渐得到了广泛应用，它能够很好地替代柴油、煤油和汽油来清洗零件，而且价格便宜，使用安全，很适合于机械化清洗作业。

金属清洗剂是由表面活性剂与添加的清洗助剂（如碱性盐）、防锈剂、消泡剂、香料等组成。其主要成分表面活性剂有数种类型，国产的主要是非离子型表面活性剂，有醚、酯、酰胺、聚醚等4类，具有较强的去污能力。

在选用金属清洗剂时，应注意以下事项。

(1) 注意零件污垢的种类和性质 农用车零件污垢的种类和性质差异很大，有油泥、水垢、积炭、锈迹等固相油污及润滑油、脂的残留物等液相油污。水垢与锈迹常用除垢清洗剂（RT-828）去除；其他油污、油脂等可用重油污清洗剂（RT-806）清洗。

(2) 防止零件被腐蚀 对于铜、铅、锌等易被腐蚀的零件及精密仪器、仪表的零件等，要选用接近中性、腐蚀性小、防锈能力强的清洗剂。

(3) 要考虑清洗条件 若在蒸汽加热条件下，可选用高温型清洗剂。以手工清洗为主或被清洗零件不宜加热时，则选用低温型清洗剂。采用机械清洗和压力喷淋时，要选用低泡沫的清洗剂。

(4) 注意清洗剂的浓度 清洗剂的浓度与清洗效果有很大的关系，一般随着浓度的增加，去污能力也相应增强，但达到一定浓度后，去污能力不再明显提高。一般浓度控制在 3％～5％ 为宜。若按照产品使用说明书配制的清洗剂浓度去污效果不理想时，不应再加大清洗剂浓度，而应另选其他配方的清洗剂。

(5) 要掌握好清洗剂温度 一般情况下，随着清洗剂温度的升高，其去污能力也随之提高，但超过一定温度后，去污能力反而下降。所以，每一种清洗剂都有一个最适宜的温度范围，并不是温度越高越好。特别是非离子型清洗剂，当加热到一定温度时，清洗剂便出现混浊现象，此时的温度称为"浊点"，活性剂在水中的溶解度下降，某些成分因受热发生分解而失去作用，去污能力反而降低。因此，非离子型清洗剂的温度应控制在浊点以下。

(6) 掌握清洗剂的使用时间 一次配制的清洗剂可以多次使用，其使用时间主要取决于清洗零件的数量与清洗剂的污染程度，一般情况下，一次配制的清洗剂可以连续使用 1～2 周。为了节约清洗剂的用量，提高清洗质量，清洗时应按零件特征，合理安排清洗顺序。如先洗主要零件与不太脏的零件，后洗次要零件与比较脏的零件，这样可以延长清洗剂的使用时间。

53. 如何节约油料?

(1) 使农用车经常处于良好的技术状态 发动机进气充足，排气干净；空气、燃油的滤清效果好；喷油质量符合要求；各配合部位的配合间隙正确。

(2) 对油料实行科学管理和贮存，防止油料污染、变质 对用过的油料进行合理回收，是提高油料利用率的主要途径。例如，在技术条件许可的情况下，应尽量回收和利用维护保养中用过的柴油或其他清洗剂。

(3) 防止漏油 有些农用车技术状态差，燃油和润滑油漏失严重。漏油部位一般是在两个接合面之间，这大多是因为垫片损坏或螺栓松动造成的，因此应及时予以检查排除。

（4）采用节油技术　目前推广的节油技术有负压节油、回油管节油、磁化节油、限油器节油、金属清洗剂节油和添加剂节油等，驾驶员要注意不断学习，以提高对农用车的使用技术。

第二章　农用运输车驾驶技术

54. 农用车的操纵机构包括什么？各有何功用？

农用车的操纵机构均设在驾驶室内，一般包括转向盘、加速踏板、离合器踏板、制动踏板、变速杆、驻车制动杆、车厢举升操纵杆等，如图2-1所示。

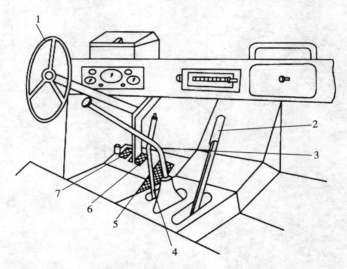

图2-1　农用车的操纵机构

1. 转向盘　2. 车厢举升操纵杆　3. 变速器操纵杆　4. 驻车制动杆
5. 加速踏板　6. 制动踏板　7. 离合器踏板

（1）转向盘　转向盘是操纵农用车行驶方向的装置，转动转向盘时，车辆行驶的方向与转向盘转动的方向相同。

（2）加速踏板　加速踏板也称油门踏板、脚油门，用于控制喷油泵柱塞有效行程的大小，从而调节供油量，使发动机转速按需要升高或降低。踩下加速踏板时，供油量增加，发动机转速升高；放松时，供油量减少，发动机转速降低。

（3）离合器踏板　它的作用是分离或结合发动机与变速器之间的动力传递。踩下离合器踏板，离合器分离，切断发动机到变速器的动力传递；松开离合器踏板，离合器结合，发动机将动力传递到变速器。

（4）制动踏板　制动踏板也称刹车踏板、脚刹车，是车轮制动器的操纵装置。踩下制动踏板，产生制动作用，同时，接通制动灯电路，使车尾制动灯发亮，起到警示的作用。

（5）变速杆（排挡杆）　变速杆是变速器的操纵装置。作用是结合或分离变速器内各挡齿轮，实现行驶速度的变化和车辆的前进或后退。

（6）驻车制动杆　驻车制动杆也叫手刹杆、手刹车，是驻车制动器的操纵装置。其作用是操纵驻车制动装置，防止农用车停车时溜车。

（7）车厢举升操纵杆　它的作用是控制车厢的举升或下降。

55. 农用车的仪表包括什么？各有何功用？

农用车的仪表一般包括车速里程表、燃油表、水温表、电流表、机油压力表，如图 2-2 所示。

发动机水温表用来指示发动机冷却水的温度。理想温度是 $(85\pm10)℃$。

燃油表指示燃油箱存储油量的多少，"1"表示油箱满。

车速里程表是一种复合仪表。表盘上指针读数表示农用车的行驶速度，单位为 km/h。表盘上方框内的数字是累计行驶的里

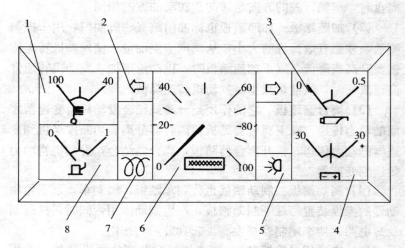

图2-2 仪表盘示意图
1. 水温表 2. 转向指示灯 3. 机油压力表
4. 电流表 5. 远光指示灯 6. 车速里程表
7. 倒车指示灯（有的车型为空气加压指示灯） 8. 燃油表

程数，单位是 km。

电流表指示蓄电池的工作情况，充电时，指针偏向"＋"一边，放电时指针偏向"－"一边；数字表示电流的大小，单位为 A。

机油压力表用以指示发动机润滑系机油压力的大小。农用车正常行驶的油压为 350～450kPa。

56. 农用车的常用开关有哪些？各有何功用？

农用车常用的开关有：电源开关、启动开关、雨刷开关、转向灯开关、灯光总开关、变光开关等。图2-3是一些常见仪表板标志。

电源开关用来接通或切断蓄电池的电源电路。

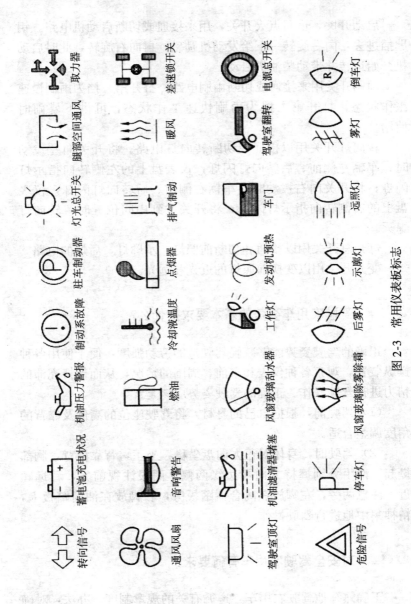

取力器 差速锁开关 电源总开关 倒车灯

腿部空间通风 暖风 驾驶室翻转 雾灯

灯光总开关 排气制动 车门 远照灯

驻车制动器 点烟器 发动机预热 示廓灯

制动系故障 冷却液温度 工作灯 后雾灯

机油压力警报 燃油 风窗玻璃刮水器 风窗玻璃除雾除霜

蓄电池充电状况 音响警告 机油滤清器堵塞 停车灯

转向信号 通风风嗣 驾驶室顶灯 危险信号

图2-3 常用仪表板标志

启动开关，也叫点火开关，用来接通或切断启动机电路。钥匙插进去，向右旋转一下给发动机励磁；再向右旋转，此时启动机开始运转并带动柴油机启动。

雨刷开关用来接通或切断雨刷电路。打开第一挡为雨刷慢速工作状态；打开第二挡为雨刷快速工作状态，可供下暴雨时使用。

转向灯开关用以接通或切断转向灯电路。将开关向左拨动时，车辆左侧前、后转向灯闪烁，仪表盘上的左侧转向指示灯闪烁；将开关向右拨动时，车辆右侧前、后转向灯闪烁，仪表盘上的右侧转向指示灯闪烁；将开关拨到中间位置时，转向灯熄灭。

灯光总开关用以接通和切断前照灯、示廓灯、后灯的电路。变光开关用以变换前照灯的近光和远光。

57. 驾驶农用车姿势的基本要求是什么？

正确的驾驶姿势能够减轻驾驶员的劳动强度，便于使用各种操纵装置，观察各种仪表和车前、周围的情况，从而保持充沛的精力进行驾驶操作。正确的驾驶姿势应该是：

（1）驾驶前，根据自己的身材，将驾驶座位的高低及靠背的角度调整合适。

（2）驾驶时，身体对正方向盘坐稳，坐正，背靠椅背，胸部挺起，两手分别握持方向盘边缘两侧，两眼注视前方，看远顾近，注意两旁，左脚放在离合器踏板旁，右脚放在油门踏板上，精神集中地进行驾驶操作。

58. 对安全驾驶农用车有何要求？

正确熟练地驾驶农用车，遵循有关的规章制度、办法，对确保安全行车，减少车辆机件的磨损，延长车辆使用寿命，有着重要的作用。

（1）有照驾车　驾驶员必须经过公安交通管理部门考试合格，并取得驾驶执照后才允许驾车，不准无照人员驾车。

（2）用车前检查车辆　驾驶农用车前，要仔细对车辆进行检查，要养成"出车检查"的习惯，这样可以避免或减少行驶途中的故障，防止事故的发生和避免损坏机件。检查内容包括：

①油箱内的燃油是否充足，有无漏油或堵塞现象。

②曲轴箱内润滑油是否充足，是否过于脏污。

③各部件不允许有渗漏油现象，特别是从油箱到喷油管接头这一段。

④蓄电池电解液是否在规定液面高度，存电是否充足。

⑤轮胎气压是否充足。

⑥全车各紧固件是否有松动现象。

⑦随车工具是否齐全。

⑧发动机启动后，检查运转是否正常，怠速是否稳定，有无异响。

⑨检查转向是否灵活、可靠、轻便；检查前、后制动是否可靠；各操纵部位操纵时是否灵活，有无卡滞现象。

⑩检查喇叭和各种灯开关是否正常。检查前、后减震器是否灵活可靠。检查传动部件松紧度是否合适。

检查中若发现有问题，应及时排除，正常后方可投入使用。

（3）三轮农用车驾驶员要戴头盔和穿着引人注目的紧身服饰。

（4）严格遵守交通法规和各地对交通的具体规定。

（5）驾驶中注意事项

①不要过分靠近其他机动车和障碍物。

②转弯或改变车道时应先亮转向灯，以引起其他车辆驾驶员的注意。

③要保持中速行驶，不要开"英雄车"，严禁酒后驾车。

④双手紧握转向盘，左脚应放在离合器踏板旁，注意力集中，不要闲谈和吃食物。

（6）装货不超重　装放货物不要超重，货物固定要牢固，货物重心要尽量靠近车辆中心，保持车辆平衡和稳定。

（7）严格禁止随意改装农用车或更换原车的装置。

59. 怎样操作农用车转向盘？

转向盘用来控制车辆的行驶方向。正确地操作转向盘，是确保车辆沿着正确路线安全行驶的关键，同时也能减少转向机件及前轮的磨损。

（1）转向盘的正确握法应该是：两手分别握住转向盘边缘的左右两侧位置（按钟表盘面的位置，左手在9、10时之间，右手在3、4时之间为宜）。

（2）在平直道路上行驶，操作转向盘时两手动作应平衡，相互配合，尽量避免不必要的晃动。

（3）转弯时，根据应转方向和车速，一手拉动转向盘，另一手辅助推送，双手相互配合，快慢适当；急转弯时，拉动与推送转向盘应两手交替轮换操作，以加快转弯动作，同时还应注意急转弯时，必须提前降低车速。在视线清楚不妨碍对方来车行驶的情况下，应尽可能地加大转弯半径进行转弯。

（4）车辆在高低不平的道路上行驶时，应紧握转向盘，以防转向盘因车辆剧烈颠动回转、震动，以致改变行驶方向和损伤手指或手腕。

（5）转动转向盘，用力要均匀平顺，不能用力过猛。车辆停止后不得原地转向，以免损坏转向机件。

（6）在行驶中除一手要操作其他装置外，不得用单手操作转向盘或两手集中于一点进行操作。

60. 怎样操作农用车油门踏板？

油门踏板又称加速踏饭，其作用是供驾驶员根据运行情况，控制喷油泵柱塞有效行程的大小，从而调节喷入燃烧室的油量，改变发动机的转速和输出功率，以适应运行的需要。加速踏板的操作，应以右脚跟放在驾驶室底板上作为支点，脚掌轻踏在油门踏板上，用脚腕的伸屈动作踏下或放松。踏下油门踏板，喷油泵柱塞有效行程加大，供油量增加，则发动机转速增快；松抬油门踏板，供油量减少，则发动机转速减慢。踏下或放松油门踏板，用力要均匀、柔和、平顺，不宜过猛，必须做到"轻踏、缓抬"，不可忽踏忽放或连续抖动地操作。

61. 怎样操作农用车离合器踏板？

离合器踏板是控制离合器分离或接合的操纵装置。操作离合器踏板时，用左脚掌操作，以膝和脚腕的伸屈动作踏下或松抬，踏下即分离，动作要快速，而且要一下踩到底，使之分离彻底；松抬即接合，松抬动作要根据具体情况而定。当车辆起步行驶时，操作离合器必须遵循"快—停—慢"的方法，即在离合器自由行程（空行程）内可快些，当离合器缓慢地开始接合时应稍停，最后再逐渐缓慢地松开，待完全接合后应将脚迅速移开，放在踏板的左下方。车辆起步后逐级换挡时操作离合器，动作可稍快，但也不能松抬过快，以免冲击、损坏机件。离合器松抬，主要目的就是为了达到离合器压盘与从动盘接合平顺，使车辆传动系免受额外的冲击负荷，延长其使用寿命。

停车时，一般应先踩下离合器踏板，然后将变速杆移至空挡，再进行制动停车，如遇特殊情况需要紧急制动停车时，可不踏离合器踏板而先踏下制动踏板，以达到迅速停车的目的。

使用离合器必须注意以下事项：

（1）在行驶中，不得将脚放在离合器踏板上，以免离合器发生部分分离现象，影响动力传递并增加摩擦片的磨损。

（2）一般情况下车辆制动时，制动踏板和离合器踏板必须联动，尽量避免不踏离合器踏板而制动停车的操作方法。

（3）一般不采用踏下离合器踏板进行滑行，以免增加离合器摩擦片的磨损和驾驶员的疲劳。

（4）离合器的半联动（即在踏下或松抬离合器踏板的中间阶段）只能在起步或通过泥泞路段时短时间使用，长时间使用会烧损离合器摩擦片等零件。

62. 怎样操作农用车变速杆？

农用车在行驶过程中，由于载质量和道路情况的变化，需要车辆输出不同的牵引力，以适应行进的需要。为实现此目的，车辆就必须变换行驶速度，而变速杆就是变换速度的操纵机构。因此，车辆在行驶中应根据载荷及道路情况及时、正确地运用变速杆，改变车辆的行驶速度，以适应不同载荷及道路情况的需要。变速杆应按以下方法正确使用：

（1）变速杆的握法：手心贴紧变速杆球头顶部，其余手指自然地握紧球面，用手腕的力量进行操作，操作应快速、准确。

变速箱的挡位随各厂产品的不同而异，可查看随车使用说明书。

（2）每次变换挡位时，都必须经过空挡位。变换倒挡时，必须在车辆停下后进行，以免打坏齿轮。

63. 怎样操作农用车制动踏板？

制动踏板俗称刹车踏板，是车轮制动器的操纵装置，用以降低车辆行驶速度直至停车。使用制动踏板时，双手应握稳转向盘，用右脚掌踩踏制动踏板，以膝和脚腕的伸屈动作踏下或松抬。制动踏板的踩踏，除有紧急情况需要紧急制动外，一般的制动均应缓慢轻踏，松放制动踏板时则应迅速。

64. 怎样操作农用车手制动杆？

手制动杆俗称手刹车，是手制动器的操纵机件，用于停车后制动，以免运输车自行滑溜，同时还可以协助脚制动失效或制动效能降低时对车辆进行制动。当车辆在被迫上坡起步时，也可用手制动配合，以阻止车辆倒溜。手制动杆一般设在驾驶员座椅的右手边，操作时，四指并拢虎口向前，握住手制动杆向后拉紧，此时即起制动作用（注意拉起时大拇指不要按下杆端按钮），放松时，先将杆稍向后拉，然后用大拇指按下杆端上的按钮，再将杆向前推松到底，即解除制动。

65. 怎样启动农用车？

发动机的启动是驾驶操作的基本内容。驾驶员在一日行车中，将会进行多次这种操作，其操作正确与否将直接影响发动机的使用寿命及燃料消耗。

启动发动机，应根据当时的大气温度和发动机的机温情况进行。通常有以下3种情况：

①冷机启动。当大气温度或发动机温度低于5℃时的启动。

②常温启动。当大气温度或发动机温度高于5℃时的启动。

③热机启动。当发动机温度不低于40℃时的启动。

上述各种情况下启动，对发动机技术状况的影响是各不相同的。特别是在冷机情况下启动发动机，由于润滑油黏度大，流动性差，各运动零件之间润滑油膜不足，造成润滑不良，机件磨损加剧；同时，由于温度低燃料不能充分燃烧，燃料消耗量也相应的增加。因此，由于气温条件对发动机启动影响较大，所以应根据气温情况采用不同的启动方法，尽量减少不利因素带来的损失。

冷机启动，必须先预热发动机（已注入防冻液者除外），可向发动机冷却系加注热水，如果气温过低，可多次调换热水（不能加沸水，尤其第一次加注），直至机体温度升高至 30～40℃ 为止。这样既便于启动，又可减少发动机各机件的磨损。

当发动机机体预热后，无论是常温或低温都必须接通电热塞，预热燃烧室。

启动前的准备工作完毕后，即可进行启动。当发动机在冷机条件下预热后，启动操作与常温时基本相同，可按下列顺序及方法进行：

（1）关好百叶窗及其他通风装置。

（2）拉紧手制动，将变速杆挂入空挡位置。

（3）接通电气总开关（蓄电池开关），有预热装置的将电锁转到"预热"位置，预热 0.5～1.5min（低于 5℃ 时可预热 2min），如预热一次还不能启动，可进行第二次预热。

（4）踏下离合器踏板，同时稍踏下油门踏板，然后将电锁转到"启动"位置，接通启动机使发动机启动（必须注意：一次使用启动机的时间不超过 5s，再次使用则应间隔 20s 以上），如多次启动不成功，应进行检查，待故障排除后再行启动。

（5）发动机启动后，让发动机怠速运转慢慢稳定后，再松开离合器踏板，然后以怠速运转 3～5min，使发动机温度逐渐升高，切勿开大油门猛轰。

（6）当发动机升温到 60℃ 时，再对低、中、高各速进行运转检查，察听各部位有无异常响声，各仪表指示是否正常，有无焦臭味及漏油、漏水、漏气、漏电等现象，一切正常后，方能挂挡起步。

66. 农用车如何正确起步?

农用车的起步,是车辆由静止状态过渡到行驶状态的过程。在这个过程中,车轮与地面的摩擦阻力比较大,需要较大的牵引力。因此,各机构应正确配合,使车辆平稳起步。

成功的起步应该是:车辆行进平稳,无冲击、振抖、脱挡及熄火等现象。要达到上述要求,就必须根据当时车辆所处地形,正确地选择挡位(一般是 1 挡,空车或下坡要用 2 挡),同时松抬离合器踏板与踏下油门踏板必须和谐地配合,使车辆平稳而无冲击地起步。具体要求是:

(1)启动发动机 观察各仪表工作是否正常。

(2)踏下离合器踏板 将变速挡移入适当挡位内(1 挡或 2 挡)。

(3)按喇叭 注意观察车辆前、后、左、右及上方是否有妨碍车辆前进的障碍物及行人和车辆。

(4)放松制动杆。

(5)松抬离合器踏板和轻踏油门踏板 松抬离合器踏板必须掌握"快—停—慢"的操作方法,在抬离合器"停—慢"阶段应轻缓地踏下油门踏板,使车辆徐徐地平稳起步。如离合器松抬过快或油门踏板踏下不够(加油量不够)都会造成发动机熄火;离合器松抬过慢,又会使离合器摩擦片磨损加剧。因此,必须正确掌握离合器踏板与油门踏板的配合操作方法,使得每次起步都获得成功。

67. 农用车如何正确换挡?

车辆在行驶过程中,由于道路及交通情况不断变化,需要变换行驶速度去适应。因此,车辆在行驶中,换挡变速是相当频繁的。能否及时、准确、迅速地换挡，对提高车辆的平均速度，保证平顺地行驶，节约燃料以及延长车辆寿命等均有直接的关系。所以，换挡操作技术意义重大，每个驾驶员都必须熟练地掌握，同时也是衡量一个驾驶员驾驶水平的一项重要技术指标。

(1) 挡位的区分与选用　农用车的挡位常见为 4 挡（也有 5 挡的），一般以 1、2 挡为低速挡，3 挡为中速挡，4 挡或 4 挡以上为高速挡。挡位低，车辆驱动轴（传动轴）的转速也低，而获得的扭矩和牵引力反而大；反之，挡位高，获得的扭矩和牵引力则小。在行驶阻力较大情况下（如起步、爬坡等），需要很大的牵引力，所以应先用低挡行驶。但此时车速慢，发动机转速高，声响大，机温很快升高，燃料消耗也大。因此，一般情况下低速挡行驶时间应尽量的短；中速挡是介于高、低速挡之间，它与低速挡相比速度稍快，加速性能较好，通常在车辆转弯、过桥、一般坡道、会车或通过一般困难道路时使用，该挡行驶时间也不宜过长；高速挡行驶速度快，但扭矩和牵引力较小，此时发动机的转速比较低，燃料消耗较少，零部件磨损也小，使用高速挡能获得最佳的经济效益。因此，只要路况许可就应使用高速挡。

(2) 换挡法　换挡是变速箱中某一对齿轮脱离啮合，而使另一对齿轮进入啮合的过程。这一过程是在齿轮旋转的状态下进行的，要使换挡过程平稳而无冲击，就必须使新进入啮合的一对齿轮的圆周速度达到相等或相近，要达到这个要求一般是采用"两脚离合器"的操作方法。换挡主要有以下两种类型：

①低速挡换入高速挡（又称加挡）。车辆起步后，只要道路及交通条件允许，应尽快由低速挡换入高速挡行驶。低速挡换入高速挡，必须逐渐踏下油门踏板提高车速。当车速到适合换入高一级挡位时，立即松抬油门踏板，与此同时踏下离合器踏板，将变速杆挂入空挡位置，接着松抬离合器踏板后再立即踏下，并迅速将变速杆挂入高一级挡位。然后在缓抬离合器踏板的同时，逐渐踏下油门踏板，待加速至更高一级挡位的车速时，再依上述

"两脚离合器"的操作方法换入更高一级挡位。

②高速挡换入低速挡（又称减挡）。当车辆行驶中行驶阻力增大或遇不良道路和交通障碍必须降速时，应由高速挡换入低速挡行驶。高速挡换入低速挡，应在松抬油门踏板的同时踏下离合器踏板，将变速杆挂入空挡位置，然后松抬离合器踏板，随即踏下油门踏板（加空油），再迅速踏下离合器踏板，将变速杆挂入低一级挡位后，随后松抬离合器踏板和踏下油门踏板，使车辆低速行驶。

在进行上述两种换挡操作时，应掌握好换挡时机，适时地变换挡位。加挡时间过早或减挡时间过晚，都会出现动力不足造成传动部分抖动而加速机件的损坏；而加挡时间过晚或减挡时间过早，又会使低速挡使用时间过长，不经济。因此，没有掌握好换挡时机进行换挡，会造成不良后果。合适的换挡时机应该是：当行驶过程中踏下油门踏板，觉得发动机动力过大时，应及时升入高一级挡位，当加挡后行驶没有出现动力不足和传动部分抖动现象，则加挡时机适宜；而当行驶过程中，感觉发动机动力不足，车速逐渐减慢时，应及时挂入低一级挡位，减挡后车辆行驶正常，则减挡时机适宜。

适时换挡，既可防止发动机过载运转，又可以避免发动机动力的浪费，同时对延长发动机和传动系的寿命，以及减少燃油消耗等都有直接的关系，而要掌握住这一时机，则要通过反复实践摸索，才能做到。

（3）挂（换）挡时应注意的事项

①挂挡或换挡时，应一手握转向盘，另一手握变速杆球头，不得强推硬拉，使变速箱齿轮发生撞击。

②换挡一般应逐级进行，不应超越换挡，只有当车速已大大地降低或下坡终了时，在不影响机件正常运转的情况下，才允许越级换挡。

③变换行驶方向（挂倒挡），必须在车辆停止后，方能换挡，

以免机件损坏。

④由低速挡换入高速挡时，必须采用"两脚离合器"的操作方法，由高速挡换入低速挡则要采用"两脚离合器"并加"空油"的操作方法。

68. 农用车如何转向？

车辆行驶过程中，由于道路情况及地形的变化，车辆经常要改变行驶方向，即通常所说的转向。车辆转向是通过转向盘的转动来改变前轮的方向实现的。转向有左转向和右转向之分。转向操作不正确将造成车辆失稳、失控、侧滑和相撞等事故。因此，应掌握正确的驾驶转向技术，确保行车安全。

转向操作应注意以下几点：

（1）转向时必须减小油门，降低车速，鸣号，靠边行驶。

（2）转动转向盘，应根据弯度大小适度用力，不可用力过猛或一下转死，以免造成事故。

（3）右转向时，要待车辆驶入弯道后，再把车完全驶向右边，不宜过早靠右，以免右后轮驶出路外或导致车辆驶向路中而影响会车。

（4）平路上遇到视线清楚的左转向，前方又无来车和其他情况，可适当偏左侧行驶，这样可充分利用拱形路面的内侧，提高弯道行驶速度，同时还可改善弯道行驶的稳定性。

总之，转向时要正确判断路面的宽窄和弯度的大小，确定合适的转向时机及转向速度，确保车辆安全平稳地通过弯道。

69. 农用车如何调头？

车辆调头主要是为了改变其行驶方向，实现反方向行驶。调头时应根据路面的宽窄、交通情况及有无指挥人员等，确定不同的调头方法。

（1）调头方法

①一次顺车调头。即车辆一次性进行 180° 的转弯操作。这种方法主要是在道路较宽阔及交通环境许可的情况下运用。使用这种方法方便、迅速、经济、安全，一般应尽可能采用。

②顺车与倒车相结合调头。当受到道路或交通条件的限制，不能一次顺车调头时，可采用前进与后倒一次或多次相结合的方法来进行。

（2）调头注意事项

①应尽量避免在坡道、狭窄路段或交通繁杂的地方调头。

②严禁在桥梁、隧道、涵洞、城门或铁路交叉道口等处调头。

③调头前应用转向指示灯发出转向信号，调头后需解除信号。

④调头时车速不宜过快，车辆不要太驶近路边，宜用一次顺车调头，条件达不到不能勉强。不要急于求成，造成事故。

⑤在道路两旁有树木或其他障碍物时，前进应以保险杠为准，后倒应以后车厢栏板或后保险杠为准，以免碰撞。

⑥反复进退时，向前应进足，后退则应留有余地。

⑦在调头过程中，应酌情鸣号，并注意过往车辆及行人。

70.　农用车如何倒车？

由于道路及作业的需要，有时前进挡难以到达目的地地点，而要通过倒挡进行倒车来实现。倒车驾驶要比前进驾驶困难，因为倒车时视线受到一定限制，不易看清车后情况，加上转向的特殊性，而且倒车驾驶又不经常操作，因此，倒车时在视线、操纵灵活性等方面均比前进时差，驾驶员也应加强训练，熟练掌握。

（1）倒车时的驾驶姿势　倒车时的驾驶姿势应根据车辆的轮

廓和装载的宽度、高度及道路交通情况来确定。通常有以下两种：

①注视后方倒车。驾驶座在左边的，左手握住转向盘上部，身体上部斜靠后视窗，右臂依附在靠背上部，头转向后方，对准后视窗，两眼通过后视窗注视后方情况进行倒车（驾驶座在右边则相反）。

②注视侧方倒车（开门倒车）。驾驶座在左边的，右手握住转向盘上部，打开左车门，左手扶在车门门框下边，身体上部斜伸出驾驶室，头向后，两眼注视后方情况进行倒车（驾驶座在右边则相反）。

（2）倒车的操作方法　倒车必须在车辆完全停止后进行，先将变速杆挂入倒挡，按照驾驶姿势，用与前进起步同样的操作方法进行后倒。倒车时，必须控制车速，不可忽快忽慢，防止熄火或速度过快造成事故。直线倒车时，应使前轮方向保持正直，握稳方向盘不动；转弯倒车时不但要正确使用方向盘，同时还要注意车前车后情况，尤其是绕过障碍物时，车前外侧容易与障碍物碰擦刮伤。

71. 农用车如何制动？

农用车是一种行驶速度较高的运输工具，由于在行驶中经常受到道路及交通情况的限制，因此，驾驶员就必须根据具体情况使车辆减速或停车，以保证行车安全。

车辆的减速是靠驾驶员操纵制动装置来实现的。操纵制动装置的正确与否，直接影响行车安全、燃料消耗、轮胎磨损及制动机件使用寿命等。

根据需要制动的情况，制动可分为预见性制动和紧急制动。

（1）预见性制动　驾驶员驾驶车辆行进中，在制动前预先发现行进道路上的道路与交通情况的变化，提前做好思想上和技术上的准备，有目的地采取减速或停车的操作，这种制动就称为预见性制动。

这种制动的操作方法是：一发现情况，应先松抬油门踏板（不踏下离合器踏板），利用发动机压缩时的反作用力来降低车速，或将变速杆挂入空挡利用滑行来减速，根据情况持续或间断地轻踏制动踏板，使车辆进一步降低速度。当车辆的速度已降到很慢需要停车时，应逐渐靠向道路的右侧，如变速杆尚未挂入空挡，则应踏下离合器踏板，同时轻踩制动踏板，使车辆平稳地停住。这种制动方法不但能保证行车安全，而且还能节省燃料，避免机件的损伤，因此是一种最好的制动方法，应优先采用。

（2）紧急制动 车辆在行驶中突然遇到预想不到的紧急情况，驾驶员迅速地使用制动装置，在最短的距离内将车辆停住，避免事故的发生，这种制动就叫紧急制动。紧急制动是一种应急措施，它将造成轮胎的严重磨损和机件的损坏，甚至会造成交通事故，因此，只有在不得已的情况下方可使用。

这种制动的操作方法是：一发现情况，握稳转向盘，迅速放松油门踏板，并立即踏下制动踏板，必要时应同时拉起手制动杆，即发挥车辆的最大制动效能，使之尽快停住。

72. 农用车如何停车及停熄？

车辆在行驶中需要停车时，一般都采用预见性制动，随着车速的降低，逐渐靠右边行驶，在临近停止地点时，踏下离合器踏板，轻踏制动踏板，将车辆平稳地停住。车辆停住后，将变速杆挂入空挡，拉紧手制动杆，停熄发动机，然后松抬离合器踏板和制动踏板。停车地点必须是路面结实且无停车警告标志的地段。

尽量避免在坡道上停车，如必要时又不能完全依靠手制动器和挂入低速挡，则应在车轮下方加楔块以防车辆滑动。

冬季中途停车，为了保持发动机温度，应注意拉上保温帘，并避免车头迎风。夏季中途停车应注意不使油箱受暴晒，以减少燃油蒸发消耗。

发动机停熄前，先将变速杆挂入空挡位置，然后拉起手刹车，让发动机怠速运转数分钟（2～3min），使机体得到均匀冷却，最后拉动熄火拉杆，使发动机停熄。

73. 驾驶农用车如何会车?

车辆在行驶过程中经常会遇到与对方来车交会，交会时应严格遵守交通规则，并注意以下几点：

（1）交会车时应发扬礼让精神，做到先慢、先让、先停，同时要注意保持车辆横向之间的安全距离及车轮距路边的安全距离。

（2）应主动让路，不得在道路中央行驶，尽量避免在单行道、窄桥、隧道、涵洞和急转弯处交会车，不得在两车交会之际使用紧急制动。

（3）要注意来车的后边可能有行人、非机动车等突然横穿道路。

（4）会车前应看清对方车辆的情况（是大型车还是小型车，有无拖带挂车等）以及前方的道路、交通等情况，然后适当减速，选择较宽阔、坚实的路段，靠路右侧鸣号缓行通过。

（5）当出现对方来车，而自己前方右侧又有障碍物或非机动车辆时，应根据车辆距障碍物的距离、车速及道路情况确定加速超越或减速等待，以避免三者挤在一起，发生事故。

（6）夜间会车，在距对方来车150m以外，就应将前大灯远光改为近光，不准用防雾灯会车。

（7）在雨、雾、阴天或黄昏等视线不良的情况下会车，更应降低车速，打开大灯近光，并适当加大两车横向间距，必要时应主动停车避让。

74. 驾驶农用车如何超车?

车辆超越前方同向行驶的车辆,称为超车。超车时应注意方法,不可强行超车,以免造成事故,具体要求如下:

(1) 超车应选择道路宽直,视线良好,路左右两侧均无障碍,对方 150m 以内无来车的地点进行。

(2) 超车时先向前车左侧接近,并鸣号告之前车,夜间还应连续开闭大灯示意,待前车减速让超后,再从前车左侧快速超越。超越后必须继续沿超车道前进,待与被超车相距 20m 以后再驶入正常行驶路线。

(3) 在超越停放车辆时,应减速鸣号,保持警惕,以防停车突然起步驶入路中,或车门突然开启和驾驶员下车等情况,还应注意停车遮蔽处突然出现横穿公路的人或动物。超越停站客车时更应注意这一点。

(4) 遇以下地点及情况时不得超车。

①在超越区内视线不清,如风沙、雨雾、雪较大时。

②在狭窄和交通繁华的路段上,在泥泞或冰滑的道路上。

③在道路的交叉路口、转弯道、坡道、桥梁、隧道、涵洞或与公路交叉的铁路等地段,以及有警示标志的地段。

④距离对面来车不足 150m。

⑤前车已发出转弯信号或前车正在超车时。

75. 驾驶农用车如何让超车?

车辆行驶中应随时注视后方有无车辆尾随,如发现有车要求超越时,应根据道路及交通情况确定是否让超越,且应做到以下几点:

(1) 严格遵守交通规则关于让超车的规定。

（2）让超车时，应减速靠右避让，不得让路不减速，更不得加速竞驶和无故压车。

（3）在让超车过程中，如遇上障碍，应减速直至停车，不得突然左转弯绕过障碍，以防与超越车相撞。

（4）让超车后，确认无其他车辆继续超车时，再驶入正常行驶路线。

（5）在让超车过程中，要照顾非机动车的安全行驶，不要给非机动车造成行驶困难。

76. 农用车驾驶员如何掌握车速？

车辆的行驶速度与驾驶员的视觉机能（视力、视野）、行车安全、燃料消耗、机件使用寿命等都有直接的关系。随着车速的提高，驾驶员的视觉机能及行车安全性能都将降低。因此，在行车中应根据车型、道路、气候、拖载、视线和交通等情况，确定适宜的行车速度。

农用车是根据我国农村道路条件设计的。在良好的道路上行车时，一般都不以最高车速行驶，而应以最高档的经济车速行驶。一般经济车速是最高车速的 60％左右。驾驶员应坚持按经济车速行驶，这样既能节约用油，降低成本，又能维持正常的运输效率。如车速过高，不仅会浪费燃料，加剧机件和轮胎的磨损，使车辆的经济性变坏，还容易发生行车事故；如车速过低，既降低了运输效率，还可能增加燃料消耗，也是不适宜的。

在车速的选择上，除尽量采用经济车速外，还应注意以下操作要点：

（1）严守交通规则的限速规定，在道路宽直、视线良好、无限速标志的路段，在保证交通安全的前提下，车辆最高速度不得超过 50km/h。

（2）通过繁华地段、交叉路口、窄桥、陡坡、弯道、狭路及下雪、结冰、雨雾视线不清时，最高车速不得超过 20km/h。

（3）驾驶中，应随时做出预见性的判断，正确估计前方信号灯和交通变化情况，及时调整车速，保证行车安全，减少机件的磨损及燃料的消耗。

77. 如何把握行驶路线？

车辆的行驶路线，与轮胎、钢板弹簧及其他机件的使用寿命和燃料消耗及驾驶员的疲劳程度等都有很大关系。因此，在行驶中应尽量避免颠簸与载荷偏重，并尽可能保持直线匀速行驶。

在一般的平坦道路上，车辆应靠右侧行驶，当无会车和超车情况时，可在道路中间行驶，特别是在路面较窄、拱度较大的碎石路或简易公路上行驶时则更有必要。因为在道路中间行驶，地面对左右车轮反作用力对称，轮胎、钢板弹簧、车架等机件的负荷也较均衡，且中间路基结实，路面较平整，行驶阻力小，方向盘易掌握，适宜长时间行驶。

行驶中应注意路面的选择，尽量避开道路中的尖石、棱角物等。如遇凹凸不平的路面、搓板路面或其他不良路面时，应减速并掌握好转向盘，使车辆平稳地行驶。

78. 遇有交通阻塞情况应如何处理？

根据国务院第 405 号令《中华人民共和国道路交通安全法实施条例》规定，机动车遇有前方交叉路口交通阻塞时，应当依次停在路口以外等候，不得进入路口。机动车在遇有前方机动车停车排队等候或者缓慢行驶时，应当依次排队，不得从前方车辆两侧穿插或者超越行驶，不得在人行横道、网状线区域内停车等候。机动车在车道减少的路口、路段，遇有前方机动车停车排队等候或者缓慢行驶的，应当每车道一辆依次交替驶入车道减少后的路口、路段。

79. 农用车如何通过城市和集镇？

城市和集镇是人口高度集中的地方，各种车辆和行人来往频繁，交通情况比较复杂，车辆行进比较困难。因此，驾驶员必须根据其交通特点，采用恰当的操作方法，保证车辆安全行驶。

县城集镇，街巷狭窄，交通管理组织与设施较简单，行人缺乏交通规则常识，且遵守交通规则的自觉性较差。遇到节假日和逢集赶会的日子，更是人车混杂，交通拥挤，行车困难。

注意事项如下：

（1）严格遵守城镇当地的交通管理规定及道路交通管理条例，服从交通民警及交通管理人员的指挥。

（2）严格按照规定的路线各行其道，有秩序地行进。在未设分道线的街道上，应保持在路中间行驶。

（3）遵守限速规定，与前车保持安全距离，尽量避免超车，不得抢道，并注意后方来车，做到及时礼让。

（4）车辆行至岔路，应注意红绿灯信号，遇红灯时车辆应停在停车线以外；没有停车线的，应停在人行横道线以外；如停车线及人行横道线都没有时，应停在距路口5m以外处，同时注意观察周围交通情况相应信号的变化，做好随时起步的准备。

（5）通过无信号或无人指挥的路口，要做到"一慢、二看、三通过"，机警果断地停车或加速通过。

（6）通过立体交叉路口，应严格按交通指示标志所规定的方向行驶。

（7）缺乏城市行车经验的驾驶员，在进入城市之前，应先熟悉该城市行车的有关规定。进入城市后，应随时注意交通指示标志或信号。

（8）在城镇停车要遵守其停车规定，没有规定的停车场所时，则要选择适当的地点停放，以免阻塞交通或造成事故。

（9）进入市区行驶，应尽量少用或不用喇叭，必要时应短声使用。

总之，在城镇中驾驶车辆，除必须严守交通规则及地方交通管理规定外，还必须谨慎、细心、认真观察，正确处理行车中遇到的情况，使车辆顺利通过城镇。

80. 农用车如何通过桥梁？

目前，我国公路上的桥梁有水泥平桥、石砌平桥、木桥、拱桥、吊桥和浮桥等。各种桥梁因其建筑材料及结构的不同，其承载能力也不同。因此，当车辆驶近桥头时，应看清楚树立在桥头附近的交通标志，遵守限载、限速等规定，必要时还应下车观察。

过桥时，应减速并与前车保持必要的安全距离，尽量避免在桥上使用紧急制动和停车，以免阻塞交通。

通过水泥桥、石桥时，如果桥面宽阔平整，可按一般驾驶要领操作；如果桥面窄而不平，则应挂入低速挡慢行通过。

通过拱桥时，如果桥拱较高，对面视线不清，则应减速鸣喇叭靠右行驶，随时注意对方来车、行人、牲畜和非机动车等情况，切忌高速冲过拱桥顶，以免发生碰撞事故。

通过木桥、吊桥、浮桥时，应听从管理人员的指挥；如无管理人员指挥，则应先下车察看情况，确认没有问题后，再用低速挡慢行通过。不应在桥中变速、制动和停车，以减轻桥梁的晃动。

81. 农用车如何穿越铁路、隧道和涵洞？

车辆在行驶中经常遇到穿越铁路、隧道和涵洞的情况，由于交通安全设施差或驾驶员驾驶经验不足，经常会在这些地段发生交通事故。因此，应掌握好这些地段的驾驶操作要领。

（1）穿越公路与铁路的平面交叉口前，应先降低车速，密切注视两边有无火车来往，严禁与火车抢行。应听从道口管理人员的指挥。当无管理人员时，要切实做到"一慢、二看、三通过"，确认两边均无火车来往时，方可通行。

（2）在铁路岔口等待放行时，应尾随前车纵列停靠，不可超越抢前或并排停靠，以免造成交通阻塞。

（3）穿越铁路应一气通过，不得在火车行驶区内变速、制动和停车。如果车辆在火车行驶区内发生故障，应设法尽快将车辆移开火车行驶区域，不得就地停留检修。

（4）车辆在通过隧道、涵洞前，应看清交通标志，严格遵守限高、限速规定。通过单行隧道前，应提前减速，并注意对方有无来车、来人或其他障碍物，确认可以通过时，应开启前后灯，适当鸣喇叭，缓行一气通过。通过双行隧道，应靠路的右侧以正常的速度通过，注意来车交会，并视需要开灯，一般不鸣喇叭，以减少隧道内的噪声。车辆在隧道、涵洞内应尽量避免停车，以免阻塞交通甚至造成事故。

82. 农用车如何上、下渡船?

上、下渡船的驾驶技术，是指车辆通过跳板从地面驶上船舱和从船舱驶下地面的驾驶技术。

（1）应遵守渡口的有关管理规定，听从管理人员的指挥，按到达的先后顺序排列待渡，不可强行超越抢先。对无人管理的渡口，在过渡口前，应先检查跳板是否合适，跳板与渡船连接是否牢靠，并观察好车辆上、下船路线和船上停车位置。

（2）待渡停车，应适当拉开车距，驾驶员必须在驾驶室内等候。如需下车，应将发动机熄火，拉紧手制动，挂入低速挡或倒挡，用三角木或石块塞住车轮。

（3）车辆上渡船，要用低挡低速缓行，对正跳板。当前轮接触跳板后，逐渐踏下油门踏板，使车辆平稳地上船（必要时可请人在车前指挥）。

（4）当车辆前轮已上渡船，而后轮还在跳板上时，切忌停车、熄火或忽快忽慢，以免渡船受车辆冲击而与跳板脱离，发生危险。待后轮上船后，慢慢行驶至指定位置停车，拉紧手制动，将变速杆挂入1挡，然后熄火，前后轮用三角木块或石块塞住，以免车辆在渡船航行中移动。

（5）多辆车上同一渡船时，应注意安排停放位置，重车与空车、大车与小车应搭配停放，使渡船载重平衡，以免船身倾斜发生危险。

（6）下渡船时，也应挂低挡对准跳板低速缓行。尤其是前轮已在跳板上，后轮还在船上时，更应谨慎细心，缓慢行驶。

83. 车辆滑行应注意哪些事项？

驾驶车辆滑行时，应选择平坦、坚实、路面宽直、行人和车辆较少、路面及道路交通条件允许的路段，在确保行车安全的情况下进行。

减速滑行应采用挂挡滑行的方法，尤其对于装有电喷柴油机的农用车来说，当松开加速踏板后，节气门立即从高负荷位置回到怠速位置，但发动机的转速不会立刻下降，发动机不再作功，当发动机转速低于设定转速时会重新供油。

车辆行驶中，发现前方有障碍、路口、人行横道，需转弯、会车，遇红灯等情况不能保持常速通行的路段，尽量少用或不用制动，提前松抬加速踏板，采用滑行代替制动的方式，充分利用车辆的惯性和发动机的制动作用，实现减速通过或缓慢停车。

拟停车时，要根据到停车位置的距离，提前抬起加速踏板，让车辆凭借行驶阻力减速滑行，即将停车前踩下离合器踏板轻踏制动踏板，缓慢将车停住。过早开始滑行会使车辆滑不到停车位置就停下，需要再重新加速，增加燃油消耗；过晚滑行会使车辆到达停车位置时车速还很高，需要比较重的制动，也要增加燃油消耗。

84. 驾车遇坡道怎样行车？

车辆在坡道上行驶，与在平路上行驶相比具有其不同的特点，如上坡时会产生上坡阻力，下坡时会出现下坡助力，它们对车辆行驶都有很大影响。因此，在坡道上行车，驾驶员必须充分认识这一特点。要根据坡度的大小、坡道长短、弯道缓急、路面宽窄，并结合本车的性能及装载情况等，采取恰当的操作方法，做到转向灵活准确，换挡敏捷，手脚配合协调，制动使用合理。否则，操作不当将会使发动机熄火，甚至造成车辆倒溜或制动失灵、车辆失控，发生事故。

在简易公路或乡间便道上行车遇到陡坡时，应先停车察看坡道情况，特别是在装载物较重时更应注意这一点，然后再采取恰当的操作方法行驶通过。

85. 车辆在上坡时应注意哪些事项？

车辆上坡前，应根据坡度大小、坡道的曲直及来往车辆情况选择合适的挡位和坡底速度，当坡道短又不很陡，且路面宽阔，两侧又无障碍时，可利用高速惯性冲坡通过；当遇坡道长而陡时，由于上坡阻力的长时间作用，车辆的有效牵引力大为削弱，此时既要利用高速冲坡，又要及时变换挡位，不可长时间用高速挡勉强行驶，也不宜使用过低挡位，使上坡速度过慢。总之，要保持车辆有充足的动力尽快驶过坡道。

车辆上坡临近坡顶时，应及时减速和鸣喇叭，靠右行驶，并警惕对方来车和来人，以免发生事故。

傍山险路上坡时，在不影响会车的情况下，可在坡道中央行驶，不应临山谷边缘行驶。通过弯曲坡道时，由于视线受到限制，必须低速靠右行驶，并多鸣喇叭，绝对不允许在弯道上超车。

上坡换挡，动作要快捷，并应注意各动作的密切配合，以免发生车辆停顿、换挡困难，甚至换不进挡位的现象。

上坡行驶时，如有两辆同向行驶的车辆，车距应保持在 30m 以上，以防倒溜发生危险。

当车辆在上坡道起步时，因受上坡阻力的影响，其操作方法除执行一般起步要领外，还应注意手制动器、离合器和油门踏板操作的密切配合，这三者之间的配合恰当与否，是车辆能否起步和能否避免后溜的关键。其操作方法如下：

左脚踩下离合器踏板，挂入 1 挡，左手握稳转向盘，右手握紧手制动杆，并按下棘爪按钮，右脚放在油门踏板上。上述准备动作完成后，左脚缓慢松抬离合器踏板，右脚徐徐踏下油门踏板，右手慢慢放松手制动杆，这三个动作要做到同步进行，亦称"三同步"。如在这个过程中感觉车辆劲足且有往前行的趋势时，说明"三同步"操作良好，此时应迅速全部地松开离合器踏板和手制动杆，使车辆徐徐上行。如在这一过程中感觉车辆乏力且有熄火或后溜的趋势时，可能油门踏板踏下不够（即油量不足），或松离合器踏板和松手制动杆的动作不协调，此时应立即踏下制动踏板和离合器踏板，并拉紧手制动杆，待车辆停稳后，再重新起步。

在坡度很陡的情况下，需要用脚制动器时，可运用手油门和脚制动配合进行起步。

86. 车辆在下坡时应注意哪些事项？

车辆下坡时，由于下坡助力的作用，车会越跑越快，控制不当将造成事故。因此，下坡时应根据坡度大小和车辆负荷等情况，选择合适的挡位，控制车速，严禁滑行下坡。

下坡行驶应当在车辆一驶入坡道就轻踏制动，及早控制车速，特别是在下坡转弯处，由于视线不清，交通情况不明，则更应将车速控制在随时可以制动停车的状态中。

车辆下坡时，应与前车保持 50m 以上的安全距离，并随时鸣喇叭发出警告。在路面狭窄或地势险峻的地带，应随时做好停车避让的准备。

下坡换挡，低速挡换高速挡，其操作与在平路时基本相同，但动作要快，空挡只需一带而过，不可停留，否则将发生换挡困难及齿轮碰撞现象。高速挡换低速挡，不常使用，一般在下坡途中遇到制动失灵或不宜使用制动时才采用，此时要采用加"空油"的操作方法来进行。

在一般缓直的坡道上行驶，可挂高速挡，但右脚应放在制动踏板上，并根据交通情况改变踏板行程，利用制动强度的变化来控制车速。

在陡而长的坡道上行驶，应挂入低速挡，并适时使用制动器，使车辆始终处于安全状态。由于下长坡长时间使用制动器，会使制动鼓温度过高，制动效能下降，因此应适时停车休息。严禁在高温的制动鼓上浇冷水，以免制动鼓破裂或变形。

下坡起步，一般情况和平路的操作要领相同，但由于有下坡助力作用，加速时间可大大缩短，甚至可免去加速用油。在有把握的情况下，可选适当的挡位起步，当松开手制动，车辆开始溜动时，再缓慢松开离合器踏板，借传动件带动发动机启动，启动后再根据情况换入合适的挡位行驶。切勿用高速挡起步，以免传动系统受到过大的冲击负荷，以致损坏机件。

87. 车辆在坡道上失控下滑有何应急措施？

车辆下坡时（下冲），感觉到制动效能有变化时，应当及早停车检查，找出原因、排除故障。下坡中，制动踏板发生意外故障突然失效时，应当沉着处理，可用"抢挡"的方法，以增强发动机的牵制作用，进行制动。同时要灵活正确地掌握好转向盘，再运用驻车制动器阻止传动机件的旋转。用驻车制动器制动时，把驻车制动操纵杆按钮按下，逐渐地拉紧驻车制动器操纵杆，使车速在驻车制动器的作用下逐渐降低。驻车制动杆不可一次拉紧不放，也不可拉得太慢。因为一下拉紧，容易将后制动器"抱死"，很可能损坏传动机件，而丧失制动力。并且一下将驻车制动拉紧，会形成紧急制动。车辆在山路条件下紧急制动会产生侧滑、掉头等无法控制的险情。拉得太慢，会使制动盘磨损烧蚀而失去作用。拉驻车制动时要按下按钮，使制动力均匀地增强。操纵时，可拉一下，松一下，再拉一下，再松一下。当车辆接近停住时，再将驻车制动固定在拉得最紧的位置上。

车辆在上坡道上一旦失控下滑（倒溜），应沉着冷静，尽力用驻车制动和制动踏板停车。如果停不住，应根据坡道的不同情况，采用不同措施。如果坡道不长，路面宽阔，又无其他车辆，应扭头后视后车窗玻璃或打开车门，用侧身后视的方法操纵转向盘，控制车辆朝安全的地方倒溜，待到平地后，再设法停车。如果地形复杂，后溜滑有危险时，应把车尾转向靠山的一侧，使车后保险杠抵在山石上，将车停住。此时，转向盘决不可转错方向，以免发生严重车祸。车辆在下坡时制动器失灵又不能控制车速时，会越滑越快，最后无法控制而造成严重的恶果。因此，下坡时，一旦制动器失灵，应立即利用天然障碍，给车辆造成道路阻力，以消耗车辆的惯性力，用障碍物将其挡停。例如：可将车顺势转入路旁的田野、草丛、松软的土地、乱石等，以阻拦车轮的滚动。如果情况紧急，可缓慢转动转向盘，使车身的一侧向山或树撞靠，以求大事化小，减少损失。为防止车辆在坡道上失控倒溜，要做到以下几点：

（1）认真检查车辆的技术状况，及时排除隐患，禁忌带故障行车。

（2）非无级变速的车辆上坡前要正确选用挡位，尽量使用低速挡上陡坡，禁忌途中换挡。

（3）发动机突然熄火后，应立即使用制动踏板和驻车制动将车停住。

88. 坡道停车与倒车应注意哪些事项？

（1）应尽量避免在坡道上停车，因故必须在坡道上停车时，则应选择路面较宽及前后视距较远的地点停放。停放时必须做好三件事：上坡停车挂1挡；下坡停车挂倒挡；拉紧手制动杆，垫好三角木块。

（2）上坡中途停车，先选好停车地点，然后踏下离合器踏板，待车渐停时，踏下制动踏板，拉紧手制动杆，将车停稳。

（3）下坡中途停车，先选好停车地点，然后踏制动踏板使车辆减速，待车速减到很慢后，再踏下离合器踏板，同时进一步踏下制动踏板，拉紧手制动杆，使车停稳。

（4）坡道倒车，当车辆向上坡方向倒车，起步要按上坡起步的要领操作，控制好油门踏板维持均稳的车速后倒。停车时踏离合器踏板的速度应略快于踏制动踏板的速度，以免熄火。当车辆向下坡方向倒车，起步时松手制动杆与离合器踏板应同步进行。倒车时，右脚放在制动踏板上，先利用发动机急速牵制车辆后倒速度，并根据情况用轻微制动相配合控制后倒速度。停车时，踏下离合器踏板后，立即踏下制动踏板，这两个动作基本上同时进行，以防止车辆倒溜。

89. 驾车遇傍山险路怎样行车？

傍山险路，往往一边是山崖，一边是深涧，路窄、弯急、坡陡。在这种路段上行驶，驾驶员要精神集中、冷静沉着、谨慎驾驶，防止紧张心理。行驶中应多鸣喇叭，并选择在道路中间或靠山的一边谨慎驾驶。遇有对方来车，要做到"礼让三先"，选择安全地点会车。如会车地点比较危险时，应停车察看道路情况，确认安全后方可缓慢交会通过，必要时，应让乘客下车，然后交会。如自己在靠山一边行驶时会车，则应给对方来车留出路面，自己所驾车辆应尽量靠近峭壁。在傍山险路上行驶，应避免紧急制动，以防侧滑；严禁滑行，并适当加大行车间距，以防意外。

90. 车辆通过泥泞道路时应如何驾驶？

农用车一般用于城镇、农村、工地、矿山等的运输作业。这些地段的路面质量差，泥泞道路经常出现，给农用车的行驶带来困难。因此，驾驶员应熟悉泥泞路的特点，并采用相应的驾驶方法，使车辆顺利通过。

泥泞路是松软的带有黏稠泥浆的路面，容易塌陷变形，滚动阻力大，附着力小，影响车辆的行驶能力，而且车轮容易空转或横滑，造成事故。

（1）行驶中应尽量选择路面较高、干燥、结实、打滑小的地方行进。一般用中速挡或低速挡匀速通过。尽量避免中途变速、制动、转向和停车，如需转向也不可过急过猛，以免侧滑。如泥泞路较深，可循车辙行驶，必要时应对道路进行清理、铺垫后再通过。

（2）通过泥泞的坡道时，应做好防滑措施，如装用防滑链，铲除车辙的软土、泥浆，并铺以沙石等。上坡时应根据坡道情况选择合适的低速挡行驶，严禁用高速挡冲坡。下坡时挂低速挡，利用发动机的牵阻作用控制车速，避免使用制动，特别是紧急制动，否则车辆将出现严重侧滑，行进方向无法控制。

（3）车辆因泥泞发生车轮空转打滑时，应立即试行倒退，退出打滑地段后，再选新路前进。当倒退也同样打滑时，应立即停车，挖去车轮处泥浆，铺垫沙石，必要时应卸下部分或全部货物，以便车辆驶出。如果还不能使车辆驶出时，则应请其他车辆拖出。

（4）通过泥泞道路时，掌握转向盘应做到稳、准、缓，尽量做到保持直线行驶。所谓稳就是转向盘要握稳；准就是要看清、看准路面情况，把握好行驶路线；缓就是要缓和地调整转向角度，不可过急过猛。

（5）在行驶中发生后轮侧滑时，应松抬油门踏板，且不得使用制动，操纵转向盘使前轮向后轮侧滑的一方适当缓转，使车辆逐渐摆正。切不可急剧转动转向盘或转错方向。当车位恢复正常后，即可回正转向盘继续行进。

91. 车辆陷入泥坑如何驶出？

在泥泞、翻浆路行驶，一旦车轮被陷入泥坑内，切不可用猛抬离合器同时猛加油门的硬进或硬退的方法，以免损坏传动机件。应先采用挖、铲、铺垫的方法处理，如果还不能奏效时，则应采用自救或互救的方法解决。

（1）自救

①将木棍的一端插入钢圈孔内，再用一块垫木或石块作支点，用人力将木棍的一端压下，使车轮升起，或用千斤顶将车轮顶起，然后用木块或石块等填入轮下，将车驶出。

②在车前适当位置打木桩或用木杠插入轮下，用钢丝绳或粗绳的一端系住木桩或木杠，另一端系于钢圈孔内，然后用1挡慢慢起步前进，即可将车辆拖出陷坑。当左右车轮同时陷入时，则在另一轮上采取同样的措施。

（2）互救 当自救条件不足或自救方法不奏效时，则应采用互救的方法来解决。互救就是请其他车辆帮助拖出。如果一辆车拖不出时，可用两辆车串联（成一直线）或并联（并排）的方法将陷车拖出。

92. 夜间行车有何特点？应注意哪些安全事项？

夜间驾驶要比白天驾驶困难得多，由于夜间行车的视野全靠灯光来实现，而灯光的照射范围和亮度却远远不如白天，因此其视线较差。同时由于车辆的颠簸，灯光也在不断地晃动，再加上交会车灯光的刺激等因素，造成驾驶员眼睛容易疲劳，路面情况难以辨清，甚至造成错觉以致发生事故。因此，要保证夜车行驶安全，除要集中精力、细心观察、谨慎驾驶外，还应掌握夜间行驶的基本常识和注意事项。

夜间行车应注意的安全事项：

（1）驾驶员夜间出车前，一要充分休息，二要做好出车前的准备工作，保证精神抖擞，安全驾驶。

（2）夜间行车，特别是初次行驶不熟悉的路线时，应适当慢速行驶，不可盲目求快造成事故。

（3）出车前要认真检查照明装置是否工作正常，否则应修复后再出车。起步前应先开灯，停车后再闭灯。

（4）在无路灯或照明不清的道路上高速行驶时，应用大灯的远光灯；低速行驶时，可用大灯的近光灯。在路灯照明良好、来往车辆不多的道路上行驶，可以用小灯光。夜间在道路上临时停车，应开前小灯及尾灯。

（5）临近交叉路口 50～100m 时，应减速，关闭大灯远光，打开近光，并用指示灯示意行进方向。

（6）夜间交会车，须在与来车相距 150m 以外，将大灯远光改为近光。会车时一定要减速，必要时应停车礼让。

（7）遇到对方不关闭大灯远光时，应立即减速并连续使用远近光变换开关，用变换灯光示意对方变光。如对方仍不关闭大灯远光时，则应减速靠右侧停车，并关闭大灯光，开小灯光避让，防止发生事故。

（8）夜间超车，可用连续变换大灯远近光的方法预告前车，在前车让路后，方可超越。

（9）夜间雾大行车，应打开防雾灯。

93. 夜间行车怎样识别道路?

夜间行驶，对道路情况的识别判断是否正确，是行车安全的关键。下面就介绍几种夜间识别道路的办法。

（1）以发动机声音及灯光变化识别道路情况

①车辆行进中，车速自动减慢，发动机声音变得沉闷时，说明行驶阻力增大，可能车辆正在爬坡或驶经松软路面；当车速自动增快和发动机声音变得轻松时，说明行驶阻力减小，可能车辆正在下坡。

②当灯光照射距离由远变近时，说明车辆驶近上坡道，或驶近急弯或将要到达起伏坡道的低谷地段。

③当灯光照射距离由近变远时，说明车辆已由弯道转入直线，或已转入下坡行驶。

④当灯光离开路面时，前面可能出现急弯、大坑或车辆已驶上坡顶。

⑤当灯光由路中移向路侧时，说明前方已出现弯道，如果是连续弯道，灯光将从道路的一侧扫移到另一侧。

⑥当前方路面出现黑影，若驶近时逐渐消失，表明路面有浅小凹坑；若黑影不会消失，可能前方有深大凹坑。

（2）以路面的颜色识别道路情况　当车辆照明装置发生故障或由于客观原因不能开灯照明时，则应看道路的颜色来识别道路情况，一般规律是：

①在无月夜，路面呈深灰色，路外呈黑色。

②在有月夜，路面呈灰白色，有积水处呈白色。

③在雨后夜，路面呈灰黑色，坑洼、泥泞处呈黑色，积水处呈白色。

④在雪后夜，车辙呈灰白色，通过较多车辆后呈灰黑色。

94. 车辆发生侧滑怎么办?

（1）车辆转弯时速度越快，离心力越大，车辆越容易冲出弯道或侧滑。车辆速度超过 60km/h 时，紧急制动易导致侧滑或甩尾等危险情况。

（2）车辆发生侧滑时，应立即松抬制动踏板，同时向侧滑的一方转动转向盘，并及时回转进行调整，修正方向后继续行驶。若车辆因转向或擦撞引起的侧滑，不可使用行车制动。

（3）下雨开始时路面的尘土易与雨水形成泥浆，最容易使车辆发生侧滑。车辆在泥泞，溜滑路面上紧急制动或猛转方向时，易导致行驶方向失控，产生侧滑，甚至造成翻车，坠车或与其他车辆行人相撞。车辆在泥泞路上发生侧滑时，应向侧滑的一侧转动转向盘适量修正。

95. 行车中转向失灵或者失控有何应急办法?

（1）装有动力转向装置的车辆，突然出现转向失灵或者转向困难时，切不可继续驾驶，应尽快减速，选择安全地点停车，查明原因。若出现转向突然不灵，但还可实现转向，应低速将车开到附近修理厂修好后再行驶。

（2）对于转向失控的车辆，最有效的办法是平稳制动。高速行驶的车辆在转向失控的情况下使用紧急制动，很容易造成翻车；当车辆转向失控，行驶方向偏离，事故已经不可避免，应果断地连续踩踏、放松制动踏板，尽量减速，极力缩短刹车距离，减轻撞车力度。

96. 行车中脚制动器失灵有何应急办法？

车辆制动失灵一般很少碰到，一旦发生制动失灵，其危害性是非常大的。万一不幸在驾车时发生制动失灵，驾车者首先要保持冷静，不要惊慌失措；其次根据现场的情况，采取积极有效的措施，使车辆安全停下，以免造成更大的损失。

（1）如果在普通道路上制动失灵，首先控制好方向并且快速地将变速器挂入1挡，这时松离合器一定要快。在1挡时如果发觉车辆降速还是不够，则可以用连续不断地拉、放手制动来进一步降低车速。

（2）在进入弯道或转弯之前制动失灵时，先控制住方向并快速地抢入低挡，可以视情况决定是否利用手制动，一定要使车速在进弯之前降下来，在进弯时先松开手制动，然后才可以转动转向盘。在过弯或转弯的过程中不可以再拉紧手制动，否则会造成车辆甩尾，从而导致更大的车祸。

（3）在上坡时制动失灵，也应快速地抢入低挡，路况可以的话，慢慢地驶上坡顶，再利用手制动将车停住；如需半坡停车，应保持前进低挡位，踩下离合器，拉紧手制动将车停住，如果车辆有后溜的趋势，可以松一点离合器踏板，利用离合器的半联动将车辆控制在坡道上。

（4）在下坡时制动失灵，千万不要心慌意乱猛拉手制动，可以用在普通道路上的应急方法来降低车速并停车。如果实在无法将车停住，而情况又非常紧急，那只要选择路旁的围栏或障碍物，把车开上无人的一边，利用撞蹭减低车速，先保人后保车。需要指出的是，那种不减速就直接向周围物体上靠的措施是极其危险的，高速剧烈的乱撞会直接损坏车辆并容易被物体反弹造成碰撞和翻车，况且很多路段周围没有障碍物，学会利用发动机的牵引阻力来控制车速才是明智和正确的。

　　此外，值得一提的是，车辆在下坡时不论有无情况都应该踩一下制动，它的好处在于：一是检查一下制动性能，二是一旦发现制动失常可以赢得控制事故的时间，利于冷静控制车辆，这称为预见性制动。预见性制动可使我们在突发故障时赢得时间，化险为夷，转危为安。

97.　行车中发生轮胎漏气、爆胎有何应急办法？

　　（1）行驶中轮胎漏气后采取紧急制动，轻者可能导致漏气轮胎的严重损坏甚至报废，重者可能导致车辆以漏气轮胎为支点而发生滚翻。所以发现轮胎漏气时，驾驶员应紧握转向盘慢慢制动减速，极力控制行驶方向，尽快驶离行车道。

　　（2）高速行驶时若出现前轮爆胎，车辆会倾向爆胎那一边，如果是后轮爆胎，则车辆将可能会旋转。此时如采取紧急制动，车辆可能向爆胎一侧滚翻。所以发现爆胎时，驾驶员应紧握转向盘，松抬加速踏板或制动踏板，千万不要紧急制动，极力控制行驶方向，必要时抢挂低速挡，平稳驶离行车道。

　　（3）轮胎气压过低时，高速行驶轮胎会出现反复波浪变形，使橡胶分子内摩擦温度升高而导致爆胎。

　　预防爆胎的正确方法主要有定期检查轮胎、保持标准气压、及时清理轮胎沟槽里的异物，更换有裂纹或有很深损伤的轮胎。

98.　夏季行车应注意什么？

　　由于夏天天气比较炎热，如果气温过高，车辆的使用性能会发生变化，以致影响车辆正常行驶，必须采取相应的措施。

　　（1）炎热天气对行车的影响及应采取的措施

　　①由于气候炎热，驾驶员出汗多，体力消耗大，容易困倦疲

劳，应对驾驶室采取相应的通风、降温、遮挡阳光等措施。驾驶员应加强身体保健。

②由于气温高，致使发动机散热不好，容易产生发动机过热，供油系产生气阻，应采取相应的散热措施，如往散热器上喷水或者在散热器开锅时，选择阴凉通风处怠速运转逐渐停机，让其自然冷却。

③由于气温高，车辆的制动性能也会减弱，特别是下长坡，制动蹄片更容易过热，使制动力下降，应采取相应的措施，比如给制动鼓淋水（但不可过急，以免制动鼓开裂）等。当制动性能满足不了行车安全的要求时，必须停车，待温度降下来后，再继续行驶。

④在炎热天气行车，由于沥青路面、渣油路面变软、泛油，并有一定的弹性，使路面很滑，车辆容易产生侧滑，在驾驶操作上要特别注意，踏下和松抬加速踏板、制动踏板及转向时，都要缓慢，不能过急。

⑤由于气温高，车辆的润滑油、脂会变稀，使润滑效能降低，应根据车辆使用说明书的要求，按季节变化选择更换黏度较大的润滑油、脂。

⑥在炎热天气行驶，轮胎在高温条件下与路面滚动摩擦，温度上升快，胎内气体膨胀，胎压增高，容易发生爆胎，应注意调整胎压，加强维护工作。

(2) 在炎热天气驾驶注意事项

①夏季午后的一段时间，天气最为炎热，容易引起疲劳和瞌睡，在条件许可时，最好避开热峰，早晚行车，中午休息。行驶中，驾驶员感到困倦时，必须立即停车休息，待头脑清醒，精神恢复后再继续行车。

②行驶中要注意察看水温表，防止发动机温度过高。当散热器冷却水沸腾时，不能立即熄火，加注冷却水，要选择阴凉的地点停车休息，待温度降低后，水不再沸腾时，才能打开散热器盖

（避免被喷出的水汽烫伤）。

③行驶中车速不宜过高，要注意检查轮胎气压和轮胎温度，若发现温度偏高，应选择阴凉的地方停车休息，使胎温和胎压自然下降，切不可采取放气和往轮胎上泼冷水降温的办法。遇有涉水的地方，应等轮胎降温后才能通过。

④夏收季节，道路上情况比较复杂，一些农民违反规定在公路上堆放和晾晒农作物，通过时要特别小心避让。

99. 夏季行车遇冷却水沸腾应如何处理？

如果在路途中遇到冷却水沸腾现象，千万不要乱动车，注意以下事项：

（1）不要立即加水 散热器内水沸腾后，内部有一定的压力，此时若立即打开散热器加水口，热水会向外喷出，造成人员烫伤。正确的做法是发现冷却水沸腾后，立即全部打开百叶窗以增加空气流量，待水温有所下降不再沸腾时，再用湿毛巾做垫手，先把散热器加水盖拧开一挡，放出水蒸气，稍待片刻再全部打开，同时要将脸部避开加水口上方，防止热水喷出烫伤脸部。

（2）不要立即熄火 有些车主发现冷却水沸腾后，想到的是立即熄火。要知道：发动机冷却水之所以沸腾是因为水套内水温度过高，也就是罐套、缸壁、汽缸盖的温度过高，若此时熄火，机件都处于膨胀状态，各配合间隙很小，停机后会造成有些软金属脱落，有的甚至会造成粘缸。所以发现冷却水沸腾后，不要立即熄火，应保持怠速运转，全部打开百叶窗。如已经熄火，应立即用摇柄摇车以防止粘缸。

100. 驾车在雨雾中行驶应注意哪些事项？

行车中遇到雨雾天是经常的事。雨雾天路面滑、视距短，交通条件差，驾驶操作应注意以下事项：

（1）在雨雾天，行驶前应检查制动是否跑偏，雨刷器工作是否正常。对怕雨水淋湿的部分应进行遮盖或包扎。

（2）雨天特别是大雨天，路面滑、视线差，应勤按喇叭，减低车速，必要时可开灯行驶。

（3）雨天避免在河岸、堤边、悬崖峭壁处等容易坍塌的地方久停，而且要选择路基结实的空阔地停放，以免发生事故。

（4）雾中行车，特别是大雾时，视线不清，应开启雾灯，不时地鸣喇叭，警告来车、来人，并随时做好停车准备。

（5）雨中行车，与前车的距离应适当拉长，避免使用紧急制动，禁止滑行和急转弯，尽量在公路中间行驶。

（6）雨中行驶，应注意低洼积水路段，估计积水深浅，确有把握，再低速缓慢通过。当大水淹没路面时，应下车察看或试探路底情况及水深，不可盲目涉水通过。同时还应注意路旁的电杆、电线、树木及建筑物等被风吹歪斜或倾倒的情况，以免造成危险或影响行车。

（7）突然下雨，公路上行人、非机动车辆、牲畜等会东奔西跑，寻找避雨处，或行人及骑自行车的人使用雨伞、雨衣等埋头行路，造成交通困难。此时要减速并多鸣喇叭，引起行人的注意。遇到暴风雨时，如行车困难，则应暂停，待雨量减小后再继续行进。

101. 车辆通过冰雪道路时应如何驾驶？

冰雪道路的特点是，轮胎与路面的附着力明显减小，车轮容易空转或滑溜，制动效能降低，方向稳定性差，所以驾驶方法与一般道路有所不同。

（1）冰雪道路驾驶方法要点

①起步时，要少加油，缓慢松抬离合器踏板，以减小车轮的

驱动力，防止车轮滑转。如果起步时车轮产生滑转，切忌加大油门，而应该踩刹车，挂高一级挡位，再行起步。如果还是不能起步，应清除驱动轮及前轮下的冰雪，并在驱动轮下铺垫沙土、炉渣或苇草等物，再重新按前述方法起步。

②行驶中，要保持匀速，选用比适合行驶速度高一挡的挡位；踏下和放松加速踏板都要平稳；严禁空挡滑行。转弯时，要控制车速，选择较大的转弯半径，缓慢转向，不能急打急回转向盘。控制车速主要靠使用发动机的牵阻作用，必要时才能使用轻缓点刹的方法，进行减速。同时应注意加大行车间距，会车时还应加大横向间距。

③在冰雪路面上行驶，应尽量避免使用紧急制动，非用不可时应手、脚制动并用。当发现车辆侧滑时，应立即放松脚制动，其处置方法与泥泞道路相同。

④正确选择行驶路线。道路上有车辙的应顺车辙行驶；没有车辙时，应走道路中间。若路面倾斜或一边有危险的，则应走平坦和安全的一边，不要忽左忽右，应尽量保持直线行驶。在积雪覆盖的路上，行驶路线不易辨别，应根据地势和路旁的树木、标志、电线杆等进行判断，沿路中心或积雪较浅的地方缓慢行进。路况稍有可疑应立即停车，待勘察清楚后再继续行驶。

⑤通过冰雪坡路比通过平路更困难，除要认真掌握前述的驾驶要点外，上坡时应选好挡位，正确使用加速踏板，中途最好不要换挡、停车。不得已停车后，要特别认真地对待起步问题，做好充分准备，做到一次起步成功。下坡时，要选好挡位，利用发动机的牵阻作用严格控制车速，必要时才应使用脚制动的点刹方法辅助减速。

（2）冰雪道路驾驶注意事项

①通过冰雪道路前应随车携带防滑链、喷灯、三角木、钢丝绳、锹镐及其他必要的防寒、防滑及保温用品。

②注意保持发动机的温度，防止散热器冻结，若发现冻结应

尽快采取适当方法解冻。

③安装防滑链要左右对称，松紧适度，冰雪路段通过后应立即拆除。

④通过结冰的江河时，要认真调查了解情况，特别要注意冰面强度，在解冻季节更要特别注意，只有在确认安全后才能通过。通过时应沿车辙匀速慢行，切忌急打方向盘和急减速。

⑤傍山险路及其他危险路段，降雪结冰后，无特殊情况应停止行车。

⑥在冰雪路上行驶，由于路面光亮刺眼，应配戴防护镜并注意适当休息，以免影响行车安全。

102. 驾驶员如何防止防冻液中毒？

在冬季，驾驶员都要往车里加注防冻液，以此提高车辆的防冻能力。但在配制或加注防冻液时，一定要防止中毒。目前常用的防冻液是乙二醇水防冻液。乙二醇具有一定的毒性，对人体的肾、肝、胃、肠道等内脏有刺激作用，同时，乙二醇水防冻液里掺入的大部分腐蚀抑制剂均为有毒物质。防冻液中毒不是立刻就显示出来的，具有一定的潜伏性。如果防冻液进入人体内，10～12h还不会有任何反应，但随后便会出现头晕、头痛、腹痛、口干、舌燥、紧张、出冷汗等。3～5天后毒素对肾的损伤作用，可使肾功能受到严重破坏，直到完全停止排尿，如病情恶化，还有可能导致死亡。如果出现防冻液中毒现象，也不要恐慌，病情初期可立即用清水或2％的苏打水洗胃，并及时送医院治疗，排除毒素。

防冻液中毒主要是从口进入身体的，所以驾驶员把住毒从口入这一关非常重要。当配制或加注防冻液后，一定要将手洗干净。严禁用口吸取防冻液。只要防冻液不进入口内，就不会危害身体。另外，要按照防冻液生产厂家提供的说明书进行操作，切忌盲目从事。

第三章 农用运输车维修技术

一、概述

103. 什么是故障？

农用车在使用过程中，丧失规定功能的现象称之为故障。农用车使用过程中，随着行驶里程的增加，各总成、部件及零件由于磨损、腐蚀、疲劳、变形及裂纹等因素的影响，会导致异响、振动、漏油、漏气、漏水、漏电和整个农用车的动力下降，油耗增大等不良现象的发生，此时农用车的技术状态变坏，继续使用直到农用车不能完成设计所规定的功能时，便是出现了故障。

104. 农用车故障现象有哪些？

（1）**基本性能异常** 农用车的基本性能异常通常主要表现为柴油机运转不均匀，怠速不稳定，速度提不高或"飞车"等；行驶无力，爬坡困难，车速提不高；变速器挂不上挡、脱挡或乱挡；离合器打滑，分离不彻底，产生抖动；制动迟缓、制动距离增长或失灵，制动跑偏；转向沉重或转向失灵；前轮偏摆严重；电器失灵或全车无电等。

农用车故障原因很多。小的故障不及时排除就有可能引起大的故障，造成主要零部件损坏，整机丧失功能。如变速器故障，会造成传动失效，齿轮或变速器壳体损坏，特别是乱挡，有时会导致大的灾难，许多车辆挂前进挡却挂上了倒挡，导致车毁人亡；离合器打滑、转向失灵及制动器故障都会引起整车不能工作，并且具有严重的安全隐患。

基本性能异常现象比较明显，有时原因却较为复杂。而症状往往表现为由渐变到突变，因此发现有可疑症状，要及早采取措施，判明原因，排除故障。

(2) 响声异常（异响） 农用车响声异常主要表现为柴油机响声异常和底盘响声异常等。柴油机异响，包括金属部件的摩擦声和敲击声，以及不正常的气流声音。金属部件产生的异响主要是连接部件的松动、配合间隙的变化引起的，不正常的气流声音主要是漏气等产生的声音，如气门烧蚀漏气时的喘气声。底盘异响包括离合器、变速器、传动轴和后桥等异响。

有一些异响故障可以酿成事故，因此必须认真对待。经验表明凡是声响沉重，并伴有明显的振抖现象多系恶性故障，应立即停车，查明故障原因，予以排除。

(3) 温度异常 温度异常通常表现在冷却系、传动系和电气系上。如柴油机温度过高，冷却水温过高或过低等，轮毂、变速器及后桥等处温度过高，电路短路引起的导线等电器部件过热。

传动部件工作时，倘若用手触摸感到烫疼难忍，即表明该处过热，原因一般是缺少润滑油，若不及时排除将引起齿轮及轴承等部件的烧损。若柴油机过热说明冷却系存在故障，如不及时排除会造成行驶无力，甚至造成活塞等部件的烧结事故。电器元件过热，一般伴有异响，故障发生迅速，不及时停车处理，必然会导致电器元件烧损，因此必须引起重视。

(4) 燃油、润滑油、冷却水消耗异常 燃油、润滑油和冷却水消耗异常，也是一种故障。燃油消耗增多，一般是由汽缸漏气，燃烧不充分或供油管路泄漏引起。多缸柴油机各缸耗油不均匀时，易引起柴油机运转不稳，冲击力加大。当传动系、制动系工作不良时，阻力增加，油耗也相应增加。机油消耗量过大，除了渗漏的原因之外，多系柴油机故障，一般为活塞与汽缸壁配合间隙过大或有严重损伤，造成机油烧损。若柴油机工作中机油有增无减，可能是冷却水进入了油底壳。

消耗异常是柴油机故障的重要标志，要认真分析检查，及时排除，否则易酿成严重事故。

（5）排气或气味异常 排气异常主要指柴油机冒白烟、蓝烟或黑烟。冒黑烟一般为燃烧不充分，可能是汽缸压力不足或供油正时不准确造成的。冒蓝烟一般为烧机油。冒白烟则为燃油中含有水。烟色不正常一般伴随柴油机无力或不易启动等，是诊断故障的重要依据。

农用车异味一般为摩擦片烧焦、电器塑料或电木制品烧焦的气味，机油和制动液燃烧也有特殊的气味。在行驶中一旦发觉有这些异味，要及时停车查明原因，防止引起事故。

（6）外观损伤 农用车外观异常主要指车架、车身、驾驶室等产生变形或裂纹等，会导致跑偏，重心转移，轮胎偏磨等。变形严重时必须予以矫正、修复。

105. 农用车应怎样分析判断故障？

农用车结构复杂，故障现象和原因也很多。一种故障可能由多种原因引起，一个机构或部件出现问题，可能引起许多故障，表现为许多故障现象。要排除故障，首先要了解故障的原因，要通过各种现象分析判断，由表及里、由简到繁、逐步深入，找出产生故障的部位，最终解决问题。常用的故障分析方法主要有以下几种。

（1）经验判断法 经验判断法就是根据车辆维修经验，分析造成某种故障现象的主要原因。根据某一品牌车辆经常发生故障的部位，某一故障部位的表现现象，再结合农用车工作原理和平时掌握的基本知识，分析、推理、判断，找出故障原因。这种诊断方法可概括为问、看、听、嗅、摸、试等。

问：就是询问驾驶员车辆的有关情况，如行驶里程、维修记录、保养情况、是否缺过机油和水、车辆故障前有什么异常表现等，通过询问可以迅速掌握情况，加快诊断速度。

看：就是观看柴油机的排气烟色、车辆的振动情况等，判断其故障情况。

听：就是听车辆的响声是否正常，判断异常响声发出的部位，找到故障所在。

嗅：就是闻车辆发出的异味，特别注意离合器、制动器、电器元件等是否有异味，找出故障部位。

摸：就是用手触摸可能产生故障的部位，感觉体验其温度、振动情况等。

试：就是亲自驾车体验，判断故障部位。

(2) 仪器诊断法　　仪器诊断法是借助检测仪器和设备，测量表征车辆技术状况的有关参数，从而科学地诊断车辆故障的方法。

仪器诊断的仪器与设备包括以下几种。

①单一功能的测试仪器。用于测量一些单项的技术参数，如转速表、压力表、真空表等。

②成套诊断设备。如：柴油机试验台、测功器、制动试验台、前轮定位仪器和侧滑试验台等。在这些机械设备上，也配有某些电子仪器，能对车辆的一些性能指标进行诊断。

③综合诊断设备配合电子计算机，制成有整套通用传感器的自动诊断系统。这种高效能的自动诊断系统是今后农用车仪器诊断的发展趋势。

(3) 隔离判断法　　隔离判断法就是在不易判断故障所在部位时，采取隔离开部分零部件后，再进行判断的方法。

(4) 换件比较法　　换件比较法就是将怀疑有故障的部件更换成同一规格的合格部件。若换件后故障消失，则被更换部件就是故障所在。

106.　农用车故障产生的原因有哪些?

农用车价格低廉，但又工作在各种复杂恶劣条件，所以导致其可靠性低、故障频发。分析、研究农用车故障的成因，是诊断故障应具备的知识，特别是弄清某些条件下故障的具体成因，更有利于对其迅速确诊。

(1) 设计制造上的缺陷或薄弱环节　现代农用车设计结构的改进，制造时新工艺、新技术和新材料的采用，加工装配质量的改善，使农用车的性能和质量有了很大的提高，也的确减少了新车在一定行驶里程内的故障率。但由于农用车结构复杂，各总成、组合件、零部件的工作情况差异很大，不可能完全适应各种运行条件，加之农机市场竞争激烈，一些厂商竭力压低成本，产品质量难以保证，使用中就会暴露出某些薄弱环节。例如，某些厂牌农用车的气门弹簧经常断裂、发动机容易过热、行驶中前轮容易摆头、变速箱容易发生故障等。积累农用车各部位故障的资料，熟悉和掌握其特殊性，就有利于故障诊断。

(2) 配件制造的质量问题　随着农用车配件消耗量的日趋增长，配件制造厂家也越来越多。但由于他们的设备条件、技术水平、经营管理各有不同，配件质量就很不一致。如汽缸盖，在同一缸盖下各缸的燃烧室容积差超出公差范围，装后发动机出现无力或者突爆现象；正时齿轮齿形及正时位置超差，破坏了正常的配气相位而影响了动力性；前钢板弹簧的刚度、挠度、规格尺寸不符合标准而使农用车转向系统产生故障等。尽管配件的质量正在改善提高，但这仍然是分析、判断故障时不能忽视的因素。

(3) 燃、润料品质的影响　合理选用农用车燃、润料是农用车正常行驶的必要条件。因此，使用不符合各厂牌车型要求的燃、润料，也是故障的一个成因。例如，柴油发动机在冬季选用凝点高的柴油，是供油系发生故障和发动机不能发动的原因；柴油机不采用其专用柴油机机油是发动机早期磨损的因素等。

（4）道路条件及气温、气压等环境的影响　农用车在不平路面行驶时，其悬挂部分容易损坏，连接部分容易松动，从而引起有关部位的故障。若经常在山区行车，由于传动、制动部分工况的变动次数多、幅度大，往往导致早期损坏。

（5）管理、使用不善的影响　因管理、使用不善而引起的故障是占有相当比重的。柴油发动机如使用未经滤清的柴油；新车或大修出厂车不执行磨合规定，不进行磨合保养；行驶中不注意保持正常温度、装载不合理或超载等，均是引起农用车早期损坏和故障发生的原因。

（6）不执行计划预防保养制度、保修质量差的影响　农用车在运行中，随着行驶里程的增加，各零部件都将产生磨损、变形、损伤和松动，而且在一定的运用条件下，这种自然损伤是有规律的。如果用户根据这些规律去确定保养周期、项目，并认真执行保养作业，就会延长车辆使用寿命，最大限度地减少故障。反之，用户只图眼前利益，不认真执行适应这种客观规律的计划预防保养制度，或者车辆频繁易手过户以致保修质量不高，都会影响农用车的使用寿命，增高故障率。

107. 农用车常见故障应怎样排除？

农用车一旦发生故障，就要及时分析原因，找准故障所在，排除故障。故障排除一般采用以下办法。

（1）试探法　对于某些故障原因，可以通过试探改变有关零件或部件的技术状况，然后观察故障现象有无变化，以判断故障现象是否由该故障原因引起。

例如，喷油压力过低是排气冒烟故障现象的一个可能的故障原因，当对该故障现象进行判断时，可采用试探法，在车上适当调高喷油压力，然后观察排气烟色，如果冒烟现象消失，表明喷油压力过低是排气冒烟故障的原因，反之则不是。

又如，汽缸活塞组磨损是汽缸压力过低故障现象的一个可能故障原因。当进行检查时，可用试探法向汽缸内注入一些机油，然后再进行测试。如果汽缸压力明显回升，表明活塞、汽缸体磨损是汽缸压力过低故障的原因，反之则不是。

采用试探法时，必须考虑到恢复原状的可能性，并且要确认不会因此而产生不良后果。此外，应尽量减少零件拆卸。

（2）隔除法　对某些故障原因，可以采用暂时隔除有关零件的作用，或暂时停止有关部分的工作，然后观察故障现象有无变化，以判断这一故障原因是否为该故障现象的原因。

例如，当听到离合器有异响时，可以采用隔除法，间断分离和接合离合器，然后倾听异响的变化，以判断异响是来自离合器前还是离合器后。

（3）换件法　进行故障判断时，若某些故障原因，经分析认为其实际存在的可能性很大，但通过采用其他方法判断又一时难以得出确切结论，这时，可采用换件法。也就是将所怀疑的零件拆下，用性能完好的零件代替，然后观察故障现象是否消除，以确切判断故障的真实原因。

例如，发现发动机工作不正常，经分析怀疑原因在于喷油器，但通过采用其他方法检查又一时不能确切断定。这时，可更换性能完好的喷油器，然后观察故障现象有无变化。如果故障现象消除，表明原喷油器损坏，反之故障发生在其他部位。

采用换件法时，需要对机器进行拆卸，因此不能滥用。另外，换件对象一般是小型的零部件。

（4）调整换位法　调整换位法主要是用增减垫片、调整调节螺钉的方法弥补零件的磨损量或对磨损等其他原因造成零部件性能降低的部件，进行部位对换或调整。

（5）修复零件法　修复零件法就是对损坏或丧失功能的部件

进行修复后继续使用。

例如当某一齿轮个别齿损坏后,可以采用镶齿法修复后继续使用;车架变形矫正后继续使用;汽缸划伤后,经镗缸后更换加大尺寸的活塞继续使用等;柴油机曲轴和轴瓦磨损后,将曲轴轴颈磨削,恢复其正确的几何形状,再更换修理加大尺寸的轴瓦即可。

二、发动机维修技术

108. 内燃机型号是如何表示的?

为了便于内燃机的生产管理和使用,国家标准(GB/T 725—1991)《内燃机产品名称和型号编制规则》中对内燃机的名称和型号作了统一规定。

(1) 内燃机的名称和型号 内燃机名称均按其使用的主要燃料命名,例如汽油机、柴油机、煤气机等。

内燃机型号由阿拉伯数字和汉语拼音字母组成。内燃机型号由以下四部分组成。

①首部。为产品系列符号和换代标志符号,由制造厂根据需要自选相应字母表示,产品特征代号可包括产品的系列代号、换代符号和地方、企业代号。

②中部。由缸数符号、汽缸排列形式符号、冲程符号和缸径符号等组成。汽缸数和缸径用数字表示,汽缸布置形式符号见表3-1。

表 3-1　汽缸布置形式符号

符号	含义	符号	含义
无符号	多缸直列及单缸	P	平卧型
V	V 型		

③后部。结构特征符号和用途特征符号，见表3-2和表3-3。

表3-2 结构特征符号

符号	结构特征	符号	结构特征	符号	结构特征
无符号	水冷	S	十字头式	D_z	可侧转
F	风冷	Z	增压		
N	蒸汽冷却	Z_L	增压中冷		

表3-3 用途特征符号

符号	用途	符号	用途
无符号	通用型及固定动力	M	摩托车
T	拖拉机	G	工程机械

④尾部。区分符号。同一系列产品因改进等原因需要区分时，由制造厂选用适当符号表示。

(2)内燃机型号的表示方法 内燃机型号的表示方法如图3-1所示。

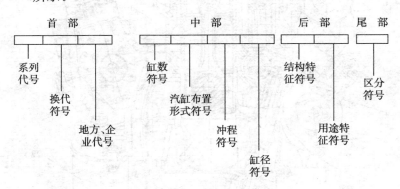

图3-1 内燃机型号的表示方法

(3)柴油机型号编制举例

195：表示单缸，四冲程，缸径95mm，水冷通用型。

165F：表示单缸，四冲程，缸径65mm，风冷通用型。

495Q：表示四缸，四冲程，缸径95mm，水冷车用。

6135Q：表示六缸，四冲程，缸径135mm，水冷车用。

X4105：表示四缸，四冲程，缸径105mm，水冷通用型，X表示系列代号。

109. 柴油机的构造是怎样的？

柴油机一般由两个机构和四个系统组成，即曲柄连杆机构、

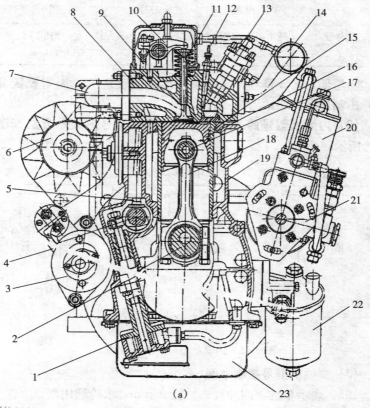

（a）

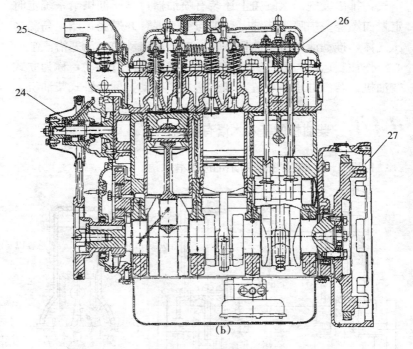

(b)

图 3-2 四冲程柴油机

(a) 四冲程柴油机侧面剖视图 (b) 四冲程柴油机正面剖视图

1. 机油泵 2. 曲轴 3. 电启动机 4. 配气凸轮轴 5. 挺柱
6. 发电机 7. 排气管 8. 汽缸盖 9. 推杆 10. 摇臂 11. 气门
12. 电预热器 13. 喷油器 14. 进气管 15. 汽缸 16. 活塞
17. 活塞销 18. 连杆 19. 机体 20. 柴油滤清器 21. 喷油泵
22. 机油滤清器 23. 油底壳 24. 水泵 25. 节温器
26. 摇臂轴 27. 飞轮

配气机构、燃油供给系统、冷却系统、润滑系统和启动系统（图
3-2）。柴油机的汽缸安装在机体上，活塞装在汽缸中，并通过
活塞销、连杆与曲轴相连。曲轴由轴承支撑在机体上，其一端装
有飞轮，构成曲柄连杆机构。汽缸上端用汽缸盖封闭，与汽缸、
活塞共同组成一个封闭空间（燃烧室），通过配气机构提供新鲜

空气，排出废气。汽缸盖上还装有喷油器，靠燃油供给系统定时定量向燃烧室中喷入柴油，柴油与空气混合并燃烧，产生高温高压气体，推动活塞带动曲柄旋转，向外输出动力。活塞沿汽缸中心线作往复运动。若汽缸垂直放置，则活塞垂直移动，称为立式柴油机；若汽缸水平放置，则活塞水平移动，称为卧式柴油机。

110. 柴油机的基本术语有哪些?

以图 3-3 介绍柴油发动机的基本术语。

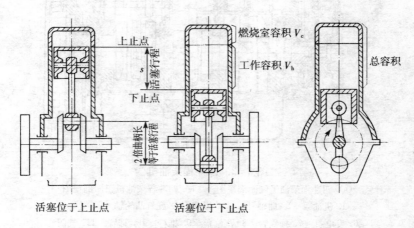

图 3-3　发动机示意图

（1）**上止点**　活塞在汽缸里作往复直线运动时，当活塞向上运动到最高位置，即活塞顶部在距离曲轴旋转中心最远的极限位置，称为上止点。

（2）**下止点**　活塞在汽缸里作往复直线运动时，当活塞向下运动到最低位置，即活塞顶部在距离曲轴旋转中心最近的极限位置，称为下止点。

（3）**活塞行程**　活塞从上止点到下止点移动的距离，即上、下止点之间的距离称为活塞行程。一般用 s 表示，对应一个活塞行程，曲轴旋转 $180°$。

（4）**曲柄半径**　曲轴旋转中心到曲柄销中心之间的距离称为曲柄半径。通常活塞行程为曲柄半径的两倍。

（5）**汽缸工作容积**　活塞从上止点运动到下止点所扫过的容积，称为汽缸工作容积。

（6）**燃烧室容积**　活塞位于上止点时，其顶部与汽缸盖之间的容积称为燃烧室容积。

（7）**汽缸总容积**　活塞位于下止点时，其顶部与汽缸盖之间的容积称为汽缸总容积，显而易见，汽缸总容积就是汽缸工作容积和燃烧室容积之和。

（8）**发动机排量**　多缸发动机各汽缸工作容积的总和称为发动机排量。

（9）**压缩比**　压缩比是发动机的一个非常重要的概念，压缩比表示了气体的压缩程度，它是气体压缩前的容积与气体压缩后的容积之比，即汽缸总容积与燃烧室容积之比称为压缩比。通常汽油机的压缩比为 $6\sim10$，柴油机的压缩比较高，一般为 $16\sim22$。

（10）**工作循环**　每一个工作循环包括进气、压缩、作功和排气过程，即完成进气、压缩、作功和排气四个行程叫一个工作循环。

111. 柴油机的工作原理及工作过程是怎样的？

柴油发动机工作时，活塞在汽缸内往复运动，进行着进气、压缩、作功和排气 4 个工作行程，如图 3-4 所示。图中如果活塞往复两次，即曲轴转两圈完成这个过程，这种柴油发动机称为四冲程柴油机；若活塞往复 1 次，即曲轴转 1 圈，完成这 4 个过程，这种柴油机称二冲程柴油机。农用车所用的柴油机都是四冲程柴油机。

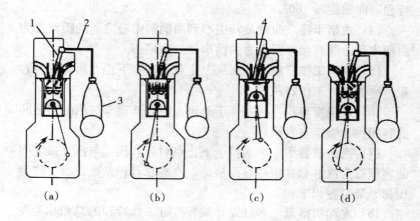

图 3-4　柴油机工作原理示意图
（a）进气行程　（b）压缩行程　（c）作功行程　（d）排气行程
1. 喷油器　2. 高压油管　3. 喷油泵　4. 燃烧室

（1）进气行程　由于曲轴的旋转，通过连杆使活塞在汽缸内从上止点向下止点运动，这时排气门关闭，进气门打开。进气过程开始时，活塞位于上止点，汽缸内残存有上一循环未排净的废气，因此，汽缸内的压力稍高于大气压力。随着活塞下移，汽缸内容积增大，压力减小，当压力低于大气压时，在汽缸内产生真空吸力，新鲜空气通过进气门被吸入汽缸内，直至活塞向下运动到下止点。整个进气过程曲轴转半圈。对进气过程的要求是进气要充分，进气量越多越好。

（2）压缩行程　曲轴继续旋转，活塞从下止点向上止点运动，这时进气门和排气门都关闭，汽缸内形成封闭容积，随着活塞的上移，压力和温度不断升高。压缩过程要求气门关闭要严，汽缸和活塞环之间的密封性要好，不漏气。

（3）作功行程　当压缩行程接近终了时，柴油经过高压喷油泵和喷油嘴，呈雾状与空气很快混合，形成可燃混合气，喷入有高压、高温气体的汽缸内，立即燃烧放出大量的热，使汽缸内的压力和温度急剧上升。此时，进、排气门关闭，高温高压的气体急剧膨胀，推动活塞从上止点向下止点移动，通过连杆使曲轴作旋转运动，对外作功。

（4）排气行程　在飞轮惯性力作用下，旋转的曲轴带动连杆活塞从下止点向上止点运动，这时进气门关闭，排气门打开。由于废气压力高于外界大气压，同时在活塞的推动下，将工作废气从排气门排出。

排气行程结束，即活塞到达上止点后，曲轴继续旋转，活塞又开始从上止点向下止点运动，开始下一个进气行程。柴油机每进行一次进气—压缩—作功—排气的过程，叫做一个工作循环。在这个循环中，曲轴转了 2 圈，经历了 4 个行程，所以称这种柴油机为四冲程柴油机。在柴油机的一个工作循环中，只有 1 个（作功）行程是由活塞带动曲轴旋转来作功的，其他 3 个行程都是为作功做准备的，需要由曲轴带动活塞运动。

单缸柴油机的曲轴转两圈只有半圈作功，所以会产生较大的振动，曲轴旋转也不平衡。

多缸柴油机是指两个缸以上的柴油机。多缸柴油机的功率大，实际上是用一根曲轴将若干个单缸柴油机组合起来，并将各缸的工作行程按一定的顺序排列，这样在每一工作循环的两圈中，就有相互交替的多次作功，各缸的离心力和惯性力可以互相抵消或减弱，使得柴油机振动减小，运转平稳。

四轮农用车最常用的四缸四冲程柴油机就是由 4 个缸组成，除曲轴和飞轮为 4 个缸共有外，其余构造与单缸四冲程柴油机基本相同。各缸的活塞连杆组都与曲轴相连，每一个缸都按照进气、压缩、作功、排气完成工作循环。曲轴每转两圈（720°），各缸都完成一个工作循环，为保证转速均匀，各缸的作功行程都均匀地分布在 720°的曲轴转角内，即每隔 720°/4＝180°就有一个缸作功。四缸四冲程柴油机各缸的作功次序常采用 1—3—4—2 或 1—2—4—3，其工作过程见表 3-4。

表 3-4　四缸四冲程柴油发动机工作次序

工作顺序	1—3—4—2				1—2—4—3			
	各缸工作过程				各缸工作过程			
	1缸	2缸	3缸	4缸	1缸	2缸	3缸	4缸
0°～180°	作功	排气	压缩	进气	作功	压缩	排气	进气
180°～360°	排气	进气	作功	压缩	排气	作功	进气	压缩
360°～540°	进气	压缩	排气	作功	进气	排气	压缩	作功
540°～720°	压缩	作功	进气	排气	压缩	进气	作功	排气

　　除常用的单缸和四缸柴油机外，农用车上也有用二缸四冲程柴油机和三缸四冲程柴油机的，二缸四冲程柴油机的工作次序为1—2—0—0 或 1—0—0—2；三缸四冲程柴油机的工作顺序一般为 1—3—2 或 1—2—3，每个缸作功的相互间隔角度为 240°。

112. 柴油机曲柄连杆机构的构造是怎样的？

　　曲柄连杆机构是内燃机实现工作循环完成能量转换的传动机构，用来传递力和改变运动方式。工作中，曲柄连杆机构在作功行程中把活塞的往复运动转变成曲轴的旋转运动，对外输出动力，而在其他3个行程中，又把曲轴的旋转运动转变成活塞的往复直线运动。总的来说曲柄连杆机构是发动机借以产生并传递动力的机构。通过它把燃料燃烧后产生的热能转变为机械能。

　　曲柄连杆机构的主要零件可以分为3组：机体组、活塞连杆组和曲轴飞轮组。

　　（1）机体组　包括汽缸体、汽缸套、汽缸盖、汽缸垫、曲轴箱等。

　　①汽缸体。汽缸体是汽缸的壳体，上曲轴箱是支承曲轴作旋转运动的壳体。农用车柴油机的汽缸体和上曲轴箱常制成一体，合称汽缸体，如图3-5所示。它是柴油机各机构和系统的装配基础件。汽缸体不但承受各种力的作用，而且还承受燃烧气体产

生的热量。因此要求汽缸体应具有足够的强度、刚度，良好的耐热性、耐腐蚀性等。汽缸体包括汽缸、水套、凸轮轴座孔、机油泵安装孔、主轴承座、润滑油道、水套进水口等。

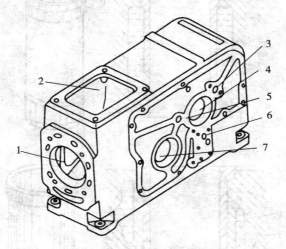

图 3-5　单缸卧式柴油机的机体
1. 气缸孔　2. 水箱孔　3. 平衡轴孔　4. 曲轴孔
5. 惰轮轴孔　6. 通机油滤清器　7. 凸轮轴孔

　　②汽缸套。汽缸为引导活塞作往复运动的圆筒形内腔。它与活塞、汽缸盖构成工作容积，其内壁承受燃气的高温、高压和活塞的侧压力、摩擦阻力等。为了提高汽缸的耐磨性，又不增加机体的成本，柴油机上广泛采用在汽缸体内镶入可拆卸的汽缸套的结构。汽缸套常用高磷铸铁铸造。它有湿式和干式两种，如图 3-6 所示。

　　③汽缸盖与汽缸垫。汽缸盖与汽缸垫一起共同密封汽缸的上平面，并与活塞顶共同形成燃烧室，汽缸盖上提供许多零件的安装位置，如图 3-7 所示。汽缸垫装在缸盖与缸体之间，以防止漏水、漏气、漏油。缸盖连同汽缸体靠缸盖螺栓紧固。为保证结合面密封良好，在拧紧缸盖螺栓时，必须使用力矩扳手，从中间

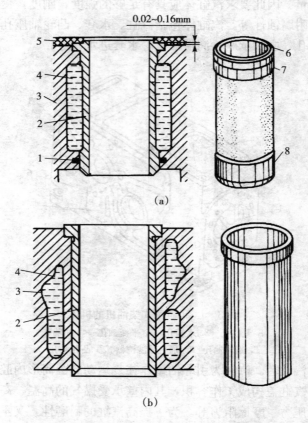

图 3-6 汽缸套

（a）湿式汽缸套 （b）干式汽缸套

1. 密封圈 2. 汽缸套 3. 汽缸体 4. 水套 5. 汽缸垫
6. 凸肩 7. 上定位凸缘 8. 下定位凸缘

开始向两端，对角交错，均匀用力，分 2～3 次拧紧到规定力矩。

（2）活塞连杆组 活塞连杆组由活塞、活塞环、活塞销、连杆、连杆轴瓦等组成，如图 3-8 所示。

①活塞。活塞的功用是承受气体压力，并将其通过活塞销传

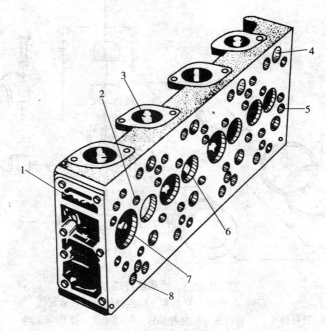

图 3 - 7　四缸柴油发动机汽缸盖

1. 冷却水出水道　2. 喷油器孔　3. 进气道　4. 冷却水孔

5. 缸盖螺栓孔　6. 排气门座孔　7. 进气门座孔　8. 冷却水出水道

给连杆驱动曲轴旋转，活塞顶部还是燃烧室的组成部分。活塞在高温、高压、润滑较差的条件下工作，因此要求活塞有足够的刚度和强度，导热性能好，要耐高压、耐高温、耐磨损，重量轻。活塞一般都采用高强度铝合金制成，在一些低速柴油机上也采用高级铸铁或耐热钢。

活塞的基本构造可分为 3 部分：活塞顶部、活塞头部和活塞裙部，如图 3 - 9 所示。

活塞顶部承受气体压力，其形状、位置、大小都和燃烧的具体形式有关，都是为满足可燃混合气形成和燃烧的要求。其顶部形状有 4 类：平顶活塞、凸顶活塞、凹顶活塞和成型顶活塞。

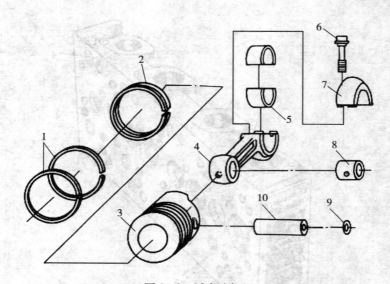

图 3 - 8　活塞连杆组

1. 气环　2. 油环　3. 活塞　4. 连杆　5. 连杆轴瓦

6. 连杆螺栓　7. 连杆盖　8. 连杆轴套　9. 活塞销卡簧　10. 活塞销

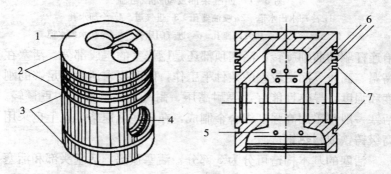

图 3 - 9　活塞构造

1. 顶部　2. 防漏部　3. 裙部

4. 销孔　5. 销座　6. 气环槽　7. 油环槽

a. 平顶活塞顶部是一个平面，结构简单，制造容易，受热面积小，顶部应力分布较为均匀，一般用在汽油机上，柴油机很少采用。

b. 凸顶活塞顶部凸起呈球顶形，其顶部强度高，起导向作用，有利于改善换气过程，二冲程汽油机常采用凸顶活塞。

c. 凹顶活塞顶部呈凹陷形，凹坑的形状和位置必须有利于可燃混合气的燃烧，有双涡流凹坑、球形凹坑、U 形凹坑等，柴油机活塞顶部一般是这种类型。

活塞头部指第一道活塞环槽到活塞销孔以上部分。它有数道环槽，用以安装活塞环，起密封作用，又称防漏部。柴油机压缩比高，一般有 4 道环槽，上部 3 道安装气环，下部安装油环。汽油机一般有 3 道环槽，其中有两道气环槽和 1 道油环槽，在油环槽底面上钻有许多径向小孔，使被油环从汽缸壁上刮下的机油经过这些小孔流回油底壳。第一道环槽工作条件最恶劣，一般离顶部较远。

活塞顶部吸收的热量主要也是经过防漏部通过活塞环传给汽缸壁，再由冷却水散热。总之，活塞头部的作用除了用来安装活塞环外，还有密封作用和传热作用。

活塞裙部是从油环槽下端面起至活塞最下端的部分，包括装活塞销的销座孔。活塞裙部对活塞在汽缸内的往复运动起导向作用，并承受侧压力。裙部的长短取决于侧压力的大小和活塞直径。侧压力是指在压缩行程和作功行程中，作用在活塞顶部的气体压力的水平分力使活塞压向汽缸壁。压缩行程和作功行程气体的侧压力方向正好相反，由于燃烧压力高于压缩压力，所以，作功行程中的侧压力也高于压缩行程中的侧压力。活塞裙部承受侧压力的两个侧面称为推力面，它们处于与活塞销轴线相垂直的方向上。

②活塞环。活塞环是具有弹性的开口环，有气环和油环之分。

功用：气环用于保证汽缸与活塞间的密封性，防止漏气，并且要把活塞顶部吸收的大部分热量传给汽缸壁，由冷却水带走，其中密封作用是主要的。如果密封性不好，高温燃气将直接从汽缸表面流入曲轴箱。这样不但由于环面和汽缸壁面贴合不严而不能很好地散热，而且由于外圆表面吸收附加热量而导致活塞和气环烧坏。油环起布油和刮油的作用，下行时刮除汽缸壁上多余的机油，上行时在汽缸壁上铺涂一层均匀的油膜。这样既可以防止机油窜入汽缸燃烧掉，又可以减少活塞、活塞环与汽缸壁的摩擦阻力，此外，油环还能起到封气的辅助作用。

气环的断面形状很多，最常见的有矩形环、扭曲环、锥形环、梯形环和桶面环，如图 3-10 所示。

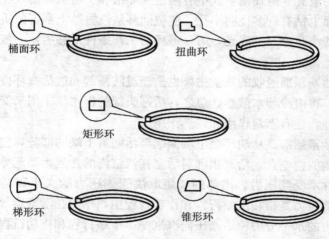

图 3-10 活塞环

a. 矩形环断面为矩形，其结构简单，制造方便，易于生产，应用最广。但是矩形环随活塞往复运动时，会把汽缸壁面上的机油不断送入汽缸中。这种现象称为"气环的泵油作用"。为了消除或减少有害的泵油作用，除了在气环的下面装有油环外，广泛采用了非矩形断面的扭曲环。

b. 扭曲环是在矩形环的内圆上边缘或外圆下边缘切去一部

分，使断面呈不对称形状，在环的内圆部分切槽或倒角的称内切环，在环的外圆部分切槽或倒角的称外切环。装入汽缸后，由于断面不对称，产生不平衡力的作用，使活塞环发生扭曲变形。活塞上行时，扭曲环在残余油膜作用下上浮，可以减小摩擦。活塞下行时，则有刮油效果，避免机油烧掉。同时，由于扭曲环在环槽中上、下跳动的行程缩短，可以减轻"泵油"的副作用。目前被广泛地应用于第二道活塞环槽上，安装时必须注意断面形状和方向，内切口朝上，外切口朝下，不能装反。

c. 锥形环断面呈锥形，外圆工作面上加工一个很小的锥面（$0.5°\sim1.5°$），减小了环与汽缸壁的接触面，提高了表面接触压力，有利于磨合和密封。活塞下行时，便于刮油；活塞上行时，由于锥面的"油楔"作用，能在油膜上"飘浮"过去，减小磨损，安装时，不能装反，否则会引起机油上窜。

d. 梯形环断面呈梯形，工作时，梯形环在压缩行程中和作功行程中随着活塞受侧压力的方向不同而不断地改变位置，这样会把沉积在环槽中的积炭挤出去，避免了环被粘在环槽中而折断。可以延长环的使用寿命。但其加工困难，且精度要求高。

e. 桶面环外圆为凸圆弧形，是近年来兴起的一种新型结构。桶面环上下运动时，均能与汽缸壁形成楔形空间，使机油容易进入摩擦面，减小磨损。由于它与汽缸呈圆弧接触，故对汽缸表面的适应性和对活塞偏摆的适应性均较好，有利于密封，但凸圆弧表面加工较困难。

油环有普通油环和组合油环两种，如图 3-11 所示。

a. 普通油环又叫整体式油环。环的外圆柱面中间加工有凹槽，槽中钻有小孔或开切槽，当活塞向下运动时，将缸壁上多余的机油刮下，通过小孔或切槽流回曲轴箱；当活塞上行时，刮下的机油仍通过回油孔流回曲轴箱。有些普通油环还在其外侧上边制有倒角，使环在随活塞上行时形成油楔，可起均布润滑油的作用，下行刮油能力强，减少了润滑油的上窜。

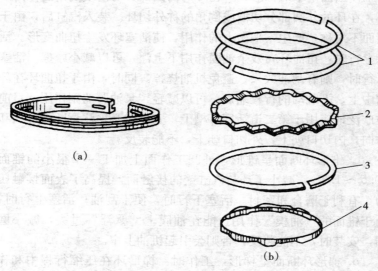

图 3-11 油 环
(a) 普通油环 (b) 组合油环
1、3. 刮油片 2. 轴向衬环 4. 径向衬环

b. 组合油环有三片双簧式、两片一簧式和整体油环加螺旋弹簧式等，具有刮油能力强，密封性能好等优点。

③活塞销。活塞销的功用是连接活塞和连杆小头，并把活塞承受的气体压力传给连杆。

活塞销在高温下周期性地承受很大的冲击载荷，其本身又作摆转运动，而且处于润滑条件很差的情况下工作，因此，要求活塞销具有足够的强度和刚度，表面韧性好，耐磨性好，重量轻。所以活塞销一般都做成空心圆柱体，采用低碳钢和低碳合金钢制成，外表面经渗碳淬火处理以提高硬度，精加工后进行磨光，有较高的尺寸精度和表面粗糙度。

④连杆。连杆的功用是连接活塞与曲轴。连杆小头通过活塞销与活塞相连，连杆大头与曲轴的连杆轴颈相连，并把活塞承受

的气体压力传给曲轴，使得活塞的往复运动转变成曲轴的旋转运动。连杆组结构如图 3 - 12 所示。

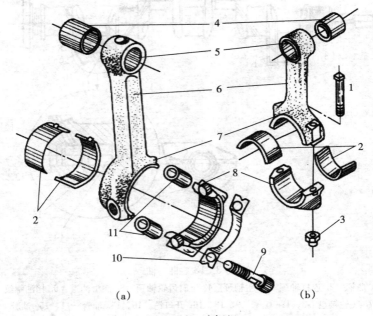

图 3 - 12　连杆组

(a) 斜切口式　　(b) 平切口式

1. 连杆螺栓　2. 连杆轴瓦　3. 连杆螺母　4. 连杆小头衬套

5. 连杆小头　6. 杆身　7. 连杆大端　8. 连杆瓦盖

9. 连杆螺栓　10. 锁片　11. 定位套

(3) 曲轴飞轮组　曲轴飞轮组主要由曲轴、飞轮和一些附件组成，如图 3 - 13 所示。

①曲轴。曲轴是发动机最重要的机件之一。它与连杆配合将作用在活塞上的气体压力变为旋转的动力，传给底盘的传动机构。同时，驱动配气机构和其他辅助装置，如风扇、水泵、发电机等。

曲轴一般由主轴颈，连杆轴颈、曲柄、平衡块、前端和后端

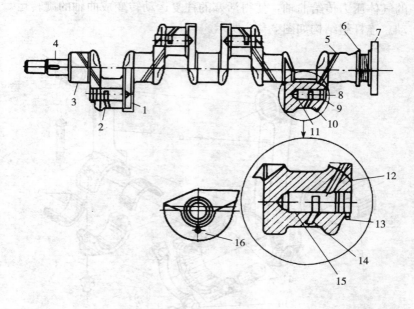

图 3-13 曲 轴

1. 曲柄 2. 连杆轴颈 3. 主轴颈 4. 定时齿轮轴颈 5. 润滑油道 6. 挡油螺纹
7. 飞轮接盘 8、12. 螺塞 9、13、16. 开口销 10、14. 油管 11、15. 油腔

等组成。1 个主轴颈、1 个连杆轴颈和 1 个曲柄组成了 1 个曲拐，曲轴的曲拐数目等于汽缸数（直列式发动机）；V 型发动机曲轴的曲拐数等于汽缸数的一半。

主轴颈是曲轴的支承部分，通过主轴承支承在曲轴箱的主轴承座中。主轴承的数目不仅与发动机汽缸数目有关，还取决于曲轴的支承方式。曲轴的支承方式一般有两种，一种是全支承曲轴，另一种是非全支承曲轴。

全支承曲轴：曲轴的主轴颈数比汽缸数目多 1 个，即每一个连杆轴颈两边都有 1 个主轴颈。如四缸发动机全支承曲轴有 5 个主轴颈。这种支承的曲轴的强度和刚度都比较好，并且减轻了主轴承载荷，减小了磨损。柴油机和大部分汽油机多采用这种形式。

非全支承曲轴：曲轴的主轴颈数比汽缸数目少或与汽缸数目相等。这种支承方式叫非全支承曲轴，虽然这种支承的主轴承载荷较大，但缩短了曲轴的总长度，使发动机的总体长度有所减小。有些承受载荷较小的汽油机可以采用这种曲轴形式。

由于发动机工作转速较高，作为高速旋转元件的曲轴必须进行动平衡处理，如四缸机采取曲柄对称布置的方式来平衡往复惯性力、离心力及其产生的力矩。而一缸机、三缸机无法采用曲柄对称布置，则采用在连杆轴颈相对侧增加平衡重的方式进行平衡。

②飞轮。飞轮的功用是在发动机作功行程时储存能量，在其他行程放出能量使发动机运转均匀，并能帮助发动机克服暂时超负荷，传递动力，启动时引入动力。飞轮在外圆端部压装有启动用的齿圈，外圆表面刻有上止点记号或加工有上止点对位孔。飞轮的后端面是离合器的摩擦表面，在内侧圆周上加工有定位孔和与曲轴接盘连接的螺栓孔。

113. 柴油机进、排气装置的构造是怎样的？

柴油机工作时，靠压燃柴油与空气混合成的可燃混合气而作功。因此，必须供给柴油机足够而新鲜的空气，并及时彻底地把废气排放出去。进、排气装置的功用就是用来保证进气的洁净和排气的完全。进气装置主要由空气滤清器和进气管等组成；排气装置主要由消声灭火器和排气管等组成。

空气滤清器的功用是清除空气中的灰尘和杂质，保证进入汽缸的空气清洁，以减少汽缸与活塞之间、活塞组各零件之间以及气门组各零件之间的磨损。空气滤清器按滤清方式可分为惯性式、过滤式和综合式，农用车多采用综合式空气滤清器，如三级惯性油浴式空气滤清器、二级惯性式空气滤清器，干式纸质空气滤清器也比较常用。

进气管的功用是将通过空气滤清器后的干净空气引入汽缸。

排气管装在汽缸盖与消声器之间，其功用是将发动机各缸燃烧后的废气排出缸外。

消声器的功用是降低发动机的排气噪声，减少社会公害；同时它还有消除排气中的火焰和火星的作用，以防止车辆发生失火事故。

114. 空气滤清器使用与保养的注意事项有哪些?

农用车发动机是非常精密的机件，极小的杂质都会使其受损，而空气滤清器是保证进入到发动机中的空气是否清洁的重要零配件。作用是对进入发动机汽缸的空气进行细密过滤，过滤掉空气中的灰尘以及一些悬浮颗粒物，从而使进入发动机的空气比较纯净。因此，空气滤清器能否保持清洁通畅关系着发动机的寿命。

农用车经常经过各种田间道路，灰尘滚滚容易导致空气滤清器发生堵塞。如果空气滤清器过脏不及时清理，就会影响发动机进气不足、燃油燃烧不完全，最终导致发动机工作不稳定、车辆动力下降、耗油量增加等现象发生。

（1）**更换周期**　由于使用环境不同，保养和更换的周期也不同，应根据主机厂家规定的方法或滤清器的保养说明进行，一般可根据保养指示器（空气压差指示计）所测量出来的空气压差进行保养和更换。

（2）**清洗方法**

①轻拍法。即将滤芯从壳中取出，轻轻拍打纸质滤芯端面使尘土脱落，不得敲打滤芯外表面，防止损坏滤芯。

②吹洗法。即用压缩空气从滤芯内部向外吹，将灰尘吹净。为了防止损坏滤芯，压缩空气压力不要超过 0.2～0.3MPa。

对于干式纸质空气滤清器而言，清洁滤芯时不能用水或油，以防止油水浸染滤芯。清洗后一定要检查滤芯是否损坏。

定期清洁和更换滤芯。在使用中应该按照农用车保养规定，经常清洁滤芯，以免因滤芯上黏附过多灰尘而增大进气阻力，降低发动机功率，增加耗油量。如果滤芯破损应及时更换。

(3) 使用与保养注意事项

①经常检查空气滤清器各管路连接处的密封是否良好；螺栓、螺母、夹紧圈等如有松动，应及时紧固；各零件如有破损，应及时修复或更换。否则，空气会不经过滤直接进入汽缸。

②随着使用时间的加长，空气滤清器内积存的尘土和杂质会不断增加，继而使空气流动的阻力加大，滤清效果会显著降低。故一般要求每工作100h（在尘土多的环境中20～50h）应保养一次空气滤清器。

③湿式空气滤清器保养时，应使用清洁的柴油清洗滤网、贮油盘、中心管等零件。滤网用柴油清洗干净后应先吹干，喷上少许机油后再装配。贮油盘内应换用经过过滤的废机油。加机油时，应按贮油盘上的油面标记加注，注意不能使油面过高或过低。否则，贮油盘中机油加注过多，会被吸入汽缸燃烧，造成积炭，甚至发生飞车事故；机油过少，又会影响滤清效果。

④干式空气滤清器的纸质滤芯保养时，要用软毛刷清扫。轻轻振动两端使尘土落下，切忌用油或水洗刷纸质滤芯。清洗泡沫塑料滤片时，可以用洗衣粉或肥皂水溶液清洗，严禁用汽油清洗！滤片清洗干净并吹干后，再在滤片上浸上与滤片质量相当的机油。

⑤保养后的空气滤清器装配时，各密封垫圈要注意放平，不要在扭曲状态下装入，以免造成漏气。当卸下空气滤清器进行保养时，要用干净的纸或布堵住进气管口，以免杂物落入汽缸，造成事故；安装空气滤清器时注意与进气管连接处要密封可靠，以防短路。

115.　配气机构的结构组成是怎样的？其功用如何？

柴油发动机配气机构是进、排气管道的控制机构，它按照汽缸的工作顺序和工作过程的要求，准时地开闭进、排气门，向汽缸供给新鲜空气并及时排出废气。另外，当进、排气门关闭时，保证汽缸密封。

农用车的柴油发动机都采用顶置气门机构，它由气门组、气门传动组和驱动组组成，如图 3-14 所示。

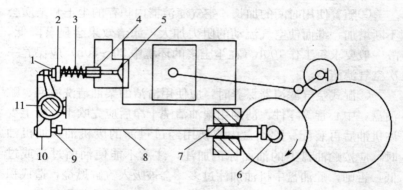

图 3-14　配气机构示意图

1. 锁片　2. 弹簧座　3. 弹簧　4. 气门导管　5. 气门　6. 凸轮

7. 挺柱　8. 推杆　9. 调整螺钉　10. 摇臂　11. 摇臂轴

(1) 气门组　气门组包括气门、气门座、气门导管、气门弹簧、弹簧座等零件，如图 3-15 所示。

气门座靠过盈配合压装在汽缸盖底部的进、排气口上。气门导管对气门杆起导向作用，保证气门的直线运动。气门导管与气门杆之间的间隙应适当，过小会引起气门杆在运动中发生卡滞；过大会影响气门与座的对中性（容易漏气），另外还会使喷溅在摇臂机构上的机油沿着气门导管与气门杆之间的间隙窜入汽缸燃烧形成积碳。

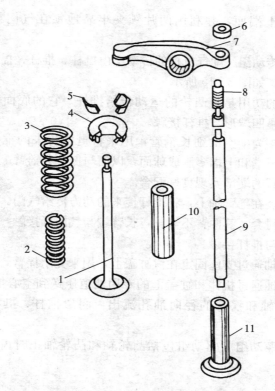

图 3-15 气门组与气门传动组

1. 气门 2. 气门内弹簧 3. 气门外弹簧 4. 弹簧座

5. 锁圈 6. 锁紧螺母 7. 气门摇杆 8. 调整螺钉

9. 推杆 10. 气门导管 11. 挺柱

气门具有较高的耐热、耐磨、耐腐蚀性能。为了保证进气充足，进气门的大头直径比排气门的大头直径大。气门大头与气门座的配合锥面在装配前须进行精细配研，以保证其密封性。

气门弹簧的功能是保证气门及时关闭并关闭严密。一般气门弹簧采用内、外两根，两者的绕向相反。这样做，可以在保持同样弹力的情况下，缩小弹簧尺寸，并且可以避免当一根弹簧断裂时，断圈卡在另一根弹簧内而引起事故。弹簧座应平正地装在气门弹簧的上端面，并利用两片锁夹牢靠地锁在气门杆尾端凹槽内。

（2）传动组　配气机构的传动组由挺柱、推杆、摇臂和摇臂轴等组成，如图 3-15 所示。

挺柱的功用是将凸轮的运动传给推杆。它的底面与凸轮接触，顶面呈凹球形与推杆接触。

推杆多为中空的细长钢管，用来将挺柱传来的推力传给摇臂，推杆下端和上端多制成球面，以便与挺柱和摇臂上的气门间隙调整螺钉的端部实现良好配合。

摇臂装在摇臂轴上，将推杆传来的动力传给气门。摇臂的轴孔内压有衬套，其两臂不等长，长臂端与气门杆接触，短臂端经调整螺钉与推杆接触。

摇臂轴通过支座固定在汽缸盖上，用来支承摇臂，并兼作油道，润滑油通过机体和缸盖上的专用油道压送到空心摇臂轴内，再从摇臂轴和摇臂的径向油孔流出，润滑推杆、挺柱等摩擦表面。

（3）驱动组　驱动组包括凸轮轴和凸轮轴正时齿轮，如图 3-16 所示。

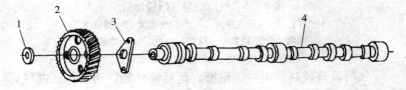

图 3-16　凸轮轴总成

1. 凸轮轴垫圈　2. 凸轮轴正时齿轮　3. 凸轮轴止推板　4. 凸轮轴

凸轮轴上配置有各缸进、排气凸轮，用来控制气门的开闭时刻和开启高度。

凸轮轴正时齿轮也称配气正时齿轮。它由曲轴正时齿轮驱动，将曲轴的动力传给凸轮轴。凸轮轴与曲轴的旋转须保持平稳和严格的相对位置，一般都采用齿轮传动，并在齿轮的端面上刻有记号，须按记号正确安装。柴油机的配气正时齿轮一般由曲轴齿轮通过惰齿轮驱动。它与喷油泵正时齿轮等都装在机体前端的正时齿轮室内。

116. 什么是气门间隙？如何检查调整？

发动机在使用过程中，因零件的磨损会使气门间隙发生变化，如凸轮、挺柱、推杆和摇臂轴的磨损，会使气门间隙变大，气门座与气门密封锥面磨损，会使气门间隙变小。

气门间隙过大或过小均应进行调整，使其恢复正常间隙。气门间隙的调整一般是在冷车时进行，其调整方法如下。

（1）拆下气门室盖 如图3-17所示。

（2）转动飞轮或摇转曲轴，找活塞压缩上止点 如图3-18所示。转动飞轮有压缩感时，把减压手柄扳至减压位置再继续转动飞轮，使飞轮上的"上止点"刻线对准水箱上的红刻线，此时活塞处于压缩上止点位置（进、排气门均处于完全关闭状态）。判断汽缸压缩上止点，还可以用观察气门摇臂运动的方法进行。观察气门摇臂向关的方向运动时，再把飞轮转至上止点刻线与水箱刻线对正，此时即为压缩上止点。

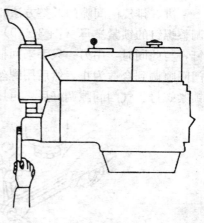

图3-17 拆下气门室盖

（3）把减压手柄扳回工作位置，测量气门间隙 选用厚度符合要求的厚薄规，插入气门摇臂与气门杆顶端之间的间隙，插入

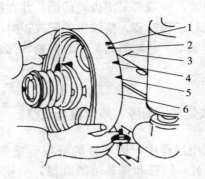

图 3-18 使飞轮上的上止点刻线对准水箱上的刻线

1. 供油刻线 2. 进气门开刻线 3. 水箱刻线

4. 上止点刻线 5. 排气门开刻线 6. 飞轮

后用手抽动厚薄规，感觉略有阻力，说明气门间隙合适，否则应对气门间隙进行调整。

进、排气门间隙的调整方法相同。调整时，先松开气门间隙调整螺钉的锁紧螺母（图 3-19），用螺丝刀拧进或拧出调整螺钉，与此同时，用另一只手来回抽动厚薄规（图 3-20），直到气门间隙调到合适为止。然后用螺丝刀顶住调整螺钉，用扳手拧紧锁紧螺母。气门间隙调好后，再用塞尺复查一遍，直至合适。

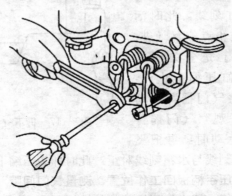

图 3-19 松开固定螺母和调整螺钉

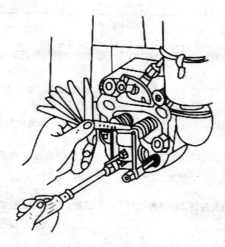

图 3-20 调整气门间隙

一般进气门的间隙为 0.35mm，排气门的间隙为0.30~
0.40mm。

117. 柴油机不能启动的原因有哪些？如何排除？

表 3-5 柴油机不能启动的故障原因及排除方法

故障原因	排除方法
（1）启动转速低	
①蓄电池电量不足或接头松弛	①充电；旋紧接头；必要时修复接线柱
②启动机电刷与整流子接触不良	②修理或更换电刷
③启动机齿轮不能嵌入飞轮齿圈内	③将飞轮转动一个位置。必要时检查启动机安装情况，消除启动机与齿圈轴线不平行现象
（2）燃油系统不正常	
①燃油箱中无油或燃油箱阀门未开	①添满；打开阀门

（续）

故障原因	排除方法
②燃油系统中有空气；油中有水；接头处漏油	②排除空气；另换柴油；拧紧接头
③油路堵塞	③清洗管路，更换柴油滤清器滤芯，清洗输油泵进油管
④输油泵不供油	④检查输油泵进油管是否漏气，检修输油泵
⑤喷油器不喷油或喷油很少，压力过低，雾化不良；喷油器调压弹簧折断；喷孔堵塞	⑤拆修喷油器并在喷油器试验器上调整
⑥喷油泵出油阀漏油，弹簧断；柱塞偶件磨损	⑥研磨；修复或更换零件
（3）汽缸压缩压力不够	
①气门间隙过小	①按规定调整
②气门漏气	②研磨气门
③汽缸盖衬垫处漏气	③更换汽缸盖衬垫，按规定拧紧汽缸盖螺栓
④活塞环磨损，黏结，开口位置重叠	④更换，清洗，调整
⑤减压机构调整不当	⑤重新调整减压机构
（4）其他原因	
①气温过低，机油黏度大	①用热水灌入冷却系统；使用电热塞预热；使用规定牌号机油
②燃烧室或汽缸中有水	②检查、修复、更换
③正时齿轮装错	③按齿轮记号对准

118. 柴油机启动困难的现象、原因有哪些？如何诊断与排除？

（1）现象　柴油机在启动机带动下，转速达到启动转速，但不能启动，通常表现为：

①启动时无爆发声，排气口无烟排出，不能启动。

②启动时可听到断续的爆发声，有白烟或少量黑烟，不能启动。

（2）原因分析

①柴油不进缸。具体原因如下。

油箱内无油或油箱开关位置不对。

熄火拉钮未退回。

油路中有空气。

油路堵塞。

柴油滤清器滤芯堵塞。

油路中软管扭曲、折弯堵塞油路。

输油泵进油口滤网堵塞。

油路中有水，冬季结冰使油路堵塞。

柴油牌号不对，冬季使用夏季用油，冷凝后析出石蜡，堵塞油路。

输油泵不工作或工作不良。

柱塞弹簧折断。

输油泵进、出油阀严重不密封。

柱塞、推杆（或挺杆）被卡死。

柱塞严重磨损。

喷油泵不出油。

泵内有空气。

喷油泵供油拉杆被卡死在不供油位置。

油门操纵拉杆脱落。

喷油泵驱动联轴器损坏，发动机不能驱动喷油泵。

喷油器不喷油。

高压油管内有空气。

喷油器针阀被卡死在关闭位置，喷孔被积炭堵塞。

喷油器的喷油压力调整高，而喷油泵柱塞严重磨损，供油压力低造成喷油器不能喷油。

②柴油进缸后不正常燃烧。具体原因如下。

供油时间过晚。

供油时间过早。

联轴节主动盘与主动凸缘之间固定螺栓松动。

供油量过小。

低压油路溢流阀损坏使供油不足，引起喷油泵供油量减少。

喷油泵出油阀不密封造成供油不足。

精密偶件严重磨损，使供油量减少。

喷雾质量差。

柴油中含有水分。

空气滤清器堵塞，造成进气不足。

排气不畅通，造成废气排不尽。

汽缸压缩压力过低。

气门间隙不当。

汽缸不密封。

(3) 诊断与排除方法

①如果柴油没有进入汽缸，可按下述方法检查排除。

检查油箱内存油量，不足应添加。

检查油箱开关是否开起，发动机熄火拉钮是否退回。如果开关已打开，熄火拉钮已退回，则应松开喷油泵上的放气螺钉，使用手油泵泵油，检查油路是否畅通。

如果不来油，则在拉、压手油泵上油时注意感觉泵油阻力，若拉动手油泵阻力比较大，松开手柄后手油泵迅速缩回，可以判定为吸油油路堵塞；若拉动手油泵时阻力正常，但压动手柄排油时阻力较大，则可判定为低压油路堵塞。具体堵塞部位则在上述方法的基础上结合拆件检查，逐段找出故障部位。

如果油中混有大量的气泡，说明油路中有漏气部位。

如果来油正常且无空气，则说明油路畅通、密封良好。此时，应检查输油泵的工作情况。

首先用启动机带动发动机运转，观察放气螺钉处的流油，应呈油束向外喷射。否则，说明输油泵工作不良。

如果输油泵工作正常，则应进一步检查喷油泵是否泵油。检查油门拉杆是否脱落。

当用启动机带动发动机运转时，检查喷油泵驱动轴是否转动。

打开喷油泵检视孔盖板，检查供油齿杆是否能随着油门踏板的踩动而灵活地移动。如果供油齿杆不能灵活移动，则应拆下喷油泵进行检修。如上述检查均正常，应再检查高压油管连接是否可靠，以及高压油管内是否有空气。

松开高压油管喷油器一端的固定螺母，用启动机带动发动机运转，同时将油门踩到底，看松开的部位是否有油喷出。如果无油喷出，说明油管中有空气，应使发动机曲轴持续运转一段，排尽高压油管内的空气。待高压油管内的空气排尽以后，继续保持曲轴转动的同时拧紧各高压油管固定螺母。

再次启动发动机，如果仍无爆发声，则应拆下喷油器进行检修。检修喷油器后，再进行启动试验，如仍不能启动，则应按下面的方法检查。

②启动时有不连续爆发声和排白烟，但不能启动，应按下述方法进行检查排除：首先检查进气和排气通道是否畅通，例如空气滤清器是否堵塞、排气制动阀是否全部打开。然后拆下低压油路溢流阀（限压阀），检查其钢球和弹簧是否完好，试验其密封性是否符合要求，如果发现进排气通道不畅通或低压油路溢流阀损坏，则应及时更换空气滤清器或低压油路溢流阀。

检查喷油泵驱动联轴节主动盘与主动凸缘之间的螺栓是否松动，必要时检查供油正时。供油正时检查可按下面方法进行：

拆下一缸高压油管，油门踩到底，设法使燃油充满高压油管接头。然后正转曲轴到高压油管内油面微动时，停止转动曲轴，此时飞轮壳上指针所对的飞轮刻度，就是实际的供油提前角。如果供油提前角不符合规定，应进行调整。

检查喷油器的喷油压力和喷雾质量。如不符合要求，应进行检修。

检查柴油中有没有水。

检查汽缸压缩压力。

汽缸压缩压力检查合格后，启动发动机，如仍不能启动，应检查、调试喷油泵。

119. 柴油机功率不足的现象、原因有哪些？如何诊断与排除？

发动机功率不足（发动机没劲）的现象是：农用车在不超载的情况下，在起步、上坡或行驶在阻力较大的路段时，表现为起步困难、行驶速度明显减慢、排气管冒黑烟甚至发动机熄火。

发动机没劲的主要原因有：供油、供气不足；汽缸压缩不良；供油时间不准确；发动机过热等原因。

发动机没劲属于综合性故障，要根据车辆的实际技术状态，有重点地予以考虑和排除。下面按故障发生的一般规律和特征来说明发动机没劲的诊断与排除方法。

（1）供油方面的原因

①诊断方法。供油方面造成发动机没劲，有 3 种可能：一是油泵供应量不足；二是喷油器喷油质量差；三是供油时间不对。可采用下面两种方法进行诊断。

a. 经验法。反复加油和减油，倾听发动机的声音及转速变化情况：如果发动机转速在加大油门时增加不明显，排气声不清脆，并伴有"突突"的排气声，则可初步诊断为供油方面故障造成的发动机没劲。

　　b. 测发动机转速。用测速表测量发动机最高转速，与标定的转速比较，应不低于标定的最高空转转速的 10%。测量时，将油门放在最大位置，四缸发动机测得的最高空转转速应不低于3 000r/min。

　　②排除方法。供油方面出现故障，按下列顺序进行排除。

　　a. 排除油路中的空气并清洗柴油滤清器的滤芯。

　　b. 检查喷油器的喷油质量。该项检查应在喷油器试验台上进行，对喷油压力和雾化情况进行检查与调整。如果没有喷油器试验台，也可在发动机上进行喷油器的检查，方法是：从发动机拆下喷油器，把高压油管转一个方向，再把喷油器连接在高压油管上，拧紧油管接头（图 3-21），把油门放到最大位置，快速摇转曲轴，同时用螺丝刀拧动喷油器调压螺钉，直到听到清脆的喷油声和看到均匀的喷雾为止。

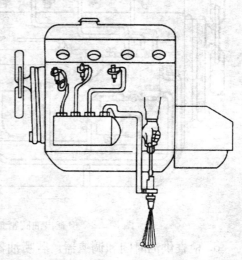

图 3-21　在发动机上检查和调整喷油压力

　　c. 检查喷油泵。上述两项检查无误后，若发动机仍没劲，应检查喷油泵的供油情况，方法是：将各缸的高压油管全部拆掉，将油门放在最大位置，用启动电机带动发动机运转，观察喷油泵供油情况，若喷油泵喷出的油压有力，喷出高度能达 20cm 左右，则为正常，反之则说明喷油泵的供油能力下降。用溢油法检查喷油泵出油阀的密封情况。用手油泵压油，观察出油阀紧座出油口处，若发现有柴油溢出，则证明出油阀磨损严重使得密封不严（图3-22）。一般情况下，当出油阀的密封锥面出现磨损时，相应的柱塞和柱塞套也会有磨损，此时应将喷油泵送修。

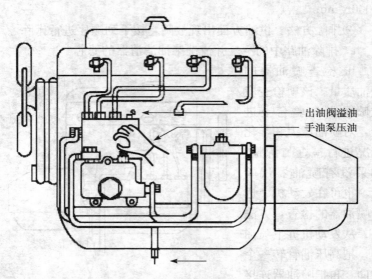

图3-22 检查出油阀密封情况

d. 检查供油时间和调速器。若喷油器和喷油泵检查无误后，发动机仍没劲，则应进一步进行供油时间和调速器的检查。

供油时间过早或过晚均可造成发动机没劲，启动困难。供油时间过早，发动机工作粗暴，有敲缸声；供油时间过晚，发动机的水温会过高。供油时间过早或过晚都应进行调整，调整方法见供油提前角的检查和调整。

供油系统检查无误后，若发动机仍没劲，则应检查供气方面的问题。

（2）供气不足的原因

①诊断方法。发动机预热一段时间，在中油门负荷情况下运转，观察排烟情况：如果发动机连续冒黑烟（图3-23），表明是

进气不足，使一部分柴油未经燃烧而呈炭粒状被排出。

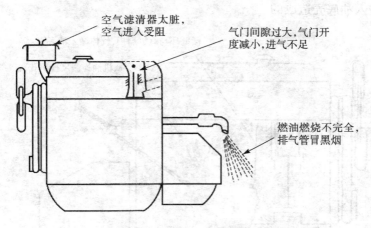

图 3 - 23 发动机连续冒黑烟

②排除方法。发动机进气不足的原因：一是空气滤清器太脏，使空气进入受阻，造成进入汽缸的空气量减少，此时要拆下空气滤清器的滤芯，进行清洗或更换；二是气门间隙过大，使气门开度减小，造成进气不足，此时应调整气门间隙，气门间隙的调整方法见第 116 问答。

（3）汽缸漏气的原因 汽缸漏气，使得压缩不良，导致发动机功率下降。

汽缸漏气的部位有：活塞顶部以上、活塞与汽缸壁之间。活塞顶部以上漏气是由于气门关闭不严或汽缸垫损坏造成的。活塞与汽缸壁之间漏气是由于活塞、活塞环、汽缸内壁磨损或活塞环对口造成的。

①诊断方法。发动机工作时，观察空气滤清器进气口处，若发现倒烟，表明是进气门关闭不严而产生的漏气现象。在发动机静止状态时，摇转曲轴，若听到汽缸盖排气管处有"哧哧"的声音，表明排气门漏气。

发动机在工作状态时，拔出机油检测尺，如果从检查孔处向外排烟（图 3 - 24），表明是活塞、活塞环、汽缸磨损，气体下漏进入油底壳造成的。

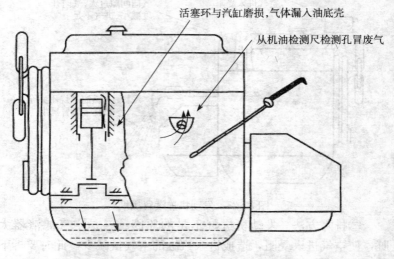

图 3 - 24　废气漏入油底壳

②排除方法。

a. 气门关闭不严产生的漏气，是由于气门间隙过小或气门磨损、烧蚀所致，应对气门间隙进行检查调整。若气门磨损或烧损，则应对气门进行研磨或更换。

b. 汽缸、活塞、活塞环磨损，应对汽缸、活塞和活塞环进行检修。

c. 造成发动机没劲的另一种情况是，发动机各部分零件磨损严重，如主轴承、连杆轴承、连杆小头铜套和气门座磨损，会导致轴承间隙和气门下陷量增大，使燃烧室的实际容积增大，压缩比减小，造成发动机没劲。此时应全面检修曲柄连杆机构和进、排气门。

（4）柴油机过热的原因　柴油机过热可以造成功率不足。造成柴油机过热的原因有以下几点：

①冷却水温度过高。检查冷却系，清除水垢，检查皮带松紧

度，必要时予以调整，检查节温器。

②机油温度过高。检查机油量，如不足，应加注。

③排气温度过高。检查校正静态供油提前角、喷油器喷油压力。

120. 柴油机自动熄火的现象、原因有哪些？如何诊断与排除？

（1）现象及原因

①行车中自动熄火

a. 发动机在熄火前没有负荷变化，在没摘挡前农用车还能滑行一段时间自动停车，用启动机启动发动机，启动机能带动发动机运转，但是不能启动。原因是由于供油或供气中断造成的，具体是哪种原因，可按下述方法进行诊断。拧下柴油滤清器处的放气螺钉，用手油泵压油，此时可能有三种情况出现：第一种情况是出油带气泡，气泡排出后，出油正常；第二种情况是出油正常；第三种情况是不出油。第一种情况是由于油路中有空气或柴油滤清器堵塞造成供油中断；第二种情况证明问题出在油泵或供气方面，这时可将油门放在最大位置，启动发动机，观察排气管冒烟情况，如果排气管排烟，说明喷油泵正常，故障出在供气方面，若排气管不排烟，则表明喷油泵有故障；第三种情况是缺油（油箱中没有油）造成的。

b. 发动机熄火前有负荷变化，转速急剧下降，排气冒黑烟，机油压力没有或很低，在没摘挡前农用车突然停车，用启动机带动发动机，曲轴不能运转。原因是由于曲轴抱瓦或活塞、气门卡死，造成发动机憋灭，可根据发动机熄火时的现象进行诊断。如果发动机机体下部温度较高，有烧焦气味，拔出油尺检查油底壳内无油（图 3 - 25），表明是曲轴抱瓦；如果油底壳内机油量充足，发动机自动熄火时水温过高，水箱内有大量水蒸气冒出，发动机缸盖处有油锅烧干时的现象（冒烟并有响声），则说明是由于水箱缺水使活塞或气门卡死造成（此种情况的发生率较低），如图 3-26 所示。

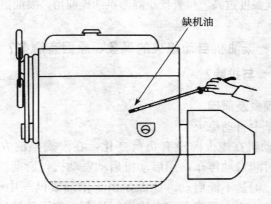

图 3-25　检查油底壳机油量

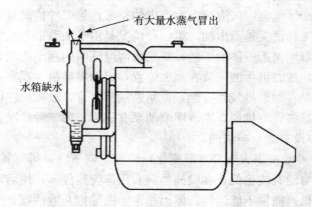

图 3-26　水箱缺水、水温过高的表现

②停车后自动熄火　一般是由于怠速过低或转速不稳，或断油造成的，停车后的自动熄火现象由曲轴抱瓦引发的可能性比较小。

（2）排除方法

①因供油中断造成的发动机突然熄火的排除方法　首先检查

油箱内是否有油，若油量充足，先排出低压油路中的水或空气。用手油泵泵油时，若感觉压下手柄阻力较大，滤清器放气阀处出油不充分，说明是柴油滤清器滤芯堵塞，使出油不畅，这时应拆下滤芯进行清洗或更换。

低压油路故障排除后，启动发动机，如果发动机仍不能发动，排气管也没有烟排出，用手摸高压油管没有喷油感觉，表明是喷油泵不供油。造成喷油泵不供油的原因有泵拉杆卡在停油位置和柱塞弹簧折断，此时应对喷油泵进行检查及修理。

②因供气中断造成发动机熄火的排除方法　供气中断的主要原因是空气滤清器堵塞或气门不能打开，使空气不能进入汽缸。

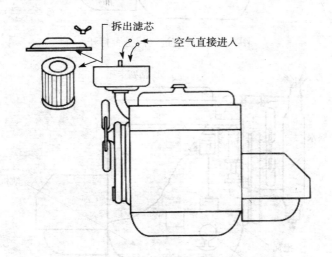

拆出滤芯

空气直接进入

图 3 - 27　检查空气滤清器

首先检查空气滤清器是否堵塞。拆下空气滤清器盖，取出滤芯，如图 3 - 27 所示，启动发动机，如果发动机能启动，说明空气滤清器堵塞，应清洗或更换滤芯；如果发动机仍不能启动，此时可用手堵住空气滤清器的吸管，继续启动发动机（图 3 - 28），如果手感觉没有吸力，表明是进气门不能打开，此时应拆下气门

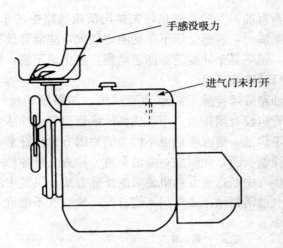

图 3 - 28　检查进气门是否打开

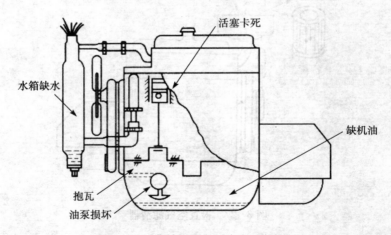

图 3 - 29　曲轴抱瓦、活塞卡死的原因

室盖，转动曲轴，观察气门不能打开的原因：若气门摇臂运动正常，气门不动或开度很小，说明是气门间隙过大或摇臂座松动，应调整气门间隙，拧紧摇臂座螺栓；若摇臂都不运动，则说明凸轮轴齿轮损坏，应换新件；若个别摇臂出现折断现象，则说明该

气门卡死，此时应检查气门卡死原因，并更换气门、摇臂和导管。

③因曲轴抱瓦或活塞卡死造成发动机自动熄火的排除方法

曲轴抱瓦的原因是由于油底壳缺油或机油泵损坏，造成润滑表面缺油（图3-29）。活塞卡死主要是因为水箱严重缺水，使得发动机温度过高活塞过度膨胀所致。

曲轴抱瓦，应对曲轴进行磨修（必要时更换曲轴），更换新轴瓦。活塞卡死，应将活塞从汽缸中拆出，更换活塞和活塞环，镗削汽缸套（必要时更换汽缸套）。

（3）发动机自动熄火故障快速排除图解

如图3-30所示。

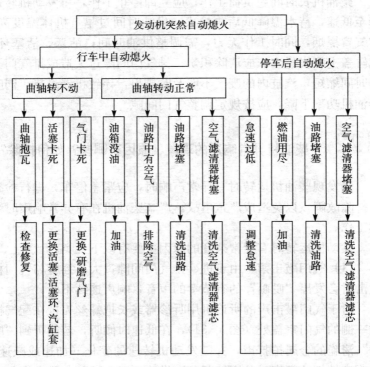

图3-30　发动机自动熄火故障快速排除图

121. 柴油机过热的原因有哪些？如何排除？

柴油机过热表现为冷却水温度过高，超过正常值（80～90℃），甚至达到100℃。过热容易使各部分零件变形，机油黏度下降，加快零件磨损，并且由于过热而使混合气早燃，降低柴油机功率等。造成过热的原因如下。

循环水冷却不足；风扇皮带松弛，或风扇叶片装反；散热器风道堵塞；水泵叶轮断面磨损，泵水能力下降；水套、散热器内水垢过多或水管堵塞；有漏水现象。需针对不同情况调整维修。

柴油机长时间超负荷工作；应立即停止工作，将发动机转速降至低速，待水温降低后再熄火；供油时间过早，机体温度高，排气冒黑烟，同时工作无力，需调整供油时间；活塞、活塞环、汽缸盖上积炭过多，应清除积炭；排气门间隙过大造成排气门开启时间缩短，汽缸内的废气不能及时排出，导致机器过热，同时柴油机功率下降，应按规定调整气门间隙。

122. 柴油机异常响声的现象、原因有哪些？如何排除？

当发现柴油机运转时有异常声响时，应紧急停车，进行检查并排除故障，以免造成严重事故。严禁柴油机在有异常响声时继续工作。

发动机运转时有异常杂音的原因主要有以下几类。

(1) 气门敲击声　由于进、排气门间隙过大，摇臂与气门杆撞击时会发出"哒哒"的有节奏的声音，响声连续不断。

对于气门敲击声的听诊可用听诊器或长把螺丝刀抵在配气机构一侧的气门室盖处（图3-31），在低速时倾听，若能听到"哒哒"清脆的金属拍打声，并随发动机转速的变化（加速或减速）而改变拍打的频率，分别切断各缸供油（图3-32），敲击声仍不断，则表明是气门间隙过大，使摇臂与气门杆撞击发出声音应调整气门间隙。

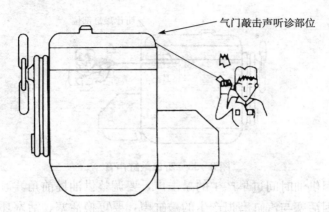

图 3-31　听诊气门敲击声

（2）发动机敲缸　发动机敲缸是由两种原因造成的：一是供油时间过早，燃烧气体与高速上行的活塞碰撞产生的敲缸声；二是汽缸、活塞磨损，间隙过大，活塞在上、下止点转向时发生与汽缸壁的敲击声。发动机敲缸的部位多数是在上止点附近，发出"当当"的声音。

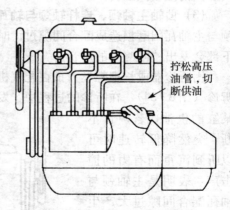

图 3-32　切断向汽缸供油

　　听诊部位是在喷油泵的一侧，按各缸的位置在活塞上止点处仔细倾听（图3-33），如果小油门时敲击声不断，大油门时声音不明显，表明是供油时间过早；若在大油门时声音强烈，分别切断各缸供油，断油的汽缸敲击声消失，则表明是活塞与汽缸相碰产生的敲击声。

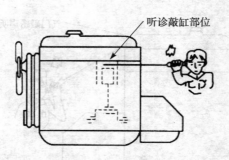

图 3-33　听诊敲缸声音

因供油时间过早产生的敲击声，要调整供油提前角。

因活塞与汽缸磨损产生的敲缸声，要更换活塞、活塞环或视其磨损情况更换缸套。

（3）曲轴主轴颈、连杆轴颈与轴瓦产生敲击声　当曲轴主轴颈与主轴瓦因磨损造成配合间隙过大时，在作功行程中，机体中下部会发出"咚咚"的声音。

用听诊器或长把螺丝刀抵在配气机构对面，对着主轴承座处听诊（图3-34），在听诊的过程中，发动机转速间歇提高，切断某缸的供油，若声音不断，突然降低转速时可以听到沉重而有力的撞击声，表明是主轴颈与轴瓦配合间隙过大产生的敲击声，农用车在中高速行驶中，在驾驶室内也能听到此声音。

听诊曲轴连杆轴颈和轴瓦产生敲击的部位

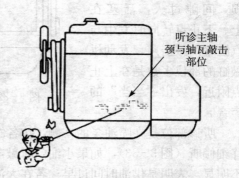

图 3-34　听诊曲轴主轴颈与轴瓦的敲击声

略高于上述听诊主轴颈处，听诊时若发动机低速下有敲击声，分别切断各缸供油仍有敲击声，表明是曲轴连杆轴颈与轴瓦产生的敲击声。

因主轴瓦、连杆轴瓦与轴颈磨损产生的敲击声，要拆下曲柄连杆机构，检查轴瓦与轴颈，必要时更换，保持规定的配合间隙。

(4) 活塞销与连杆铜套产生的敲击声　活塞销与连杆铜套严重磨损后，间隙增大，二者相互撞击，在作功行程中，活塞位于上止点部位，产生"当当"的敲击声。

听诊时用听诊器或长把螺丝刀抵在汽缸体上部倾听（图3-35）。运转时有轻微而尖锐的响声，此种声音在怠速运转时尤其清晰，突然加大油门时响声更尖锐。

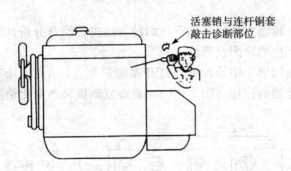

活塞销与连杆铜套
敲击诊断部位

图 3-35　听诊活塞销与铜套的敲击声

因活塞销与连杆铜套产生的敲击声，要拆下曲柄连杆机构，更换连杆小头衬套，使之在规定的间隙范围内。

(5) 气门碰活塞　气门如果碰撞活塞，发动机运转中汽缸盖盖处发出沉重、均匀、有节奏的敲击声。需查明相碰原因，检查配气相位，调整气门间隙。

(6) 传动齿轮磨损　由于传动齿轮磨损，间隙过大，在齿轮室处发出不正常声音，当突然降速时可听到撞击声。需检查传动齿轮间隙，视磨损情况更换齿轮。

(7) 喷油时间过早或喷油器卡死，汽缸内发出清脆的金属敲击声 需调整静态供油提前角，检查喷油器喷油状况。

123. 柴油机转速不稳的现象、原因有哪些？如何诊断与排除？

发动机转速不稳的现象是：发动机转速忽高忽低，声音大小反复交替，发动机没劲，甚至稍加负荷便熄火。发动机转速不稳有两种情况：一种情况是发动机转速大幅度波动（也叫游车），另一种情况是发动机转速在较小的范围内波动，小油门时，转速波动声音明显，易熄火，大油门时声音难辨。

造成发动机转速不稳的主要原因是调速器和喷油泵故障引起的。

(1) 诊断方法 采用下述两种方法进行综合分析判断，以确诊故障产生的原因及部位。

①油门置于中等位置，打开喷油泵侧盖，用手固定泵拉杆，切断调速器的作用（图3-36），观察发动机转速变化情况：如果

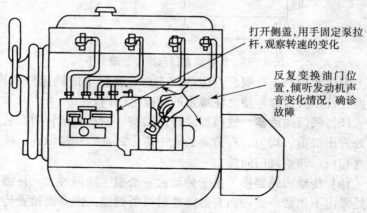

打开侧盖，用手固定泵拉杆，观察转速的变化

反复变换油门位置，倾听发动机声音变化情况，确诊故障

图3-36 用经验法判断发动机转速不稳

转速立即稳定了，表明供油方面没问题，故障出在调速器上，反之，则是供油方面的问题。

②反复变换油门位置，听发动机声音变化情况：中油门以上时，若发动机排气声音是"突突"的高低变化，表明是供油不畅或供油时间过晚；如果发动机排气声音正常，没有"突突"声，表明是调速器的故障。小油门时转速不稳，若是喷油泵故障，则是由于出油阀密封不严使得喷油器滴油，或是各缸供油量不均所致；若是调速器问题，则是由于调节叉与调节臂磨损严重或调速弹簧过软造成。

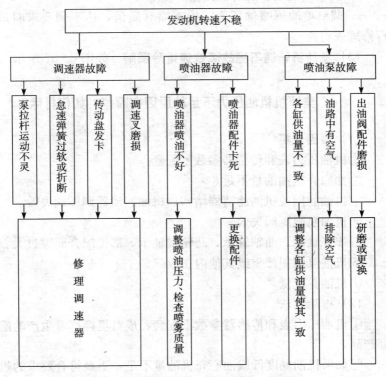

图 3-37　发动机转速不稳故障排除图解

（2）排除方法

①调速器故障造成发动机转速不稳的排除方法。

a. 发动机转速在大幅度范围内出现声音可清晰辨别的波动时，是由于调速器内部零件运动发卡、不灵活造成的。

b. 发动机转速在较小的范围内波动，是由于调速叉与调节臂磨损或怠速弹簧过软造成的。

出现上述两种情况，应分别对调速器进行检修和调整。

②喷油泵、喷油器故障造成发动机转速不稳的排除方法。

a. 排除油路中的空气。

b. 调整喷油泵各缸的供油量，使之均匀一致。

c. 调整喷油器喷油压力，检查喷雾质量，达不到要求时进行修理或更换。

（3）发动机转速不稳故障快速排除图解 如图 3-37 所示。

124. 柴油机机油压力不足的原因有哪些？如何排除？

（1）原因分析

①机油压力表和传感器参数不配套。

②油底壳机油油量不足。

③机油滤网或机油滤清器堵塞；机油滤清器调压阀失效。

④机油泵限压阀失效。

⑤连杆轴承、曲轴轴承、凸轮轴轴承等部位配合间隙过大。

⑥机油泵磨损严重或其他内在故障。

⑦机油黏度低。

（2）排除方法

①机油压力表和传感器参数不配套，成对更换厂家生产的配套产品。

②如果机油黏度低或油底壳机油油量不足，更换符合要求的机油，加机油至规定油面。

③检查机油滤清器滤网及调压阀，如果堵塞，更换机油滤芯，调整或更换调压阀。

④检查机油泵限压阀，如果开启压力过高，应进行调整或更换。

⑤如轴承间隙不符合要求，应更换新轴承。

125. 为何会发生柴油机"飞车"？发生"飞车"怎么办？

柴油机"飞车"是指转速失去控制，大大超过额定转速，发动机剧烈振动，发出轰鸣声，排气管冒出大量黑烟或蓝烟的故障现象。"飞车"不仅会造成零部件损坏，而且危及驾驶员的人身安全，应引起高度重视。

引起柴油机"飞车的原因"很多，主要的原因是燃油过多和窜烧机油。这两种情况虽然都表现为柴油机超速运转，但具体表现有差别。柴油过多引起"飞车"时，排气管冒黑烟，一般可用切断供油的方法制止；窜烧机油引起柴油机"飞车"时，排气管冒蓝烟，这时只切断供油不能有效地制止，必须同时断绝空气供给和急速减压来制止。

(1) 柴油过多引起柴油机"飞车"的原因 柱塞调节臂或齿杆调节臂球头未进入调节叉凹槽内，柱塞处于最大供油位置，油泵柱塞转动不灵。这是柴油机飞车的常见原因。

①柱塞处于最大供油位置，调速器拉不动，以致转速升高，调速器起不到控制油量的作用。引起柱塞转动不灵的原因有：装配时柱塞被碰伤；油泵内有脏物，使杂质进入柱塞副的间隙中；出油阀座拧紧时力矩过大，致使柱塞套变形；柱塞套定位螺钉上的垫片过薄，定位螺钉顶住柱塞套，使之变形；柱塞套定位螺钉过长或弯曲，装配时顶死柱塞套。

②喷油器磨损后使大量接入进气管的回油被吸入汽缸，造成汽缸燃油过量。

③安装调速器时，钢球上涂黄油过多，且黄油过于黏稠，造成转速升高时钢球难以飞开。

④齿杆齿圈无记号或装错、柱塞装反。

⑤喷油压力低，供给汽缸燃油过量。

⑥拉杆与调速器活动部位卡滞。

⑦调速器调试不当。原因有：驾驶员故意提高单缸柴油机调速弹簧的预紧力；Ⅱ号泵调速器的作用点过高，致使停油转速高或不能停油；调速器内润滑油多或黏度大。

（2）机油窜烧引起柴油机"飞车"的原因 空气滤清器中机油过多，被吸入汽缸；油底壳机油过多，工作时窜入汽缸。曲轴箱通气孔堵塞，气压增高，使机油被压入燃烧室；卧式柴油机严重倾斜，使机油流入气门室，当气门与气门导管间隙过大时机油被吸入燃烧室；活塞环严重磨损，缸套间隙过大，或活塞环开口对齐时，大量机油窜入燃烧室；机油过稀，很容易窜入燃烧室。引起机油过稀的原因有：柴油漏进油底壳；柴油机温度过高；机油质量不符合要求。油环及活塞上的回油孔堵塞，使机油窜入燃烧室。

发生柴油机"飞车"的应急处理方法如下。

（1）将减压手柄扳到减压位置。

（2）拔掉进气罩，用手掌或衣物等物将空气滤清器进气孔堵住，阻断空气吸入汽缸。

（3）拔掉或关闭输油管，用扳手旋松高压油管螺母，切断油路，阻止供油。

（4）向柴油机空气滤清器内冲水，使大量水分进入汽缸（这一方法在现场有水时方能使用）。

特别强调的是，上述措施往往需要同时采用两种，才能及时使柴油机熄火。发生柴油机"飞车"后，绝对禁止减少或去掉柴油机的负荷，以免造成转速更加急剧升高。安全停车后，应及时分析"飞车"原因，排除故障，以防再发生"飞车"。若是在行驶时发生柴油机"飞车",还应踩下制动器使发动机憋灭火,但严禁踩下离合器踏板。

126. 怎样预防柴油机发生"飞车"?

平时对柴油机特别是油泵调速器一定要按照技术要求进行安装、保养、调试,所加油应清洁且牌号正确。

(1)不要随意调整和拆卸高压油泵,确需调整时,应在专门的试验台上进行。

(2)加强柴油机燃油泵的保养工作,保持高压油泵的齿杆、扇形齿轮、控制套等机件的清洁,并经常检查扇形齿轮与控制套的配合情况,保证其配合正确,活动灵活。

(3)空气滤清器油盘内不能加油过多,并定期更换调速器的润滑油,加注的机油也不宜过多。

(4)燃油和润滑油质量应符合规定。

(5)对长期停放的柴油机,启动前,应检查调速器有关零件,清除锈蚀后再使用。

(6)用汽油或煤油清洗好的惯性油浴式空气滤清器滤芯,一定要甩净汽油,并在大气中待汽油充分挥发后方可装入滤清器内。

(7)带增压器的柴油机,应及时更换损坏的油封。

127. 柴油机工作时为什么会出现"缺腿"现象?如何排除?

有时柴油机工作时会出现某些气缸不工作,俗称"缺腿"的现象。其表现为起步缓慢无力、机身抖动、排气管冒黑烟、换档时加速性能较差。产生上述故障现象的原因有:

(1)某缸喷油器工作不良。例如喷油压力低、雾化不良,不但改变了喷雾锥角，且会引起喷油嘴滴油、燃油和空气混合不均匀。

（2）某缸喷油泵柱塞副磨损严重或柱塞弹簧折断。柱塞副的配合间隙通常只有 0.02～0.03mm，大于上述值时泄油量必将随着柱塞副的磨损量增加而增加。至于柱塞弹簧折断，则会使柱塞有效行程减小，甚至不能回位，因而影响发动机工作。

（3）某缸因出油阀副磨损严重，造成关闭不严而使喷油嘴出现浸油和后滴现象。

（4）喷油泵内凸轮轴凸轮、滚动体滚轮、轴和调整垫块等磨损不一，以致各缸供油提前角不一致，因而工作情况也就互不相同。

（5）凸轮轴后轴承损坏，致使某缸供油时间延迟或停止工作。

（6）某缸活塞销、铜套严重磨损，铜套在连杆小端孔内自转，活塞压缩行程中达不到上止点，压缩比降低而导致发动机冒烟，并有"咔哒、咔哒"的敲击声。

排除方法：一般使发动机低速运转时，逐缸停止供油的办法去检查，当松开某缸高压油管或者拔下喷油器供电插头时，发动机工作没有变化，维持原来的声音不变，说明该缸不工作，即确定为"缺腿"。

128. 柴油机怠速始终偏高是什么原因？如何排除？

发动机在运转时，如果最低稳定转速偏高，且调节了喷油泵上的怠速限制螺钉后，转速仍降不下来，其原因通常是：

（1）怠速油量偏高 通常情况下，当油门操纵杆放在最小位置时，转速应保持在 500r/min 左右，若怠速油量偏高，发动机的最低稳定转速便会升高。

（2）调速器内积油过多或输油泵及泵盖漏油 此时，易使调速器的飞球浸在油液中，运动时的阻力增大，致使怠速时向外移动的行程减小，导致传动板在调速器弹簧弹力的作用下，使喷油泵拉杆向增大油量的方向移动一定距离。由于怠速油量增多，发动机最低稳定转速便会升高。

排除方法：检查调速器弹簧是否卡死、弹性太强、弹簧螺栓调整太紧，若是，更换调速器；另外检查高压油泵调节杆运动是否灵活或卡死，若是，更换油泵。

129. 冬季启动柴油机有何禁忌？

(1) 忌无冷却水启动　启动后再加冷却水会使炽热的缸套、缸盖等重要部件骤然遇冷，易引起炸裂、变形。

(2) 忌加入沸腾的开水　向冰冷的机体内骤加接近 100℃ 的开水，同样会激裂缸盖和机体。加入水的温度以 60～70℃ 为宜。

(3) 忌不按规定供油　如 4125A 柴油机启动时，不是将减压手柄放到"工作"位置后再供油，而是在启动前就将油门手柄放到了供油位置。这样做的危害是：汽缸中过多的柴油燃烧不完全形成积炭浪费燃油；多余的柴油会冲刷缸壁，使活塞、活塞环与汽缸套之间润滑恶化，磨损加剧；多余柴油流入油底壳，会稀释机油，降低润滑效果。

(4) 忌拉车启动　在冷车机油黏稠的情况下，拉车启动会加剧各运动件间的磨损，降低车的使用寿命。

(5) 忌不按季换用润滑油、燃油　冬季若不换用黏稠度低的润滑油和燃油，柴油机就很难启动。

(6) 忌用明火烘烤油底壳　为防止发生火灾，应用煤火在一定距离外烘烤油底壳，同时慢慢摇转油轴，让机油均匀受热，使各部位得到润滑。忌直接将大量机油加入汽缸。这样做虽然能临时起到密封增压增温的作用，便于柴油机冷机启动。但机油不能完全燃烧，易产生积炭，使活塞环弹性减弱，汽缸密封性能下降，加速汽缸套的磨损，导致柴油机功率下降，以后启动更加困难。

（7）忌用明火在进气管处引火启动　引火启动会使物质燃烧产生的灰烬及硬杂物吸进汽缸，造成进、排气门关闭不严，增加汽缸磨损。

（8）忌长时间连续启动　柴油机上的启动马达，是在低电压、大电流的情况下工作的，长时间连续运转会损坏蓄电池。因此，连续工作时间不得超过5s，一次启动不着，应间隔15s后再启动。

（9）忌直接将汽油灌入进气管　汽油的燃点比柴油低，所以比柴油先燃烧，使发动机工作粗暴，产生强烈的敲缸现象，严重时可产生发动机反转。

（10）忌刚启动就高速运转　发动机刚启动时，润滑油的温度低，流动性差，发动机马上高速运转，易造成各运动部件因缺乏润滑而急剧磨损，严重时会产生烧瓦抱轴。

（11）忌长时间使用电热塞、火焰预热器　电热塞、火焰预热器的发热体都为电热丝，其耗电量和发热量都很大。长时间使用，因急剧放电会损坏蓄电池，同时也可烧坏电热丝。所以电热塞每次连续使用时间不可超过1min，火焰预热器的连续使用时间不可超过20s。

130. 冬季怎样启动柴油机？

（1）严寒时节应进行预热　柴油发动机在冷启动时，因不能达到柴油的压燃温度是影响启动性能的重要原因。对此，可将热水加入发动机冷却系预热，这是改善启动性能的有效途径。具体做法是：连续加热水（打开放水开关让水流出缸体），并逐渐提高水温进行预热。当流出的水温度较高时再关闭放水开关。此外，可用喷灯等明火对油底壳进行加热，以提高机油的流动性能，减轻机件的运动阻力。

（2）提高汽缸的密封性能　柴油机与汽油机的区别之一就是压燃式，因此要求汽缸应有较高的密封性能。冬季冷启动发动机时，因活塞环与汽缸壁上的机油很少，密封效果不佳，会出现反复启动而不能着火运转的现象。有时因汽缸磨损较重而严重影响汽缸的密封性能，使启动更加困难。对此，可将喷油器拆下，每缸内加入 30～40mL 机油，以增强汽缸的密封性能，提高压缩时的压力。

（3）排除油路中的空气　旋松高压油泵上的放气螺钉，用手泵油排净低压油路中的空气；然后，再将高压油路中的空气排净。具体方法是：旋松各喷油器上的油管接头，使油门处在最大供油位置，转动曲轴，直到各缸喷油器油管接头出油急促为止。

（4）正确选用柴油　柴油的选用应保证车辆行驶地区最低气温时的流动性能，否则，将会因柴油选用不当，影响其流动性能而出现启动困难。

（5）应保证蓄电池充足的容量和良好的性能　这有助于改善柴油机的启动性能。

发动机冬季的启动，讲究颇多，通常应坚持先摇转曲轴，使其运转轻松后再启动。上述几种方法，应针对具体情况单项选用，也可多项同时选用。

131. 柴油机燃烧室产生积炭的原因是什么？如何清除？

燃烧室内产生大量积炭的主要原因就是燃烧不完全。以下原因之一均可导致汽缸内形成积炭：

（1）活塞和汽缸磨损，配合间隙过大，引起密封性差，造成燃烧不完全。

（2）活塞环磨损，开口间隙过大以致封闭不严，产生漏气，燃烧不完全。

（3）润滑油过多，燃烧不彻底。

（4）喷油时间不正确，过早或过迟均能引起燃烧不完全。

（5）润滑油质量差，不符合技术要求，或加入的不是柴油机润滑油。

（6）汽缸盖、汽缸内油脂过多。有人在组装发动机时习惯于在合拢汽缸盖上涂上很多润滑脂，或在汽缸内的活塞顶部多加些润滑油，其目的是想让汽缸内部得到更好的润滑，但这样做的结果会造成发动机启动后不久就会引起活塞环咬住的情况发生，使活塞环失去弹力。这种做法可使汽缸内更易产生积炭。

由于积炭的导热性能差，燃烧室内的积炭会使汽缸盖、汽缸和活塞的热传导不良，造成发动机过热、燃油超耗等弊病。这时积炭便出现局部的灼热点。新鲜可燃混合气经压缩后，在未经点火前，就被积炭灼热点点燃，相当于点火过早，从而降低发动机的动力，同时还会使机件加剧磨损，缩短发动机的使用寿命。

汽缸排气口的积炭将阻碍排气流动，降低工作能力。因此，应定期拆下汽缸盖（均为每行驶 3 000～5 000km）清除积炭。用铜板或铝板将汽缸盖燃烧室积炭刮除，对坚硬无法刮下的积炭可用折断的钢锯条片轻轻仔细刮除，但不能用尖锐的工具猛划，以免损伤或擦伤缸盖（否则此后更容易积炭），积炭清除后应用汽油清洗并擦净。

用圆形金属刮刀可清除汽缸盖排气口处。汽缸上端口缘的积炭。

132. 影响柴油机压缩比的因素有几种？

在发动机使用和修理过程中，由于零件更换和重新加工，压缩比会产生变化。

（1）缸盖涡流室容积变大导致压缩比变小。

（2）**轴承间隙变大**　长时间使用后，主轴承、连杆轴承和活塞销与连套的配合间隙就会因磨损变大，活塞上行时达不到要求的上止点高度，从而使压缩比降低。

（3）**气门下沉量过大**　气门或气门座严重磨损，会使气门下沉量变大，燃烧室容积变大，同样会使压缩比变小。

（4）**连杆变形**　连杆弯曲、扭曲或双重弯曲，同样会使活塞达不到要求的上止点，使压缩比减小。

（5）**汽缸垫厚度**　在维修发动机时，如果换用了过厚的汽缸垫，就会使燃烧室容积变大，从而使压缩比变小。

（6）**活塞上平面相对机体平面的凸出量**　由于曲轴回转半径变化、主轴瓦中心对机体上平面的偏差、连杆瓦镗偏、连杆大小端中心线相互位置的偏差、活塞销孔中心线对上平面加工误差以及机体平面铣磨后的变化等，使凸出量增大，压缩比变大，功率上升。凸出量增加 $0.40 \sim 0.64$mm，功率增加 5kW。

上述因素往往是几项同时存在，造成压缩比变化。例如 4115 T 柴油机，如果汽缸垫超过标准厚度 0.50mm，主轴承间隙超过标准值 0.12mm，同时连杆轴承间隙超过标准值 0.10mm，三者会使燃烧室容积约增加 130mm^3。上述影响因素有的可使压缩比变大，有的可使压缩比变小。理论上讲，这就涉及了尺寸链的计算问题，大修时可以利用增减环互补这一特点，采取相应的加工选配措施，最终得到合理的压缩比。

133. 影响柴油机使用寿命的因素有哪些？如何延长柴油机的使用寿命？

（1）用油不当

①使用低标号的柴油。在一定压缩比的发动机中，使用燃料的种类对爆燃的发生和强度有决定性的影响。发动机压缩比高，

应使用制造厂规定标号的柴油。若使用低于规定标号的柴油，则发动机工作时将发生爆燃。爆燃现象发生时，除发动机的功率和经济性降低以外，对发动机的机件也发生严重的破坏作用。使发动机早期损坏。

②使用劣质润滑油。选用黏度不当的润滑油，不适合发动机的转速、负荷、轴承间隙大小等条件，不仅使发动机不能发挥应有的效率，而且会使发动机迅速损坏。发动机机械负荷和热负荷高，一定要按出厂规定必须使用柴油机润滑油。

（2）保养不当

①喷油提前角过早，发动机容易产生爆燃。

②曲轴箱通风不良，润滑油变质，通风单向阀堵塞，通过风管堵塞，曲轴箱漏油。

③未按时更换发动机润滑油和机油滤清器滤芯。

④发动机润滑油不足。

（3）使用不当

①超载运行，发动机长时间大负荷工作。

②发动机超速运转。

③发动机温度过高。

除了精心使用保养之外，为了从根本上提高发动机使用寿命，有的厂家采用了新材料和新工艺。发动机缸筒内镶有耐磨的铌合金铸铁缸套，活塞环也采用具有良好耐磨性的铌合金铸铁。活塞用含镍共晶铝硅合金，采用先进的液态模锻成形。汽缸套、活塞环和活塞都具有良好的耐磨性能。据试验，在山区、丘陵、平原各种路面行驶 6 万多公里，汽缸最大磨损值仅为 0.03mm，明显低于传统汽缸的磨损量。

铜铅轴瓦内表面镀铅锡二元合金，承载能力高，耐磨性好。曲轴采用 45 号钢制造，轴颈经高频淬火处理，增加其耐磨性，并装有曲轴扭转减振器等，保证了质量，大大延长了使用寿命。

134. 汽缸盖、汽缸体开裂的现象、原因有哪些？如何预防与排除？

（1）现象　汽缸盖裂纹多发生在进、排气门座之间或喷油器与气门座之间。汽缸体裂纹多发生在水套、水道孔及螺孔等部位。其表现是发动机工作时，排气管冒白烟，严重时有排水现象，水箱内水量减少过快或产生气泡，曲轴箱内油面升高，发动机运转不稳定，声音不正常。

（2）原因分析

①发动机启动后，未经暖车就立即增大负荷，使汽缸盖、气缸体各部位受热严重不均而破裂。

②冬季停车后未放冷却水或未放尽冷却水，水结冰使汽缸体、汽缸盖冻裂。

③严寒冬季，室外温度极低，而柴油机长时间工作后机体温度很高，室外停车后立即放水，铸铁汽缸体、汽缸盖温度变化过快，造成裂纹。

④柴油机长时间高温工作，水箱中突然加入大量低温冷却水，或在水箱无水或缺水"开锅"的情况，突然加入大量低温冷却水，也会造成汽缸体、汽缸盖裂纹。

⑤紧固缸盖螺母，顺序不合理，松紧不一，有的扭矩过大，有的扭矩过小，造成缸盖严重变形而开裂。

（3）预防与排除方法

①发动机启动前应先加足冷却水。

②发动机因缺水而过热时，发动机怠速运转或直接熄火，等温度降低后再缓慢加入冷却水，或直接加入温水。

③温度低时，停车后一定要放净冷却水，可将发动机空转几圈，以彻底放净水套中的冷却水。

④在严寒冬季，应待水温降到50℃左右再放水。

⑤定期清理水垢，保证用清洁的软水冷却，一般发动机工作1 000h左右，应进行水垢的清理。

⑥发动机启动后，应空负荷低速运转一段时间后再增大负荷。

⑦紧固汽缸盖螺母，按规定顺序、规定力矩分几次逐步拧紧。

如果出现的裂纹较小，可采用焊补或胶粘进行修补；开裂严重要进行更换。

135. 紧固汽缸盖螺栓有何要求？

汽缸盖螺栓是紧固汽缸盖和汽缸体的连接件，它的分布位置对于汽缸盖和汽缸体的受力情况，密封可靠性以及汽缸套的变形大小，都有直接的影响。所以每个汽缸对应的缸盖部位周围，都有4个或更多个汽缸盖螺栓，它们围绕汽缸中心线按等角多边形分布。

汽缸盖螺栓受力极重，一般用优质合金钢制造。

为了保证接合面有良好的密封，要求汽缸盖螺栓具有一定的预紧力。但预紧力过大，使螺栓遭到疲劳破坏，也会造成汽缸盖翘曲变形，以致漏气、漏水，甚至冲坏汽缸垫等事故。

各种型号的柴油机，在出厂时都规定了拧紧汽缸盖螺栓的力矩数值，而且对螺栓的拧紧次序，也有一定的要求。一般说来，是由中间逐步向两端对称、交叉地进行，并且分2～3次拧紧，以达到使汽缸盖受力均匀，不发生翘曲，防止汽缸漏气。

136. 怎样检修汽缸盖？

汽缸盖燃烧室的积炭清洗干净后，要检查汽缸盖是否平直，方法是用直尺靠在汽缸盖与汽缸盖垫贴合的表面上，再用厚薄规测量直尺与缸盖工作平面间的间隙。要多检查几个点。如果测出的间隙超过 0.10mm 则应进行修理。

汽缸盖翘曲变形的修理方法：把细砂纸（约 400 号）放在平板上或用金刚研磨砂放在上面使汽缸盖工作面与砂纸或平板玻璃贴合，然后研磨工作表面。研磨时，用手按 8 字形往复推磨汽缸盖，注意压力应均匀。修磨时，要边磨边检查，直至汽缸盖工作表面平滑且完全平直合乎要求为止。磨平后，应清洗干净并抛光。

汽缸盖翘曲变形量若超出 0.25mm（修理范围）时，应予报废。否则，将会降低发动机的输出功率，并增加燃油的消耗。

汽缸盖喷油器孔往往由于多次拆装而引起螺纹孔损坏，引起汽缸漏气，导致发动机功率下降，漏气严重时会使发动机启动困难。因此喷油器孔损坏而不能使用时，可采用镶铜衬套的方法进行修理。将汽缸盖按原喷油器孔螺纹尺寸加镶铜套，拧入时衬套外螺纹表面上涂抹少许红铅油以提高接合力，拧入后再将镶套下端用冲子冲大，防止松动。

137. 怎样正确拆卸汽缸盖？

发动机的工作过程中，汽缸盖螺栓在爆发压力作用下，处于变化载荷状态。当汽缸中的混合气爆发时，汽缸盖螺栓上承受的拉力突然增加，这将使作用在汽缸垫上的压紧力发生释放和损失。如果汽缸垫质量差，弹性不很强，或使用过久汽缸垫的持久弹复率不能保证，则由于压紧力损失大，必将造成汽缸盖和汽缸垫之间漏气，因此应定期多次拧紧螺栓。汽缸盖的装卸应用扭力扳手，必须按一定的顺序进行。

这样做能尽量避免漏气、漏水及汽缸盖平面变形等情况的出现。实际操作时，拧紧汽缸盖螺栓应分 2～3 次逐步进行，不得一次拧紧达到规定的拧紧力矩。用力时不要过猛，要按顺序拧过一遍后再拧第二遍、第三遍。对于单缸机器来说，汽缸盖螺栓拧紧顺序利用对角拧紧螺母的方法。而对于多缸机器来说，在拧紧时，一般先紧中间，后紧两边，左边一个，右边一个对称均匀拧紧。

在拆卸时，则恰恰和上述顺序相反，要按照先从两边然后再到中间的顺序拧松。汽缸盖螺栓第一次拧紧后经 4～5h 的运转，还应依照规定的顺序和所需的拧紧力矩再拧紧一次为好。

138. 怎样用简便方法检查汽缸和燃油泵的密封性能？

（1）检查柴油机的汽缸压力 将喷油嘴卸下，用手指堵住缸盖上喷油嘴孔，同时摇转曲轴。如果摇起来比较轻松，并感觉压缩气体的反弹不大，则说明该缸的密封性差，导致压缩力不足。

（2）检查柱塞式输油泵 例如Ⅱ号燃油泵所配的推杆式输油泵，可以放在油盆中做吸油试验，即用大拇指堵住出油口，另一只手压推杆，如果拇指堵不住，出油口喷油，则说明输油泵性能良好。

（3）检查柱塞偶件 用左手拇指、食指和中指分别堵住柱塞套顶端孔、进油孔和回油孔，使柱塞处于中等或最大供油位置，右手将柱塞由顶点位置向外拉，拉动的距离以柱塞不露出柱塞套油孔为限。如果食指感觉有吸力，而一旦在松手后，柱塞能迅速弹回原位，表示密封性能良好，可以继续使用；若有吸力，但不能弹回原来位置，说明柱塞有卡滞；若无吸力，则应更换新件。另外，在发动机大油门工作时，用手指捏住高压油管，如果感觉脉冲力较强，说明柱塞偶件密封良好，否则说明柱塞偶件已经磨损。

139. 汽缸垫烧损的现象、原因有哪些？如何预防与排除？

（1）故障现象 水箱或散热器中有大量气泡，水面有油花；

油底壳中机油油面增高，油尺上有水珠，严重的会出现排气管向外排水；柴油机转速达不到标定转速；有时有漏气声。

（2）故障原因　主要因为高温燃气泄漏。汽缸盖螺栓紧固力矩不够或拧紧程度不同，使螺母松动或汽缸盖变形。汽缸盖与机体平面不平整，汽缸垫压不实，如结合面变形，缸套凸出汽缸体平面或安装平面上有坑和麻点，不能均匀压紧汽缸垫，造成漏水漏气。汽缸垫质量不好，厚薄不均，或发动机经常过热，汽缸垫长期受高温作用而逐渐失去弹性，使密封不良。

（3）预防与排除方法　装配时要保证机体平面与汽缸盖结合面的水平度在规定范围内。水套孔周围的凹坑和麻点应尽量用铜皮垫严。要保证汽缸套凸肩上平面高出机体平面的尺寸符合规定。拧紧汽缸盖螺栓时，一定要对角交替地 3 次拧到规定力矩，并在工作中定期检查拧紧。汽缸垫稍有烧损，即应更换。要求选用的汽缸垫尺寸合适，质量符合规定。装配前可在其两面涂刷 0.03～0.05mm 厚的石墨膏，以增加贴合严密性并利于拆卸。此外，应正确使用和维护发动机，保证其在正常温度下工作。

140.　怎样判断汽缸垫烧损？

汽缸垫的主要功能是持久而可靠地对水、气和油保持密封作用。它必须严格密封汽缸内所产生的高温高压气体，必须密封具有一定压力和流速的冷却水以及机油，并能经受住水、气和油的腐蚀。

当发现以下现象时，可判断汽缸垫可能烧损：

（1）汽缸盖与汽缸体接缝处有局部漏气现象，特别是排气管口附近。

（2）工作时水箱冒气泡，气泡越多，说明漏气越严重。不过这一现象当汽缸垫破损不太严重时，往往不易察觉。为此可在汽缸体与汽缸盖接缝处的周围抹些机油，然后观察接合处是否也有气泡冒出，如冒气泡就说明汽缸垫漏气。通常情况下汽缸垫并没有破损，在此情况下，可以将汽缸垫在火焰上均匀地烤一下，由于加热之后石棉纸膨胀复原，再装回到机器上就不再漏气了。这种修理方法可以多次反复使用，从而延长了汽缸垫的使用期限。

（3）柴油机功率下降，当汽缸垫破损严重时，柴油机根本无法启动运转。

（4）如汽缸垫在油道和水道的中间地方烧坏了，由于机油在油道中的压力比水在水道中的压力大，所以机油会从油道通过汽缸垫烧坏的地方钻入水道，在水箱中水的表层浮有一层机油。

（5）如果汽缸垫在汽缸口和汽缸盖螺纹孔的地方烧坏，则会在穿汽缸盖螺栓孔中和螺栓上产生积炭。

（6）如果汽缸垫在汽缸口和水道之间的某处烧坏，轻者不易发觉，功率下降不太明显，在大油门负荷时没有什么异常变化，仅是怠速运转时，由于压缩力不足，燃烧不良，排出的废气才会有少量的蓝烟。较严重时，水箱中有"咕噜、咕噜"的响声，不过这多在水箱稍缺水的情况下才显示出来。严重时，在工作中从水箱盖向外冒热气。

141.　怎样正确安装汽缸垫和汽缸盖?

（1）安装汽缸垫

①检查汽缸盖和机体平面是否平整或翘曲。当不平度或翘曲度超过允许尺寸时应进行光磨修理。

②将汽缸垫有铜皮缝口的一面对住缸盖，并检查缸垫各孔与机体上各孔是否一一对应，再按规定上紧缸盖。

③检查是否漏气，简易的方法是转动曲轴，看冷却水箱是否有气泡冒出，或在安装缸垫时涂上少许机油，看冷却水箱是否有油珠冒出，如无气泡或油珠冒出，说明安装完好。

（2）安装缸盖

①必须按正确顺序和扭力矩上紧缸盖螺栓。

②对于单缸和双缸机，一般都是按对角线顺序，多缸机都是从缸盖的中间位置开始，对称交替地向四周逐一紧固。用扭力扳手分 2～3 次逐步拧紧。

142. 怎样拆装汽缸套？

（1）拆除旧缸套时，可轻轻敲击缸套底部，用手或用专用拉拔器取出。刮去汽缸体内的铁锈、污垢及其他杂物等，并用细砂布轻擦汽缸体与汽缸套的接合处，使其露出金属光泽。特别是与密封圈（防漏水用的橡胶制垫圈）接触的汽缸壁也必须光滑，使新换的密封圈，便于通过而不致因凸凹不平而漏水。

（2）装配新的汽缸套，在安装前应先将未装密封圈的汽缸套装入汽缸体内，将汽缸套压紧，检查汽缸套端面高出汽缸体顶面的距离。一般应高出汽缸体顶面 0.03～0.10mm。如此尺寸过大或过小，可调换汽缸套的紫铜垫片来调整，也可用刮刀修整汽缸体座面来校正。

（3）湿式汽缸套在压入前应装入新的涂有白漆的防漏水的橡胶密封圈。汽缸套与座孔的配合间隙为 0.03～0.10mm。

（4）湿式汽缸套因装入汽缸体时用力不大变形极小，缸套内径未受影响，因而通常可不再进行安装后的汽缸套内壁光磨加工。

143. 怎样选配缸套与活塞？

（1）购买新件时，要检查标准缸套与活塞的尺寸分组代号，装用的缸套和活塞必须使标准活塞的尺寸分组代号与标准缸套的尺寸分组代号相同，只有这样才能保证有标准的配合间隙。多缸柴油机，各缸必须装用同一分组代号的缸套和活塞。

（2）要注意装前检验缸塞间隙，为了保证装配标准，在装机前还应进行一次检测，以防假冒伪劣残次产品蒙混过关。多缸高速柴油机，还要注意各缸活塞组的重量差应在规定范围内。

（3）检测缸塞间隙，有条件的修理厂应用量缸表测量缸套内径尺寸（包括圆度、圆柱度），用外径千分尺测量活塞裙部尺寸，然后计算二者的直径差即为间隙。没有条件的可用长片厚薄规测量，方法是把活塞倒放入缸套上部（相当于上止点位置），然后把厚薄规同活塞一起推入缸套内，其方向垂直于活塞销孔方向，松紧度以只要稍用一点力便可将厚薄规拉出为合适。然后沿缸套圆周多测几个点，全都合格后再进行装配。缸套装入机体后，在装入活塞时，应再次复查缸塞间隙，以防缸套因向机体内安装时受挤压变形，影响实际装配间隙。

144. 汽缸套、活塞、活塞环为何严重磨损？如何预防与排除？

（1）原因分析

①经常添加硬水。如井水等，使冷却系统特别是汽缸套外表面形成厚厚一层水垢，散热不良，使活塞、汽缸套等产生过热而导致其早期磨损。

②曲轴连杆轴颈和主轴颈不平行或缸体变形。汽缸套中心线与曲轴中心线不垂直，造成汽缸套偏磨。

③进气管有裂缝或孔眼。进气管上通气孔接头丢失或塑料管丢失，大量泥沙、尘土等杂物随空气吸入汽缸。

④曲轴轴向间隙过大。

⑤连杆变形。连杆弯曲，使大小端孔中心线不平行；连杆扭曲，使大小端孔中心线不在同一个平面内；连杆双重弯曲，使活塞的中心线向一边偏移。这三种情况都将导致汽缸套、活塞、活塞环产生偏磨。

⑥空气滤清器失效，大量未经滤清的空气进入汽缸，或者空气滤清器滤清效果差，空气滤不干净，不干净的空气进入汽缸套，导致汽缸套、活塞、活塞环早期磨损。

（2）预防与排除方法

①检查机油状况，看其是否脏污，发动机是否润滑不良，如果有这些状况，则应按需更换机油，排除发动机润滑不良的故障。

②检查空气滤清器的技术状态。

a. 检查进气管与汽缸盖的连接是否牢固、漏气，通气管接头与塑料通气管的连接是否良好，橡胶密封垫圈处是否漏气，橡胶密封垫圈有无损坏或漏装，若损坏则应更换，若漏装，应重新补装上。

b. 检查空气滤清器油盘内油面的高度是否合适（油面高度应控制在油盘上的油面标记位置），对空气滤清器进行一次检查保养。

c. 空气滤清器检查保养后，应对进气系统做密封性试验。

d. 检查各零部件有无破损，若有，应进行焊修或更换新件。

③检查活塞与汽缸套。如果活塞与汽缸套一侧磨损严重，则应检查以下内容：

a. 连杆是否弯曲、扭曲或双重弯曲。若是，则用矫正工具进行矫正。

b. 检查曲轴连杆轴颈和主轴颈中心线是否平行。若曲轴弯曲严重，应更换新件。

④检查曲轴轴向间隙。如果间隙过大，曲轴在工作时会产生轴向窜动，导致活塞和汽缸套早期磨损；而间隙过小，又难保证曲轴受热膨胀后有伸缩的余地。因此曲轴必须有适当的轴向间隙。如195型柴油机曲轴轴向间隙一般为 $0.1\sim0.3$mm。

⑤检查活塞、汽缸套及水箱。如果活塞和汽缸套没有发生偏磨，应检查水箱内及汽缸套外表面水垢是否过厚，若水垢过厚，

可用 25％的盐酸溶液进行清洗。

⑥发动机在使用过程中应该使用软水。

⑦避免发动机长期超负荷工作，尽量不让发动机长时间怠速运转。

⑧检查活塞环的"三隙"（端隙、背隙、边隙）和弹力，如不符合技术要求，则应更换新件。

怀疑活塞环弹力不足时，可用同型号的标准新环，与被检查的旧环擦在一起垂直放置在桌面上，并使两环开口均处于水平位置，然后用一只手同时按压两环，若新环开口大小未变，旧环开口已合拢，说明旧环弹力不足，应更换；若两环开口几乎同时合拢，说明旧环弹性良好，可继续使用。

145. 怎样安装和检查活塞环？

(1) 安装要领　装拆活塞环要用专门工具，防止折断；活塞环需与对应的汽缸、环槽进行选配，不可错乱，按原厂规定检查弹力和漏光度；校准各项间隙。按活塞环的构造、形状、缺角方向及规定顺序安装，不可颠倒或装反。装上活塞环的活塞在装入汽缸前，需使各环口位置按活塞圆周均匀分布，以免漏气、窜油。活塞环开口的位置：若是 4 道活塞环，第一、二道环的开口都与活塞销中心线成 $45°$ 角，彼此错开 $180°$；如是 3 道活塞环，第一道环的开口应与活塞销中心线成 $30°$ 角，各道环彼此错开 $120°$。带环活塞装入汽缸时，可用铁皮做成圆箍将活塞环夹紧再用榔头木柄轻轻敲动活塞顶将其导入即可。

(2) 端隙的检查　端隙大小与汽缸直径有关，一般每 $100mm$ 汽缸直径，其端隙为 $0.25\sim0.45mm$。检查时将活塞环水平放入汽缸内，用厚薄规测量。若端隙小于规定值时应修锉环口端面，大于规定值时应更换活塞环。

注意：NT855、F6L912 型柴油机规定活塞环不允许修锉，如发现其端隙小于规定值，必须更换。

(3) 侧隙的检查　通用侧隙值：第一道气环为 0.035～0.08mm，其余各道气环为 0.035～0.7mm，油环为 0.03～0.06mm。检查时将活塞环放入环槽内，用厚薄规测量。侧隙过小时，可在有砂布的平板或专用设备上研磨，不允许加工活塞。

(4) 背隙的检查　活塞环背隙，通常用槽深与环的宽度之差表示，一般为 0.20～0.35mm。检查时可用游标卡尺分别测量槽深和环宽并算出背隙。

(5) 弹力的检验　在活塞环弹力试验器上检验，在活塞环开口的垂直方向施力，使其开口达到规定的端隙时，施力应符合柴油机的规定：6135K 型柴油机气环的为 15.23～23.22N，油环的为 23.52～30.38N；F6L912 型柴油机气环、油环的均为 16.66N。如无弹力试验器，可用前述新旧环比较法进行检查。

(6) 漏光度的检验　将活塞环平放于汽缸内，盖住环的内圆，在汽缸下部放置光源，观察活塞环与汽缸壁的密合情况。

活塞环漏光弧长所对应的圆心角，每处不得大于 25°，同一根环漏光弧长所对应角度的总和不得大于 45°；在靠近活塞环开口的两侧各 30°范围内不允许漏光（开口处附近易磨损漏气）。

146.　怎样拆卸活塞连杆组？

以单缸卧式柴油机为例。

(1) 从机体内拆出活塞连杆总成　在拆下汽缸盖总成的前提下，按下列顺序进行：

①放净油底壳机油。

②拆下机体后盖。

③拆下连杆螺栓锁紧铁丝。

④拧下连杆螺栓，拆下连杆盖及连杆下瓦片，如图 3－38所示。

⑤转动曲轴至适当位置，用手锤把顶动连杆大头，将活塞连连杆总成从缸套上方取出来，如图3-39所示。

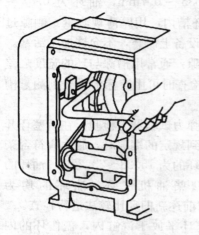

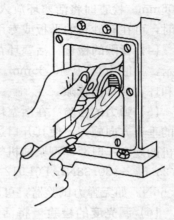

图3-38　拆卸连杆螺母　　　　图3-39　推出活塞连杆组

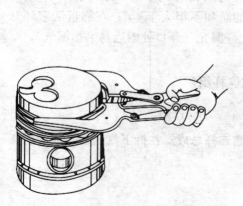

铁丝圈

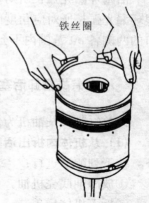

图3-40　用专用工具拆卸活塞环　　图3-41　用手拆卸活塞环

（2）拆卸活塞连杆总成

①拆卸活塞环。用专用工具将活塞环从活塞上自上而下逐一

拆下，如图 3 - 40 所示。如
果没有专用工具，可用手
直接将活塞环拆下，如图
3-41 所示，但要注意：活
塞环张口要适度，否则会
掰断活塞环。

②拆卸活塞销。用尖

图 3 - 42　拆活塞销

嘴钳子拆下活塞销卡簧，
把活塞放在开水中煮 5～10min 后取出，用圆头金属棒或木棒顶
住活塞销，用锤子轻击，便可拆下活塞销，如图 3 - 42 所示。注
意：在不加热活塞的情况下，不能把活塞销硬打下来。

147.　怎样维修活塞连杆组?

（1）**检修活塞**　观察活塞顶部是否有裂纹，活塞环槽是否有
损坏，卡簧环槽是否完好，活塞销孔是否有紧度，若有一处不符
合要求，则需更换新活塞。

（2）**检修活塞环**　活塞
环的检查项目有开口间隙和
边间隙。当活塞环的开口间
隙、边间隙超过极限值时，
就不能再用了。更换新活塞
环时，也要测量活塞环的两
个间隙。如果开口间隙过小，
可用细锉刀锉削环口，如图

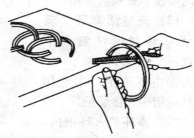

图 3 - 43　用锉刀修理开口间隙

3-43 所示；如果边间隙过小，可在细砂布或油石上研磨。

（3）**检修连杆轴瓦**（轴承）　连杆轴瓦的修理以换件为主，
新换的轴瓦间隙过小时可进行刮研。

（4）**检修活塞销与衬套**　主要是检查两者配合间隙是否合

适。当配合间隙超过极限值时，应更换衬套。

（5）检修连杆　一般情况下，连杆不易损坏。如果使用不当，会产生杆身变形。杆身变形后会影响其他的零件，加速磨损，所以如果连杆变形，则应更换连杆。

148. 怎样装配活塞连杆组？

在装配前，应将零件在干净柴油中清洗干净，按下列顺序进行装配。

（1）安装活塞销

①把活塞在开水中加热 5～10min。

②把活塞销涂上机油，把连杆小头插入活塞销座之间，把活塞销一端的轴向限位卡簧装入环槽，把活塞销用手推入或用专用工具导入。注意：活塞与连杆小头安装是有方向要求的，安装时应注意记号。

③把活塞销另一端的轴向限位卡簧装入环槽。

（2）安装活塞环　安装活塞环时应注意以下几点：

①由下而上，用专用工具或用手直接装配。

②活塞环装入环槽内，涂上适量机油，各环开口应错开相应的角度，如图3-44所示。

③安装活塞环时应注意有标记的面向上。

④装配扭曲环时，应使内口边有切口的扭曲环向上，外口边

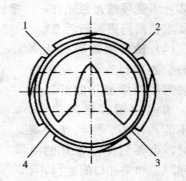

图3-44　活塞环开口布置示意图
1. 油环开口处　2. 第一道气环开口处
3. 第三道气环开口处　4. 第二道气环开口处

有切口的扭曲环向下，如图 3 - 45 所示。

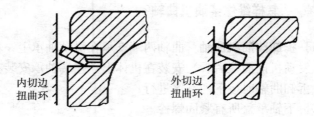

内切边
扭曲环

外切边
扭曲环

图 3 - 45 扭曲环的装配

**（3）活塞连杆总成
向汽缸套内装配**

①把连杆瓦的上瓦
片装入连杆大头，涂上
机油，然后把活塞连杆
组装入汽缸内（汽缸内
已涂有机油），用铁皮
夹圈夹住活塞环，如图
3 - 46 所示。用锤把敲
击活塞顶部使活塞进入
汽缸（把曲轴转至适当
位置），使连杆大头轴
瓦落入轴颈上。

②安装连杆盖。把
下瓦片装入连杆盖内，

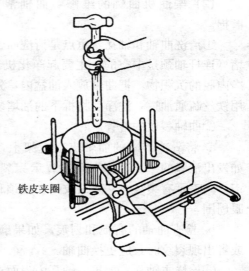

铁皮夹圈

图 3 - 46 向汽缸内安装活塞连杆组

并涂上机油，然后把连杆盖装入连杆大头（注意：连杆盖有记号
的一侧要与连杆大头有记号的一侧相对）。在拧连杆螺栓时，不
要一次就把其中的一个螺栓拧到规定力矩，而应将两个螺栓交替
分 2～3 次拧到规定力矩。

③装防松铁丝。连杆螺栓拧紧后，需用铁丝将两个连杆螺栓
锁紧。

149. 怎样维修柴油机曲轴?

(1) 拆卸柴油机曲轴 曲轴两端支承在滑动轴承上,右端轴承(从发动机前面往后看)安装在机体上,左端轴承安装在轴承盖上。拆卸曲轴时按下列顺序进行:

①拆下轴承盖所有紧固螺栓。

②取下轴承盖,小心取下曲轴。

(2) 柴油机曲轴的维修 曲轴常见的损伤有裂纹、轴颈磨损。

①清洗曲轴和轴瓦,重点是清洗曲轴。拆下曲轴连杆轴颈油堵(连杆轴颈是中空的,主要起净化机油的作用),用金属片刮净内腔的沉积物,把曲轴放入油盆内,先用毛刷清洗内腔,然后用铁丝疏通油道,洗净后将拆下的油堵装好。

②曲轴裂纹的检查。

a. 将清洗干净的曲轴支在支架上,用榔头敲击各曲柄臂,如发出清脆的"当、当"声,表示无裂纹;如发出嘶哑的沉闷声,则表示有裂纹。一般裂纹处在轴颈和曲柄的连接处及润滑油眼周围。

b. 检查曲轴的磨损和划痕。如果磨损严重、有较大的划痕或者出现裂纹时,应更换曲轴。

③检修主轴瓦。如果主轴瓦内表面有严重的刮伤、剥落、烧伤和凸凹不平现象,应更换新轴瓦。

150. 怎样装配柴油机曲轴及飞轮?

装配前把所有的零件清洗干净,按下列顺序装配。

(1) 装配主轴瓦 把轴瓦从机体内侧装入,轻轻敲击轴瓦,当瓦口平行进入机体瓦孔 1/4 时,再垫上硬木块,用锤子向内敲击轴瓦，直至到位。

（2）装配曲轴　把曲轴轴颈及轴瓦涂上适量干净机油，将曲轴从机体左侧孔中插入，并使前端进入轴承内，拧紧轴承座螺栓。

（3）安装曲轴油封　油封经拆卸后，最好换新件。油封为单向自紧油封，安装时应使油封有标记字样的一面朝外，不能装反。

（4）检查曲轴转动情况　曲轴装好后，应进行转动试验，检查其是否运转灵活、均匀。

（5）装飞轮　将曲轴及飞轮孔擦干净，涂上机油，装好飞轮，用专用扳手拧紧螺母。

（6）安装皮带轮。

151.　怎样维修凸轮轴和正时齿轮？

（1）拆卸凸轮轴和正时齿轮　拆卸齿轮室和凸轮轴时，按下列顺序进行：

①拆下喷油泵、高压油管、进油管和油门连接杆件。

②松开齿轮室盖固定螺钉。

③取下齿轮室盖（此时喷油泵及调速器杠杆仍固定在齿轮室盖上）。

④拆下凸轮轴及齿轮，拆凸轮轴时如果费力，可适当转动飞轮后，再拆下凸轮轴，同时取下挺柱。

⑤拆下平衡轴齿轮。

⑥拆下调速器零件及齿轮。

（2）清洗拆下零件。

（3）凸轮轴的维修　凸轮磨损后，会使气门开度减小，导致进气不足和排气不净，影响发动机的功率。凸轮轴的磨损主要有两个位置（图 3 - 47）：一是凸轮顶端，二是凸轮轴轴颈。S195

柴油机的凸轮高度 96.75mm，当顶端磨损超过 0.75mm 时，应更换凸轮轴；当凸轮轴轴颈与衬套配合间隙大于 0.25mm 时，应更换衬套或凸轮轴。

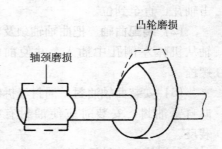

图 3-47　凸轮轴磨损部位

凸轮高度磨损的检查方法为：用卡尺测量凸轮高度，并与凸轮的标准值相比较，两者的差值即为凸轮的磨损量。

凸轮轴轴颈与衬套的配合间隙，可用经验法检查：把凸轮轴插入衬套内，用手上、下扳动凸轮轴，允许有微量旷动，当旷量较大时，应更换衬套。

（4）正时齿轮的维修　正时齿轮一般不易损坏，当齿侧间隙超过 0.5mm 时，应成对更换。齿侧间隙的测量方法有测量法和经验法。

①测量法。将齿轮装入原位，把保险丝砸扁，放入两啮合齿的齿侧之间，然后转动齿轮（图 3-48），取出保险丝，用卡尺测量被轧保险丝最薄处，即为齿侧间隙。

图 3-48　检查齿侧间隙

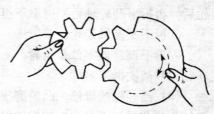

图 3-49　经验法检查齿轮磨损

②经验法。在装配状态下，两手各握住一个齿轮，其中一手固定齿轮，另一只手上、下转动齿轮（图3-49），如果感觉有旷动，说明齿侧间隙过大，应更换齿轮。

152. 怎样装配凸轮轴和正时齿轮？

（1）曲轴齿轮的装配　曲轴齿轮的正时记号应向外。把键放入键槽内，将齿轮对正，用小锤轻敲几下齿轮，当键入槽后，在齿轮外侧垫上硬木块，用锤子往里打至到位。

（2）安装凸轮轴齿轮　凸轮轴齿轮与轴为键连接，一般不需拆下。把凸轮轴轴颈涂上机油，从机体右侧推入，在推入过程中若感觉有阻力，可将凸轮轴转动一个角度再推入。

（3） 安装调速齿轮、平衡轴齿轮和启动齿轮时，各正时记号要对好。S195柴机正时齿轮的装配如图3-50所示。

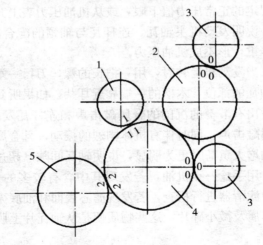

图 3-50　S195 柴油机正时齿轮的安装
1. 曲轴齿轮　2. 启动齿轮　3. 平衡轴齿轮
4. 调速齿轮　5. 凸轮轴齿轮

（4）安装正时齿轮室盖及油封

注意：安装齿轮室盖时，调速器杠杆叉槽要插在柱塞调节臂头上，调速器杠杆短臂槽应插入调速器轴上推力轴承的端处。

（5）装上高压油管和低压油管。

（6）调整凸轮轴轴向间隙。

153. 怎样判断柴油机轴瓦间隙过大？

当发动机轴瓦配合间隙超过使用极限值时，进入轴瓦里的润滑油很快流失，发动机运转时不仅会产生严重的敲击声和功率下降，而且极易发生烧瓦事故。因此，及时发现和更换磨损严重的轴瓦十分必要。

一看。在机油泵等润滑系各部件工作正常，使用的机油符合当地气候、季节要求的情况下，发动机的机油压力在额定转速下长期低于规定的正常压力值下限，或从机油压力表上几乎反映不出压力时，说明发动机主轴瓦、连杆瓦与轴颈的配合间隙过大，机油泄漏严重，形不成机油压力。

二听。当发动机运转时，用一把长的螺丝刀，一端触及发动机体接近轴瓦的部位，木柄的一端靠近耳朵，如果听到曲轴撞击主轴瓦而发出有节奏的沉闷的金属敲击声和连杆瓦发出的"哐、哐"的金属敲击声，同时伴有机体剧烈的振动，且金属敲击声在突变油门和增大负荷时更为明显，说明轴瓦间隙已超过极限。

三捻。用手捻一点机油，若发现其中含有较多的合金碎末，或拆下机油滤清器进行检查，若发现滤芯表面和油底壳里含有大量的合金碎屑及微小碎片，这些物质便是从轴瓦片上脱落下来的合金。

四晃。这种方法适用单缸柴油机。双手抓住飞轮上下用力晃动，用以鉴别主轴瓦的配合间隙是否过大，若间隙正常就没有晃动感，若有晃动感觉，说明主轴瓦间隙过大。

只要出现上述四种异常现象之一时，就可认为是主轴瓦、连杆瓦的配合间隙过大，应及时停车，予以修理。

154. 气门漏气的原因是什么？如何排除？

（1）由气门与气门座引起

①气门头部接触环带或气门座接触不良，接触环带部分有斑点和积炭，或与气门接触角度不符合要求，导致气门与气门座密封不严而出现漏气现象。

②气门杆积炭过多，气门往复运动不灵活，影响气门及时复位密封，而造成气门漏气。

③气门间隙过小或发生其他机械故障，造成气门杆变形，气门杆与其环带部分不同心，而造成漏气。

④喷油泵发生故障，导致喷油器雾化不良及喷油时间过晚，造成对气门与气门座接触环带部门的烧损，而影响气门的密封性。

（2）由气门导管引起

①因气门导管的折断和气门杆与导管之间的磨损，其配合间隙超过规定的标准极限值，失去了导管对气门的导向作用，使气门在工作中左右摇摆，导致气门漏气。

②气门导管压入汽缸盖导管孔的紧度超过技术标准要求，或导管内有严重积炭，而影响气门的正常复位，造成气门漏气。

（3）由气门弹簧引起

①弹簧因长期使用弹性减弱，自然磨损也会使气门弹簧的自由高度不足。

②气门弹簧疲劳。当气门关闭时，气门弹簧使气门复位密封的预紧力度小，使气门密封性变差，引起气门漏气。

③气门弹簧垂直度超过允许范围，在工作时，气门弹簧迫使气门杆在导管内产生偏磨，结果会加速导管与气门杆的磨损，造

成气门密封不严而漏气。

（4）由气门弹簧座、锁夹引起

①由于气门弹簧座及气门锁夹内外锥面的磨损。使气门弹簧安装的自由高度增大，从而使气门弹簧的预紧力相对减弱，造成气门密封不严而漏气。

②由于受气门摇臂侧压力的影响，有些机型的气门弹簧出现单边磨损，气门弹簧与汽缸盖的垂直度被破坏，气门弹簧迫使气门杆在导管内靠向一边，造成严重偏磨，使气门密封不严而漏气。

（5）由减压间隙过小造成　减压间隙调整得过小，其间隙与该机型所规定的技术要求不相符。因此，当发动机温度升高时，由于气门和减压机构零件受热膨胀顶开了气门，造成气门关闭不严而漏气。

排除气门漏气故障应采取以下措施：

（1）及时清除气门与气门座上的积炭，按技术标准修复研磨气门。

（2）如果气门与气门座烧损较严重，要及时更换。

（3）认真检查气门弹簧和锁夹，若需要更换的要及时更换。

（4）仔细检查气门间隙，并按规定值进行调整。

155. 怎样检验气门密封性？

（1）在研磨好的气门锥面上，每隔 4～5mm 划一垂直于接触带的铅笔线，如图 3-51 所示。然后插入导管，使其与座接触，并转动 1/8～1/4 转，取出察看铅笔线迹，该线迹应全部被接触带切断。否则需重新研磨。

（2）采用图 3-52 所示的气密性检验器，以橡皮球向气筒内打入 60～70kPa 的压力。如在 30s 内压力值无下降趋势，即为合格。

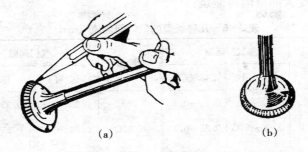

（a）　　　　　　　　　　　　（b）

图 3 - 51　气门密封性的检验

（a）用铅笔在锥面上划线　　（b）试配后线条全被割新

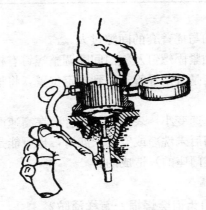

图 3 - 52　气门密封性的检验仪器

（3）将气门组装到气门座内后，向气道内倒入煤油或柴油，5min 内气门密封带不得有渗漏现象。

156. 气门间隙为什么会自动变大或者变小？

几种柴油机的气门间隙值见表 3 - 6。

有些气门间隙调整好后，工作时间很短，甚至不到几个小时，气门间隙就明显变化了，有的变大，有的变小。造成气门间隙迅速变大的原因可能是：

表 3-6　几种机型的气门间隙值（mm）

机型	气门间隙		机型	气门间隙	
	进气门	排气门		进气门	排气门
285	0.25～0.30	0.30～0.35	480	0.20～0.25	0.25～0.30
TY295Q	0.30～0.35	0.35～0.40	N485Q	0.20～0.25	0.25～0.30
375Q	0.20～0.25	0.25～0.30	490Q	0.25～0.30	0.30～0.35
380	0.20～0.25	0.25～0.30	480Q	0.30～0.35	0.35～0.40

（1）摇臂轴与摇臂套的间隙过大。

（2）摇臂轴紧固螺钉及气门间隙调整螺钉有松动或滑丝。

（3）也可能是气门导管未下到规定位置，将推杆顶弯了或将摇臂顶开裂了。

气门间隙迅速变小，表明气门磨合面在高速磨损，可能是存在磨料研磨气门后未洗净或空气未滤清，也可能是汽缸盖材质太松软（指不镶气门座的）造成的。

157. 气门为何会烧损？怎样预防？

气门烧蚀主要是由于不合理使用造成的。发动机长时间在大负荷条件下工作，超过设计限度，会引起气门早期磨损；同时，还会引起汽缸盖、气门座和气门导管变形，破坏气门的密封性，影响气门散热，使气门烧蚀。此外，发动机高温易引起润滑油、燃油氧化聚合和分解，在气门头和气门杆形成胶状沉积物，使气门密封面腐蚀，并使气门漏气、烧蚀。在使用中，应防止发动机长时间大负荷工作。维修时应及时清除积炭，密封不良要及时研磨，气门间隙过小应按标准进行调整。

158.　气门为何会产生积炭?

(1) 燃油雾化不良。

(2) 空气滤清器失去作用。

(3) 在油浴式空气滤清器中,加入机油过多。

(4) 气门导管有喇叭口或导管被磨成椭圆形。

(5) 燃油质量不好,含有多量的胶质。

(6) 汽缸窜油。

(7) 机油的黏度过稀或加注得过多。

159.　怎样研磨气门?

柴油机在使用过程中,若气门与气门座之间的密封锥面损坏严重,造成漏气的,就需要修磨。

修磨前应先清理气门、气门座与气门导管表面的积炭及其他污渍,并清洗干净。检查气门导管与气门杆部之间的配合间隙,使它合格。在此基础上,才能车或磨气门锥面,并铰削气门座锥面,然后进行研磨;若密封锥面损坏较轻的,可直接研磨。研磨方法如下:

(1) 在气门锥面上涂一层薄薄的粗研磨砂(凡尔砂)或沿锥面均匀地点几点粗研磨砂,将气门杆上涂一层润滑油插入气门导管内。最好用一软垫套在气门杆上,防止研磨时研磨砂漏到气门导管内,破坏了气门杆和气门导管之间的配合。

(2) 用研磨专用工具的皮碗吸住气门大头平面,手搓工具木杆,边左右转动、边上下拍打,并适时地向一个方向转动一下气门,使研磨均匀。

(3) 待研磨出一个完整无缺陷的环带后,清洗粗研磨砂,换上细研磨砂,重复上述研磨动作,直到研磨表面出现一条整齐无光泽的灰色环带为止。环带宽度不宜超过 2mm。

（4）彻底清洗研磨砂后，一定要在气门锥面上涂一层清洁的润滑油，再研磨几分钟才算结束。研磨后的气门与气门座必须成对配套使用，不可互换。

160. 怎样正确铰削气门座?

当接触密封带磨损变宽并超过 3mm 以上，接触带出现浅蚀坑，且用研磨法不能消除时，或气门座摆差过大，接触带不完整或有轻度烧蚀沟槽时，应重新铰削气门座锥带。

气门座锥带形状如图 3－53a 所示，其铰削顺序如图 3－53b 至图 3－53e 所示。

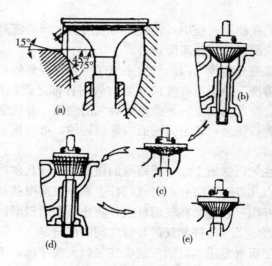

图 3－53　气门座的铰削

（a）气门座锥带形状（以 45°为例）　（b）铰削主锥带
（c）修整主锥带上边缘　（d）修整主锥带下边缘　（e）用细刃铰刀精铰主锥带

具体操作方法如下：

（1）根据气门导管内径选择铰刀导杆，导杆以能轻易推入导管孔内、无旷量为宜。

（2）把砂纸垫在铰刀下，磨除座口硬化层，以防铰刀"打滑"。

（3）先用与气门锥角相同的铰刀铰主锥带，以清除蚀坑和变形，直至出现宽度达 2mm 以上的完整锥带为止。铰削时两手用力要均匀，沿周边平稳铰削。

（4）用相配的气门试接触带。在座上涂色后，气门锥面上的正确印迹如图 3-53a 所示。若如无满意的结果，应做下述调整：

当接触面偏上时，宜加大 15°铰刀铰量。

当接触面偏下时，宜加大 75°铰刀铰量。

对于新气门的座圈套，此带应偏向气门锥带的下方，距下缘 1mm 为宜。

达到上述要求后，再用细刃铰刀重铰一次，以此提高锥面的精度。然后，在铰刀下垫 00 号细砂布磨修，使其达到较高的光洁度。

161. 怎样正确磨削气门座？

有些气门座的材质十分坚硬，不能铰削，应代之以磨削。常用磨削工具如图 3-54 所示。

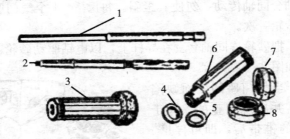

图 3-54　气门座的磨削工具

1. 带锥度的导杆　2. 胀开式导杆　3. 装好的磨轮　4. 螺母

5. 垫圈　6. 磨轮轴套　7. 60°砂轮　8. 45°砂轮

操作步骤如下：

（1）首先，清洗汽缸盖（或汽缸体）。

（2）选择合适的导杆插入导管内，使其既能推入又无间隙。也可选用有微小锥度或胀开式的导杆，以便卡紧导管内孔。在磨座时，导杆不旋转。

（3）选用与所磨气门座角度和尺寸符合的磨削工具。砂轮直径应比气门头部直径大 3mm 为宜。对于 45°锥角的气门，应选用角度为 30°、45°和 60°的砂轮一组 3 个。对于 30°锥角的气门，应选用角度为 15°、30°和 45°的砂轮一组 3 个。也可只采用 45°（或 30°）砂轮，而另用不同锥角的铰刀代替其他砂轮。如图 3-55 所示。

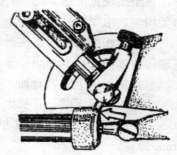

图 3-55　砂轮的修磨

（4）将砂轮装在砂轮轴套上。

（5）修磨砂轮。把装有轴套的砂轮放在修整砂轮架上，并调好修磨角度，以电钻驱动磨轮，上下移动金刚石，每次修磨量不超过 0.025mm，直至出现平整的砂轮锥面为止。注意：电钻应与砂轮轴套同轴传动，勿使其歪斜。每磨 3～4 个气门座后，即应修磨砂轮一次。

（6）把砂轮连同轴套套在导杆上，以电钻驱动砂轮轴磨削气门座，如图 3-56 所示。

（7）当气门座的表面缺陷已消除，并出现完整的、大于 2mm 宽的锥带后，即可停磨。每磨 1～2s 后，即应提起砂轮，察看锥带一次。磨削时，手应握住电钻，勿使其全部重量压

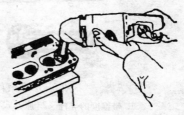

图 3-56　气门座的磨削

在砂轮上。因为只有保证砂轮高速旋转，才能获得较高的锥面质量。

（8）用浅色彩笔涂抹新磨出的锥带，以利于观察下一步锥带宽度的变化。

（9）用另一砂轮减窄锥带，使锥带偏于气门锥面下缘。进气门锥带宽度：1.2～1.8mm；排气门锥带宽度：1.5～2.0mm。

（10）拔下导杆，以其相配气门试配。提起气门，上下轻拍几次气门座，并观察气门锥面，其上应留有 1/4～1/3 锥带宽度的接触线。并且，此线应由座口上缘形成。

（11）用百分表检查气门座锥面，重磨后，对于导管的同轴度，其允许摆差值在 0.05（排气门）～0.10mm（进气门）范围内。

（12）按照上述方法磨削全部气门座。

162. 气门弹簧为何易折断？有何症状？如何检查？

（1）原因　一般气门弹簧折断的原因是使用日久，已到达了其使用寿命的限度。有时因材料不好，也会过早折断。弹簧的材料为 0.5%～1.0% 的碳钢，良好者则用合金钢制造。若所用材料不合规格，热处理不当，加工不良或表面有磨点、裂纹等，都可造成气门弹簧寿命的缩短。

气门弹簧的寿命与发动机的转速有很大关系，因为发动机的转速过高或超出了气门弹簧的临界速度，就可使弹簧内部发生极高的危险应力而造成折断。为了防止这种情况的发生，有些农用车气门弹簧各圈间的距离略有不同，称为非等节距弹簧，一端圈间距较密，在安装时应注意较密的一端在上面。如果使用高频率（频率为每分钟振动的次数）弹簧、双重气门弹簧也可避免剧烈振动现象（称为共振现象）的发生。

在车辆行驶中车速不可过快，不宜猛踩加速踏板。在严寒时金属的性能较脆，发动机的转速对其影响就更大了。

顶置式气门在气门弹簧断裂时，气门会掉入汽缸而损坏缸体和活塞，必须经常检查或设置保险装置，以防弹簧折断时气门脱落。

(2) 症状　气门弹簧折断时，会产生一种连续而杂乱的金属敲击声。一般在怠速时，排气管均无反映；中速时，有时空气滤清器回火或排气管"放炮"。

(3) 检查方法　将气门室盖拆下，凭听觉或目力观察，或用螺丝刀撬动气门弹簧。如果弹簧折断，便可及时发现。

163. 排气管为何冒黑烟？如何排除？

(1) 现象　柴油车排气呈黑色烟雾，尤其是在加速、爬坡或启动时，所排黑色烟雾更为浓重。

(2) 原因分析　燃油的主要化学元素是碳和氢，如果汽缸内在缺氧的条件下燃烧，会造成燃烧不完全，使一部分未燃烧的碳元素形成游离碳，随废气一起排出成为黑色烟雾。

柴油机排黑烟的主要原因如下：

①空气滤清器严重堵塞，造成进气量不足。

②喷油泵循环供油量调整过大或各缸供油不均匀度过大。

③喷油器喷雾质量不佳或喷油器滴油。

④供油时间过晚。

⑤汽缸工作温度过低或压缩压力不足。

⑥柴油质量低劣。

⑦经常在超负荷下运行。

⑧机油进入燃烧室过多。

⑨校正加浓供油量调整过大。

(3) 排除方法

①减轻负荷，清除燃烧室积炭。

②增加喷油泵调整垫片，使供油提前角符合规定。

③清除喷油器积炭，调整喷油压力或更换新的出油阀副。

④研磨气门，修复或更换汽缸套、活塞、活塞环。

⑤调整喷油泵供油量，更换符合规定的燃油；清洗空气滤清器，清除消声器积炭。

164. 排气管为何冒白烟？如何排除？

（1）现象　柴油车排气呈白色烟雾。

（2）原因分析　柴油车排白烟，是柴油机汽缸内柴油蒸气未着火燃烧或柴油中有水造成的。当汽缸内的柴油经过雾化、蒸发与空气形成可燃混合气而未能着火燃烧时，可燃混合气呈白色烟雾状；水在汽缸内形成的水蒸气也呈白色烟雾状。柴油机排白烟的主要原因如下：

①柴油中有水或汽缸进水，因汽缸衬垫烧蚀、缸盖或湿式缸套裂纹漏水等原因造成。

②汽缸工作温度过低或汽缸压缩压力不足。

③喷油器喷雾质量不佳。

④喷油泵供油时间过晚。

⑤柴油质量低劣或选用牌号不符合要求。

（3）排除方法

①清洗或更换喷油器，调整喷油压力。

②清除油箱和油路中的水分。

③不用劣质柴油。

④更换汽缸垫、汽缸套、汽缸盖。

165. 排气管为何冒蓝烟？如何排除？

（1）现象　柴油车排气呈蓝色烟雾。

（2）原因分析　柴油车排蓝烟，是柴油机机油进入燃烧室形成蓝色烟雾所致。排蓝烟的主要原因如下。

①柴油机油底壳内机油油面过高。

②油浴式空气滤清器内机油油面过高。

③由于汽缸间隙过大、汽缸漏光度过大、活塞环磨损过甚、活塞环弹力过小、活塞环弹力过小、活塞环对口或活塞环装反等原因造成汽缸上窜机油严重。

④进气门与其导管松旷。

⑤机油黏度过小。

（3）排除方法

①新车或大修后的发动机都必须按规定磨合，使各部零件能正常配合。

②看清楚装配记号，正确安装活塞环。

③调换标准或加大尺寸的活塞环。

④查清油底壳油面升高的原因，放出油底壳多余的机油。

⑤减少滤清器油盘内机油。

⑥更换气门导管。

166. 怎样调整 S195 型柴油机减压机构？

减压机构的调整应在气门间隙调好后进行。减压机构调整后应能达到如下要求：当扳动减压手柄至减压位置时，进气门能开启，起减压作用，但当活塞上行时气门不能与活塞顶碰撞；松开减压手柄，进气门能自动回位。

减压机构的调整步骤如下（图 3 - 57）：

（1）松开锁紧螺母。

（2）用开口扳手拧转减压座，借助减压座外圆与孔的偏心，调减压轴端部平面与摇臂头之间的距离。如果扳动减压手柄时感觉没劲，说明减压过小（气门开启程度不够），这时可将减压座

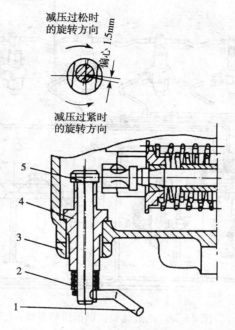

图 3-57 调整减压机构

1. 手柄 2. 减压器手柄弹簧 3. 螺母
4. 减压座 5. 减压轴

顺时针方向转动一个角度；反之，将减压座逆时针方向转动一个角度。

（3）调到符合要求后，将锁紧螺母拧紧。

167. 柴油机燃油供给系由哪些部件组成？各有何功用？

燃油供给系由柴油箱、柴油粗（细）滤清器、输油泵、喷油泵、喷油器、调速器、油管及燃烧室等组成，如图 3-58 所示。根据柴油机的工作要求，定时、定量、定压地将雾化质量良好的干净燃油迅速喷入汽缸，并通过燃烧室的作用使其与空气充分混合和燃烧。

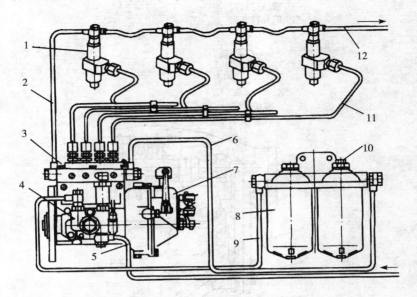

图 3-58　四缸柴油机燃油供给系统

1. 喷油器　2. 喷油泵回油管　3. 手油泵排气螺栓　4. 输油泵
5. 输油泵进油管　6. 喷油泵进油管　7. 喷油泵调速器总成　8. 柴油滤清器
9. 滤清器进油管　10. 放气螺栓　11. 高压油管　12. 喷油器回油管

　　油箱内的柴油从油箱沿油管经柴油滤清器滤去油中杂质后，经输油泵（单缸机没有输油泵，而多缸机输油泵一般安装在喷油泵侧面，靠喷油泵凸轮轴上的偏心轮驱动）进入喷油泵。在喷油泵的作用下，将低压柴油变为高压柴油，经高压油管和喷油器按照要求的时间和油量，使燃油成雾状喷入汽缸。

　　供油系分为低压油路和高压油路。低压油路一般包括柴油箱、输油泵、柴油滤清器及连接它们的油管，其作用是保证油路中柴油的正常流动，并以一定的压力向喷油泵输送足量、洁净的燃油。高压油路一般包括喷油泵、高压油管及喷油器等。根据柴油机的不同工况，定时、定量、定压、迅速地将雾化质量良好的燃油喷入汽缸。

（1）柴油机滤清器　在燃油进入喷油泵之前，对其彻底过滤，以清除其中的机械杂质和水分。一般柴油机上都设有粗、细两级滤清器。

（2）输油泵　其功用是克服柴油通过滤清器受到的阻力并使其产生一定的输油压力，保证连续不断地向喷油泵输送足量柴油。

（3）喷油泵　喷油泵将产生的高压柴油，按柴油机工作顺序、负荷大小，定时、定量、均匀地通过喷油器供给各汽缸。

（4）喷油器　喷油器的作用是将喷油泵送来的高压柴油雾化，并按一定要求喷射到燃烧室中，以形成良好的可燃混合气。对喷油器的一般要求是燃油雾化均匀，喷射利落干脆，且无滴油现象，油束的压力、形状及方向应符合规定的技术要求。

（5）调速器　在规定的转速范围内，根据外界负荷的变化自动调节循环供油量，来维持柴油机稳定运行。

168. 柴油供给系的使用应注意什么？

（1）燃油未经沉淀不能加入油箱　有些人对燃油不经仔细沉淀就加入油箱，这将造成三大精密偶件使用寿命大大缩短。因为这些精密偶件精度是很高的，配合间隙只有 $0.002\sim0.003$mm左右；由于燃油在储运过程中混有一定的机械杂质，会引起磨料磨损，导致启动困难，排气冒黑烟，功率下降，油耗增加。

（2）不能在尘土飞扬的环境中加油　有些驾驶员在尘土飞扬的室外加油，使不少灰尘杂质随风飘进燃油中，污染油料，同样会加速三大精密偶件的磨损。因此在室外加油时，最好采用密封加油法，在加油时应避开尘土飞扬的环境。应在头天收车后加油，使燃油得到进一步净化。

（3）加油工具未经清洗不能使用　有些人加注燃油时，加油桶、油抽子等不经清洗就使用，使灰尘杂质混入燃油里，加剧三大精密偶件的磨损。因此在加油前，要对加油工具进行清洗；而且要采用专用油抽子、加油桶，以免水分与杂质污染燃油。

(4) 加油时不能拿掉油箱滤网　在添加燃油时，特别在冬季气温较低，燃油黏度较高时，有的人心急图快，往往将油箱的滤网拿掉，这样燃油中的机械杂质不经过滤直接进入油箱，将增加柴油粗细滤清器的负担，易引起堵塞，另外也易加速三大精密偶件磨损，因此，在加油时不能拿掉油箱滤网。另外，为了加强过滤，可在加油漏斗上加一层绸布或铜丝网，防止杂质进入油箱。

(5) 要定期清洗柴油粗细滤清器　不定期清洗柴油滤清器，甚至长期不清洗，直至发现柴油机严重冒黑烟，才去清洗，会造成发动机功率不足，而且引起汽缸积炭。因此必须定期清洗柴油粗细滤清器。

正确的清洗滤清器的方法是用毛刷顺着滤芯纹路刷洗。另外，最好用打气筒，将滤芯一头堵住，另一头放在柴油中吹洗。

(6) 不能用明火烤低压油路　冬季气温较低，燃油黏度较高，流动性较差，甚至有冻结现象，造成启动困难。但严禁用明火烤低压油路。正确的做法是冬季收车后，用破棉絮盖在发动机上，这样既可保持发动机一定温度，燃油不易冻结，又便于第二天的启动。另外，可建个简易车棚，收车后及时入库，是保温的有效方法之一。

(7) 不能长期不放沉淀油　必须定期放掉细滤清器底部沉淀油，长期不放沉淀油，会使柴油细滤清器底部杂质及水分增加，增加细滤清器负担，同时加速三大精密偶件磨损。

169.　如何检查调整喷油泵？

检查喷油泵的工作是否正常，首先要在停车时检查出油阀的密封情况。检查方法是：把喷油泵端的高压油管接头拆下，把调速手柄（俗称"油门"）放到停车位置，观察是否从出油阀紧座中往外渗油。若有柴油渗出，说明出油阀密封不严，其原因可能是油中的赃物将出油阀密封锥面磨伤或在密封锥面上垫有赃物。若是因为赃物垫在密封锥面上，则可拧松出油阀紧座，利用油流冲洗出油阀密封锥面；若确属出油阀损伤，则应更换新的出油阀偶件。如果在观察时，没有柴油渗出，说明密封良好，即可装上高压油管，将调速手柄放在最大供油位置，转动柴油机曲轴，使喷油泵工作。待高压油管充满柴油时，装上一个喷油器，也可用车上原有的喷油器。然后摇转曲轴，观察喷油器的喷油情况，假如喷油器能喷油，说明喷油泵没有问题；假如喷油泵不喷油，说明柱塞磨损，需要更换。

注意：当喷油泵出现故障，确实需要修理时，应由熟悉喷油泵工作原理和构造的人员或到专业修理厂进行修理。用户一般缺少必要的试验台及其他试验检查设备，所以自己不要随便修理。

拆卸喷油泵最重要的是要保持干净。尤其是出油阀偶件和柱塞偶件，制造精度非常高，不能碰擦损伤，不要接触污物，也不要用手摸它的精密配合面。拆下后应放在清洁的柴油中清洗干净并成对装好放置。这些偶件都是经过研磨后选配成对出厂的，更换时必须成对更换。

装配时要注意各零件的相对位置，各运动部件的滑动必须灵活。

对拆卸后的喷油泵还可以用不同的简易方法进行检查。柱塞偶件可用观察法、滑动法和密封试验法进行简易检查。

观察法是用肉眼或放大镜观察柱塞头部停供斜边及进、出油孔附近，如发现有明显的沟痕、刮伤时应更换。

滑动法是将柱塞装入柱塞套，往复拉动柱塞数次后，将柱塞从柱塞套中拉出 20～25mm，再将整个柱塞副斜放 60°左右，松开手后，如柱塞靠本身重量能均匀、缓慢地下滑，且柱塞转动到任何角度均无卡滞，则说明柱塞副是良好的，否则应更换。

密封试验法是用手指堵住柱塞套上端孔及侧面的进、出油孔，另一手拉动柱塞，如感到有明显的吸力，放开柱塞后可迅速回位，则说明柱塞副密封性良好，可继续使用。

出油阀偶件也可用类似的方法检查，用手指将阀座下端堵住，将出油阀上的减压带向下压入座中，松开手，若出油阀体能自动返回原位，表明该偶件可继续使用，若出油阀体不能自动返回，说明减压环带磨损超限，需更换新的出油阀偶件。

170. 如何调整检查喷油器？

(1) 喷油压力调整 喷油器喷油压力的调整应在喷油器试验台上进行，如图 3-59 所示。

将喷油器装在试验台上，均匀缓慢地压动试验台手柄，到喷油器开始喷油时，观察指针摆动到的最高压力处，即为喷油器的喷油压力。如果喷油压力不符合要求，应松开调压螺钉的锁母，拧动调压螺钉，向里拧喷油压力增大，向外拧喷油压力减小。

在没有试验台的情况下，可在发动机上直接进行喷油压力的调整，如图 3-60 所示。把喷油器从汽缸盖

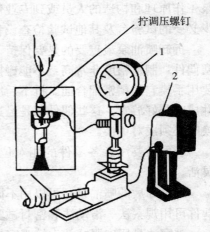

图 3-59　在试验台上调整喷油压力
1. 压力表　2. 油箱

上拆下来，再装到高压油管上（要注意把高压油管两头的螺母拧紧），把油门放在最大位置，快速摇转曲轴，先调低喷油压力，然后慢慢调高，当听到有清脆的喷油声，看到喷雾细碎，把手放

到离喷油器嘴 33cm 远处，感觉到喷出的油束打在手上有力时，说明喷油压力基本符合要求。

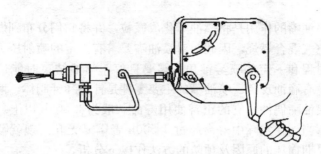

图 3-60　在发动机上调整喷油压力

（2）喷油器的喷雾质量检查　喷油压力调好后，良好的喷油器应符合下列要求：

①喷油声音干脆。

②油束呈细雾状态，没有可见的油滴。

③没有偏射和滴油现象。

④经过多次喷射后，喷油嘴处是干的或稍有湿润。

几种喷雾情况对比如图 3-61 所示。

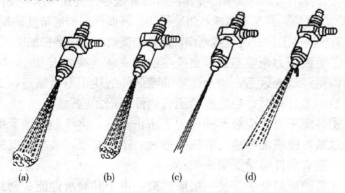

图 3-61　喷雾质量检查

（a）正常　（b）偏射　（c）不雾化　（d）滴油

171. 喷油嘴为何早期损坏？怎样预防与排除？

喷油嘴的作用是将燃油雾化成微粒，并将它们分布到燃烧室中与空气混合燃烧。因此，对喷油嘴要求有一定的喷射压力，一定的射程和一定的喷雾锥角，雾要良好，喷油结束时能迅速停油，没有滴油现象。喷油嘴的主要零件是针阀和针阀体，两者合称为喷油嘴偶件，它的正常使用寿命一般为 2 500h 以上。但因使用不当，在实际中寿命超过 1 500h 者寥寥无几。现就喷油嘴偶件早期损坏的原因及预防的方法作以下分析。

（1）原因分析

①乱拆卸。大多数认为柴油机供油系统故障较为常见，所以柴油机一旦发生故障，往往不去认真查找引起故障的原因，而是对燃油供给系统逐一进行拆卸检查和更换。而喷油嘴偶件的加工、装配精度要求很严，拆卸安装一次，就可能缩短寿命几十甚至几百小时。此外，还可能因拆卸、安装不当造成磕碰、脏污、划伤甚至变形，导致技术状态变差，使用寿命降低。

②清洗不当。清洗喷油嘴偶件时与其他零件混在一起并使用不清洁的清洗液，甚至不清洗就组装使用。新偶件未彻底清洗防锈油，极易造成偶件工作表面磕碰划伤，沾染杂质磨料，使磨损加剧。

③喷油压力调整不当。更换喷油嘴或高速喷油压力时，喷油压力调得过低或过高，均会使喷油嘴偶件的使用寿命缩短，尤其是喷油压力过高时，会造成喷油嘴偶件磨损加剧。

④装配不当。少数驾驶员为了防止漏油，将喷油嘴锁紧螺帽拧得过紧，使喷油嘴承受的压力过大，产生变形，装配精度遭到破坏，造成偶件运动受阻而损坏。

⑤燃油质量低劣。使用劣质燃油，由于其润滑性能、密封性能及黏度等指标不能满足使用要求，容易引起喷油嘴积炭等故障。此外，燃油未经净化处理、燃油滤清装置损坏或用拆除滤芯

的办法来使油路"畅通"等错误做法都会造成偶件使用寿命缩短。

（2）预防与排除方法

①选用符合要求的燃油，严格执行燃油沉淀、过滤制度。燃油加注前至少要沉淀 48h；根据季节、气温的变化使用规定标准牌号的燃油；不使用混合油；加油工具要保持清洁；燃油存放要进行密封。

②燃油滤清器、燃油箱要按时清洗（滤清器每工作 100h，油箱每工作 500h 时要清洗一次），发现滤芯和密封圈破损应及时更换。

③新喷油嘴偶件都涂有防锈油，在安装时，一定要用干净的柴油清洗，以清除表面的灰尘和防锈油。

④安装喷油嘴偶件时，应注意清洗针阀体台肩下端面与锁紧螺帽支撑台阶面。拧紧喷油嘴偶件锁紧螺帽时，应反复拧紧几次，不要一次拧紧；另外，此前要将调压螺钉放松，防止喷油器顶杆被顶弯，导致顶杆凹坑不能很好地与针阀对中，发生偏磨。

⑤调整喷油压力时，必须先进行喷油嘴密封性检查，高速时应调到规定压力，特别要注意，喷油开始时的起喷和喷油终了时的断油都要干脆。

⑥喷油器总成往汽缸盖上安装时，要清除安装孔内的积炭等杂物，并注意铜垫的技术状态。喷油器的拧紧力矩和压板螺栓的紧固力矩大小应适当，用力过大易引起喷油嘴针阀体变形，导致针阀卡死。

⑦保持喷油嘴散热良好，喷油嘴垫圈必须是铜垫，喷油嘴体与安装孔壁之间应留有 2～3mm 的间隙，以保持良好的散热环境。

⑧经常及时地校准供油时间和配气相位，做到柴油机不长期超负荷工作。还要保证发动机冷却系统的技术状况良好。

⑨检查柴油机时要仔细清除燃烧室进、排气门、活塞、缸套、排气管及喷油嘴周围的积炭，上述部位积炭过多，都会引起发动机散热不良，排气不畅，局部高温，从而烧损喷油嘴偶件。

⑩更换或拆装高压油管、柴油滤芯、柱塞副和出油阀副等部件时，应清洗后再安装。

172. 调速器有何功能？如何调整？

柴油机调速器的功能是调控柴油机的转速。可以根据负荷的变化自动调节供油量，能使发动机的转速保持在驾驶员所希望的范围内（通过调速手柄位置来实现）。

调速器调速手柄可以控制柴油机转速。改变调速手柄位置即改变调速弹簧作用力，调速拉杆的平衡位置也相应改变。当变速手柄朝放松弹簧方向扳动，供油量减少，柴油机转速相应降低。因此，要限制柴油机的最高空车转速和最低稳定速度，只需限制调速手柄的极限位置。限制调速手柄的极限位置是通过装在调速器上的两个转速限制螺钉调整的，该项调整工作在出厂前均已调好，使用中不要随意更动。

调速器还设有一个最大油量限位螺钉，与调速弹簧推板相连，用来限制最大供油量，防止柴油机在各挡转速上的超负荷运行，最大油量限位螺钉在出厂时也已调整好，使用中不得更动。调速器壳体上面装有停车手柄，当柴油机需要停车时，可扳动停车手柄，紧急停车。

173. 怎样调整 S195 型柴油机供油提前角？

供油提前角的大小直接影响燃油燃烧的状况和发动机动力性、经济性的好坏。调整时按如下的顺序进行：

（1）拆下高压油管和喷油器一端的高压油管接头螺母。

（2）拧松接喷油泵一端的高压油管螺母，将高压油管旋转一个位置，使高压油管接喷油器一端的口朝上，再拧紧油管螺母，如图 3-62 所示。

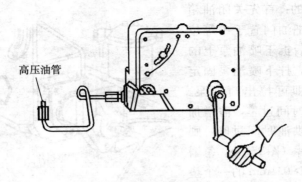

图 3-62　将高压油管口朝上

（3）把油门放在最大供油位置，转动飞轮，同时观察高压油管口内的油面，当看到柴油从油管口开始冒出的瞬间，立即停止转动飞轮。

（4）检查飞轮上的供油刻线位置是否对准水箱上的刻线（某些机型的供油刻线在油箱处）。如果供油刻线没到水箱刻线，则说明供油过早；反之，供油过迟（图 3-63）。

（5）供油时间的调整，是通过增减喷油泵与机体之间的垫片

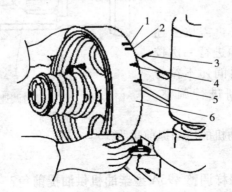

图 3-63　使飞轮上的上止点刻线对准水箱上的刻线
1. 供油刻线　2. 进气门开刻线　3. 水箱刻线
4. 上止点刻线　5. 排气门开刻线　6. 飞轮

来实现的：首先关闭油箱开关，把油门置于中等位置，然后拆下喷油泵上的进油管，拧下喷油泵固定螺母，即可拉出喷油泵。若供油时间过早，需增加垫片；供油时间过晚，则减少垫片（图3-64）。每增加或减少 0.1mm 的一个垫片，供油提前角改变 1.7°。

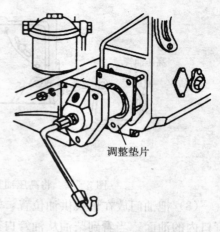

图 3-64　供油提前角的调整

（6）供油时间调好后，将喷油泵装上，拧紧固定螺母。装喷油泵时，应注意将调节臂圆球嵌在调速杠杆的槽内（图 3-65），并通过观察孔检查一次，以免有差错而造成"飞车"等事故。

调整完毕，需按上述（3）、（4）项进行一次校核。如供油时间还不符合要求，应重新进行调整，直至合适。

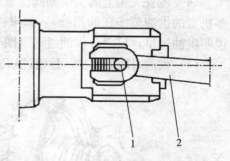

图 3-65　调节臂与调速杠杆对正
1. 调节臂圆球　2. 调速杠杆

S195 发动机的供油提前角为 15°～18°。

174. 怎样调整 495A 型柴油机供油提前角？

495A 型柴油机供油提前角的检查与调整方法如下：

（1）松开全部高压油管，防止向汽缸喷射过多的柴油稀释机油，破坏润滑。将油门放在最大供油位置，用手油泵泵油。排除供油系统低压油路空气。

（2）拆下一缸高压油管，装上定时管。定时管是一段内经为1.05～2mm的玻璃管，通过一段塑料管或橡胶管与高压油管连接而成。

（3）打开发动机飞轮处的观察口，用撬棍或摇把按发动机工作时的旋转方向撬动飞轮或曲轴。

（4）在上述观察口处找到飞轮的一、六缸上止点处的标记，此时，第一缸处于压缩行程上止点位置。

（5）在第一缸压缩行程上止点位置的前 14°～17°曲轴转角（飞轮轮盘上有标记），高压油泵的第一缸应开始供油。

（6）检查供油提前角。按发动机工作的旋转方向旋转曲轴，在第一缸压缩行程上止点前 14°～17°曲轴转角附近缓慢转动曲轴，同时注意观察 A 型喷油泵第一缸的供油情况，即观察定时管中油面变化。当油面刚开始升高瞬间，立即停止转动曲轴，此时看观察口中飞轮上对应的角度刻线，刻线的读书即为供油提前角。一般供油提前角的正确值应为 14°～17°。

（7）调整供油提前角。将飞轮或曲轴按工作时的旋转方向缓慢转动。当距第一缸压缩行程上止点 14°～17°曲轴转角时停止转动，同时观察定时管中油面变化，如果在前述操作中定时管中的油面没有升高，则应调整。方法是：将联轴器与高压油泵连接处的螺钉松开，调整联轴器与高压油泵的相对位置（此螺钉处的孔为长孔，以备调整用）。调整时观察定时管中油面变化，当油面刚升高的瞬间，此时 A 型喷油泵与联轴器的相对位置为正确位置，将 A 型喷油泵与联轴器的固定螺钉旋紧。

175.　润滑系统由哪些零部件组成？有何功用？

润滑系一般由机油泵、油底壳、机油滤清器、机油散热器、

各种阀、传感器和机油压力表、温度表等组成，如图 3－66
所示。

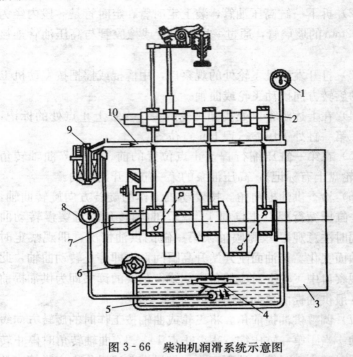

图 3－66　柴油机润滑系统示意图
1. 机油压力表　2. 凸轮轴　3. 飞轮　4. 集滤器
5. 油底壳　6. 机油泵　7. 曲轴　8. 机油温度表
9. 机油滤清器　10. 主油道

（1）润滑系的功用

①润滑作用。润滑运动零件表面，减小摩擦阻力和磨损，减
小发动机的功率消耗。

②清洗作用。机油在润滑系内不断循环，清洗摩擦表面，带
走磨屑和其他异物。

③冷却作用。机油在润滑系内循环还可带走摩擦产生的热
量，起冷却作用。

④密封作用。在运动零件之间形成油膜，提高它们的密封性，有利于防止漏气或漏油。

⑤防锈蚀作用。在零件表面形成油膜，对零件表面起保护作用，防止腐蚀生锈。

⑥减振缓冲作用。在运动零件表面形成油膜，吸收冲击并减小振动，起减振缓冲作用。

(2) 润滑方式 由于发动机各运动零件的工作条件不同，对润滑强度的要求也就不同，因而要相应地采取不同的润滑方式。

①压力润滑。利用机油泵，将具有一定压力的润滑油源源不断地送往摩擦表面。例如，曲轴主轴承、连杆轴承及凸轮轴轴承等处承受的载荷及相对运动速度较快，需要以一定压力将机油输送到摩擦面的间隙中，方能形成油膜以保证润滑。这种润滑方式称为压力润滑。

②飞溅润滑。利用发动机工作时运动零件飞溅起来的油滴或油雾来润滑摩擦表面的润滑方式称为飞溅润滑。这种润滑方式可使裸露在外面承受载荷较轻的汽缸壁，相对滑动速度较慢的活塞销，以及配气机构的凸轮表面、挺柱等得到润滑。

③定期润滑。发动机辅助系统中有些零件则只需定期加注润滑脂（黄油）进行润滑。例如，水泵及发电机轴承就是采用这种方式定期润滑。近年来在发动机上采用含有耐磨材料（如尼龙、二硫化钼等）的轴承来代替加注润滑脂的轴承。

(3) 机油泵 功用是提高机油压力，保证机油在润滑系统内不断循环，目前发动机润滑系中广泛采用的是外啮合齿轮式机油泵和内啮合转子式机油泵两种。

(4) 机油滤清器 发动机工作时，金属磨屑和大气中的尘埃以及燃料燃烧不完全所产生的炭粒会渗入机油中，机油本身也因受热氧化而产生胶状沉淀物。如果把这样的脏机油直接送到运动零件表面，机油中的机械杂质就会成为磨料，加速零件的磨损，并且引起油道堵塞及活塞环、气门等零件胶结。因此在润滑系中设有机油滤清器，使循环流动的机油在送往运动零件表面之前得到净化处理。保证摩擦表面的良好润滑，延长其使用寿命。

一般润滑系中装有几个不同滤清能力的滤清器，集滤器、粗滤器和细滤器，分别串联和并联在主油道中。与主油道串联的滤清器称为全流式滤清器，一般为粗滤器；与主油道并联的滤清器称为分流式滤清器，一般为细滤器，过油量为 10%～30%。

（5）油尺、机油压力表 油尺是用来检查油底壳内油量和油面高低的。它是一根金属杆，下端制成扁平，并有上下两道刻线。机油油面必须处于油尺上下刻线之间。机油压力表用以指示发动机工作时润滑系中机油压力的大小，一般都采用电热式机油压力表，它由油压表和传感器组成，中间用导线连接。传感器装在粗滤器或主油道上，它把感受到的机油压力传给油压表。油压表装在驾驶室内仪表盘上，显示机油压力值的大小。

176. 如何保养和维护润滑系？

当前，绝大多数的小型农用车处在满负荷、超负荷的工况下作业，且作用时间长，道路条件又差，润滑系统负担特别重，再加上维护保养不当，机油更换不及时，烧瓦现象时有发生。

（1）清洗检查 清洗是检修中非常重要的一环。清洗难度较大的是油道、连杆轴颈的净化腔、推杆孔周围的油垢，其清洗程序如下。

①拆下曲轴，拧出连杆轴颈油腔上的螺塞，清除油腔内的沉积物，并用 60℃左右的热水加金属清洗剂刷洗，然后拧紧螺塞。

②用压缩空气或机油枪抽吸柴油，冲洗油道及推杆孔周围的油垢，拧出油底壳放油螺塞，放净油污，擦净油底壳中的铁屑等杂物，然后上紧吸油滤网。

③在曲轴箱中加入 1.5kg 柴油，拧松通往机油指示器的空心螺栓，摇转发动机 1～2min，直到此处流出清洁的柴油，然后

拧紧螺栓，再摇数转。卸下后挡板及吸油滤网，放净油底壳柴油，清洗后装复，拧紧油底壳放油螺栓，在曲轴箱中再加入2.5kg新机油后即可试车。

（2）安装调整

①更换机油泵转子时，外转子倒角的一面必须向内，否则易冲泵垫。

②调整机油泵体与机体接触面间的垫片时，垫不能破损，厚薄要适中。检查方法是：拧紧机油泵上的3只固定螺栓，用手直接转动下平衡轴，应无卡滞和轴向间隙。在未装定时齿轮罩盖前，先装上吸油滤网，并在曲轴箱中加入清洗用柴油。在下平衡轴齿轮端面的孔中，拧一只M8×95的螺栓（定时齿轮罩盖长螺栓）当作摇把，顺时针摇转下平衡轴。此时机体横油道就应有压力油排出。否则必须增减垫片厚度进行间隙调整；若摇不动表明间隙过小，下平衡轴卡滞，该轴左侧7205轴承受轴向力，使机体轴承外圆卡簧槽损坏，造成机体报废；而间隙过大，7205轴承易损坏。

③更换的滤网其背面不能用铁板钻孔作骨架，因为它有效过滤面积小，易堵塞。

④机油泵体与泵盖之间垫片的厚度应控制在0.03～0.06mm，减少垫片可提高机油泵出油压力，厚薄必须按要求调整。安装前，在泵壳内加少许机油，以起密封作用（摇转发动机就能顺利泵出机油）。

内转子轴上的长方榫插在下平衡轴的长槽中，发动机长时间运转时，使长方榫磨损呈菱形，平衡轴长槽磨出扇形凹坑，应及时更换或修复。

（3）摇臂润滑　摇臂是采用气门罩盖上机油指示器下的喷孔喷油飞溅润滑的。如重负荷下的机油黏稠、变质、喷孔堵塞，使摇臂干磨，气门间隙变大，动力下降。解决办法是：清洗指示器下的油腔，用直径1mm的铁丝疏通喷孔。如喷孔油流射向摇臂与摇臂座的空隙处，应找一小块 1mm 厚的铁皮，在其上钻一个直径 12mm 的孔，借用摇臂座螺栓压紧，把挡板上收集的油流导向摇臂轴衬套处。

按上述要点进行保养和检修，对 S195 柴油机润滑系统工作的可靠性大有促进，是提高发动机动力不可忽视的一项工作，特别是主油道压力一定要检测调整。

177. 怎样清洗润滑油道？

发动机在工作过程中，润滑油的作用显得非常重要，即除了起润滑减少摩擦的作用外，还起到冷却以及清洁的作用，因此确保润滑油不间断循环流动的各条大小油道的畅通，亦显得非常重要。发动机的修理中，除必须对各润滑系统的组成部分进行必要的检查和修理外，特别是在发动机大修后，装配时必须对各油道进行彻底地清洗和疏通，以保证润滑油的畅通无阻。发动机润滑油道的清洗一般方法是：

（1）用细铁丝缠上干净的布条，再蘸些干净的煤油，通洗曲轴上的油道，要保证曲轴上的油道都能互相贯通。用铁丝通洗后，再用压缩空气吹净，直到油道内已无油污及杂物时为止。

（2）汽缸体上油道通洗，应先拆下主油道的油堵塞，用蘸上煤油的细圆毛刷插入油道内来回拉动疏通。对缸体上各隔板上的油道，应用细铁丝缠上布条通洗。对其他各小油道，凡能用铁丝通洗的都应进行通洗，最后用压缩空气吹干净。

（3）各连杆轴承油孔和活塞销衬套油孔可用煤油清洗，再用压缩空气吹净。如不具备压缩空气，也可用打气筒代替使用。

（4）油道全部疏通清洗吹净后，应重新安装好油道堵塞。装紧各油管接头并检查有无松动和漏油现象。

178. 发动机机油压力过低的原因是什么？

（1）润滑油量不足，润滑黏度过低或稀释变质。

（2）限压阀弹簧过软或调整不当。

（3）旁通阀弹簧折断或弹力过小。

（4）润滑系统有渗漏处。

（5）机油泵工作不良。

（6）主轴承、连杆轴承等间隙过大。

（7）细滤器分流过大或漏油。

（8）机油表及传感器失效。

179. 发动机机油压力过高的原因是什么？

机油压力过高是指油压表指示的数值超过了最大允许值。引起机油压力过高的原因主要有以下几个方面：

（1）机油黏度过高。

（2）汽缸体润滑油道堵塞。

（3）机油滤清器滤芯堵塞且旁通阀开启困难。

（4）新装发动机主轴承间隙过小。

（5）限压阀调整不良。

（6）机油压力表及传感器工作不良。

180. 机油温度为何过高？如何预防与排除？

由机油在发动机中的作用可知，机油在发动机中的作用之一是冷却，即将机件摩擦产生的热量带走并通过散热器散发，使机油温度保持在 70～90℃，以降低机件的温度。因此，也可以说机油是机件热量的载体。

由上可知，如果带走机件产生热量的载体减少或散热不平衡，即输入机油热量增加，或散热能力衰退，均会引起机油过热。

（1）原因分析

①机油散热不良。机油散热器因被机械杂质和胶质阻塞，造成散热不良；冷却系有故障，如散热器通风孔被散热片黏附的灰尘、油垢或其他杂质过多，将通风通道堵塞而散热不良；风扇皮带打滑引起抽风量减少，导致散热不良。

②发热严重。

a. 由于发动机工作时间过长或负荷过大，均会使机件温度过高，输入机油的热量增加，使机油热负荷增大，当大于机油散热能力时，引起散热不平衡而使机油温度过高。

b. 发动机装配过紧。由于发动机装配过紧，工作时摩擦阻力很大，产生热量也多，当热量传给机油时使其热负荷增大，使发动机机油温度过高。

③机油损耗。机油损耗是指发动机内机油减少的现象。发动机内机油减少可分逐渐减少和显著减少两种情况。前一种情况应该说是正常现象，因为发动机工作时免不了机油损耗；后一种情况是非正常损耗，即多数是在发动机的技术状况变差时，曲轴箱的机油会通过燃烧室、气门导管或涡轮增压器等进入燃烧室烧损；机油通过汽缸垫的损坏处或机油水冷却器损坏处，与水道串通而使机油漏掉，或者润滑系密封不良而形成泄漏，机油底、曲轴两端等处漏油等，均会使发动机内的机油减少，引起热量的载体减少，导致机油过热。

（2）预防与排除方法

①如果长时间在重载工况下工作，或者是长时间低速运行均会出现机油温度过高，应注意停机休息。如果新出产或大修后的发动机机油温度过高，多数是由于装配过紧所致，应通过磨合解决。

②如果因冷却系统有故障引起发动机过热导致机油温度过高，应按冷却系所述的故障诊断与排除方法解决。

③抽出机油尺检查机油液面高度，如果机油严重短缺，应予以加注。如冷却系内有油花，或机油为乳黄色，说明机油道与水道相通，或外观有漏出机油油迹，机油烧损严重排气管冒有蓝烟，查明后予以排除。

④检查机油散热器，若外观机油散热器通风孔堵塞严重，或散热器的扁管、散热片等黏附的灰尘或污垢过多，说明是机油散热不良引起的机油温度过高。另外，还应检查机油散热器的扁管内堵塞情况，若散热器扁管内被机械杂质堵塞严重，说明机油温度过高是因散热器散热不良所引起，应予以清洗。

181. 机油耗量过大的原因是什么?

当发动机机油消耗率达 $0.1\sim0.5L/100km$，且排气管冒浓烟时，则认为发动机润滑油消耗量过多。引起润滑油消耗量增多的原因主要有以下几方面:

(1) 活塞与缸壁间隙过大　当活塞与汽缸壁配合间隙过大或汽缸磨成锥形或椭圆形后，活塞环、活塞和汽缸壁就不能很好地贴合，飞溅的机油就会从缝隙处上窜到燃烧室而被烧掉，引起润滑油消耗量剧增。

(2) 活塞环磨损或损坏，活塞环对口装反　活塞环磨损后，弹力会减弱，对缸壁的压紧力变小，刮油作用也随之降低;同时，活塞环与环槽磨损后，还会使侧隙、背隙增大，窜油量增多，特别是当油环损坏时，窜油量将成几倍增大。此外，当活塞环对口或活塞环装反，也相当于给飞溅到缸壁上的润滑油提供了一条上油的通路，引起机油消耗量猛增。

(3) 进气门导管磨损过甚　进气门导管磨损严重时，进气冲程在进气管真空度的作用下，润滑油就会从气门杆与导管孔的配合间隙处大量进入汽缸而被烧掉。

（4）机油加得过多　油底壳机油加得过多，会使飞溅到缸壁上的润滑油增多，导致油环负荷重而工作不正常，刮油能力下降，上窜机油增多。

（5）机油黏度过低　黏度低的机油易上窜，且油膜较薄，很容易被烧掉；同时黏度低的机油，蒸发量也较大。

（6）油路有渗漏等现象　油封损坏、管路破裂、接合处不密封等均会引起机油泄漏，使消耗量增多。此外，空气压缩机窜油也会使大量机油随压缩空气排出，使油底壳内机油量减少。

（7）发动机转速过高　行驶中爬山过多或运用低速挡过多以及离合器打滑等，均足以造成发动机转速过高。转速越高，曲柄和连杆的离心力就越大，甩到缸壁上的机油也将增多。这样油环就来不及将缸壁上的机油刮落，进入燃烧室烧去的机油即增多。同时，由于输油量的增多，油底壳内的机油温度也会增高，机油变稀。另一方面，自曲轴箱通气口被空气带出的雾化机油也增多。因此，机油的消耗量就会增多。

182. 怎样预防与排除机油耗量过大？

发动机的机油消耗，正常标准是燃油消耗的 $2‰\sim3‰$。降低机油消耗，应采取如下措施。

（1）使用符合规格、牌号的机油　发动机用什么规格、牌号的机油，制造厂都作了明确规定，应严格按说明书选用。

（2）保证机油的纯净　机油过脏，加快机件的磨损，并使机油在短时间内变质报废。使用中要保证机油干净，应做到如下几点。

①机油要储存在干净、干燥的库房。

②添加机油时，要清洗容器和工具。

③添加机油时，应清洗加油口、油箱盖，要用过滤网过滤。

④定期放出油底壳中的沉淀油和水，并清洗油堵。

⑤油底壳加油口不允许无盖、无垫。

⑥不要在风沙、灰尘大的地方添加机油。

⑦绝对禁止使用废机油进行作业。

(3) 保养好曲轴箱通气孔　发动机曲轴箱加油口盖上有一小孔，这个通气孔的作用是使曲轴箱与大气相通。当发动机工作时，活塞顶部的气体通过汽缸与活塞、活塞环之间渗漏到曲轴箱，使曲轴箱的压力加大。由于经常保持通气孔与大气相通，曲轴箱内的压力就不会上升，渗漏也就减少。

(4) 保证汽缸和活塞裙部的正常间隙　汽缸和活塞的正常间隙，在出厂说明书上有明确规定数值。间隙过大，发动机功率下降，耗油增加，曲轴箱中的机油会通过活塞和汽缸过大的间隙进入活塞顶部燃烧，即所谓"烧机油"。活塞顶的燃油也会沿间隙流入曲轴箱，冲稀机油。间隙过小，发动机易过热，活塞膨胀，使活塞与汽缸壁卡死，即所谓"粘缸"。

(5) 保证活塞环的技术状态

①保证活塞环的开口间隙和边间隙。一定的开口间隙和边间隙是防止发动机热胀冷缩时造成活塞环卡死、拉缸。

②保证油环和活塞环槽小油孔的畅通。活塞环分压缩环和油环两种，压缩环主要起密封作用；而油环起刮油作用，即将汽缸壁上的机油刮下，通过油环中的油孔，重新进入曲轴箱，不致使机油进入活塞顶燃烧。所以保养活塞连杆部件时，一定要注意油环油孔、活塞环槽油孔畅通无阻。

(6) 正确安装活塞环

①镀铬的压缩环要安在第一道活塞环槽中。

②有扭力环的，其方向不要装反。

③活塞环开口不要对准燃烧室，上下环的开口要错开。

④活塞环要在环槽中试装，否则会发生卡死现象。

⑤正式安装时，活塞、汽缸壁、活塞环上要涂一薄层干净的

机油。

(7) 汽缸阻水圈不要漏水 缸套阻水圈如果漏水，会有大量的热水经过它流入油底壳，促使阻水圈进一步失去弹性，老化变质。禁止使用有毛边、气孔、砂眼、裂纹等的阻水圈。安装时，阻水圈应全部进入槽中，不得扭曲、挤偏，位置要端正。

(8) 废气不要窜入曲轴箱 大量废气窜入曲轴箱，会造成曲轴箱中压力增大，使机油渗漏严重，污染机油，所以工作中要使废气少窜入曲轴箱。为此，要做到如下几点：

①保证活塞环的开口间隙、边间隙正确。

②保证气门杆与气门导管的正确间隙。

③经常检查汽缸、活塞、活塞环等的磨损情况，超过极限时立即更换。

(9) 机油压力和温度适当 机油压力过高和过低，表明润滑系统有故障，或曲柄连杆系磨损，或机油变稀、变稠、老化变质等，所以在工作中要经常检查机油压力是否正常。机油温度过低，机油黏度加大，影响润滑；机油温度过高，机油变稀，润滑性能下降，所以发动机的机油温度一定要保持在 70～90℃。

(10) 保养好机油滤清器 保养好机油滤清器，可以保证机油清洁，使发动机各机件得到良好的润滑。对它们的保养必须按时、按操作规程进行。

(11) 更换机油，清洗油道、油底壳 机油的更换周期应按出厂说明书规定执行。更换机油时必须按规定清洗油道和油底壳。

(12) 防止渗漏 机油渗漏不但使机油消耗增加，而且会使发动机脏污，应采取防止措施，一旦发现渗漏要及时排除。

183. 油底壳机油面为何升高？解决办法是什么？

发动机油底壳的油面增高，表明在工作中有外来的液体侵入油底壳，且进入量大于消耗量，这表明油底壳中已渗入了水、柴油或机油，它们会降低润滑效果，甚至会引起发动机"飞车"，还会加速零件的磨损或引起烧瓦抱轴等故障。

发现油底壳油面增高，应立即停车，待 30min 后拧松油底壳放油螺塞，如有沉淀水流出或流出的机油带有水珠，则表明水漏入机油中；如流出的机油变稀，可用油尺蘸上机油在卫生纸上点一滴，若油迹迅速扩散，扩散部分与未扩散部分颜色深浅分界明显，则是润滑油中混入了柴油。现将油底壳油面增高的原因及解决办法叙述如下。

（1）机油渗到油底壳

①自紧油封失效或损坏。在喷油泵的前部连接板内装有自紧油封，如果油封失效或损坏，则喷油泵壳体内的机油会漏到正时齿轮室，而后漏到发动机油底壳内，使其油面增高。

②液压泵的主动齿轮轴自紧油封损坏。采用分置式液压悬挂系的发动机，液压泵主动齿轮轴自紧油封损坏，液压油沿定时齿轮室流进发动机油底壳内，使油底壳内油面增高。

解决办法：更换自紧油封。

③气门摇臂固定螺栓松动。如气门摇臂固定螺栓松动，使某一缸气门不能打开，喷入汽缸内的柴油不能燃烧，沿汽缸套流入油底壳，使油底壳内油面增高。

解决办法：拧紧摇臂固定螺栓。

④柱塞套定位螺钉松动或漏装小铜垫。柴油从喷油泵内腔经固定螺钉处漏出，从齿轮室流入油底壳，使其油面增高。

解决办法：拆下喷油泵，垫好小铜垫后重新安装好，这时柱塞套可在泵体内上下移动 2～3mm，但不能转动。

⑤喷油泵的泵壳底座支承面有微小裂纹，或夹有脏物。

解决办法：拆下喷油泵，用清洁的柴油清洗后，再用刀或圆锉修整支承面，除去表面微小裂纹，恢复表面粗糙度；或剪两个与柱塞套和油泵壳体底座内、外径相同的塑料薄膜垫片，套在柱塞套上，装好后经试验不漏油后再投入使用。

（2）喷油器工作不正常

①喷油器针阀体与喷油器体的接触平面密封不严而漏油，喷入汽缸内的燃油除燃烧或随废气排出外，其余的沿汽缸壁流入油底壳，使其油面增高。

②喷油器针阀体与针阀磨损，造成封闭不严或喷油压力过低而漏油，使油底壳油面增高。

解决办法：检查调整喷油器，使其达到标准状态，如达不到，应进行修复或更换合格的喷油器偶件。

（3）冷却水渗漏到油底壳

①汽缸盖通往摇臂润滑油路螺栓松动。

解决办法：应及时拧紧螺栓。

②汽缸套阻水圈老化、损坏，阻水圈受热老化变质，从而出现渗水；阻水圈因安装过高，强行压入而被剪破，造成漏水；机体配合凸肩有拉毛、毛刺，安装时因切破阻水圈而造成漏水。

解决办法：机体配合凸肩有拉毛、毛刺时，应先用砂纸打平；安装阻水圈时不要凸出过高，阻水圈低时，可用黑胶布剪成宽度为阻水圈截面周长 3/4 的长条，沿圆周方向贴在阻水圈的内圆周表面，用手镶入槽中，再用正常压力压入即可。

③汽缸垫烧损。汽缸垫烧损时，冷却水会从汽缸垫烧损部位漏出，经气门推杆进入油底壳。

解决办法：更换新的汽缸垫，并按规定正确安装和拧紧汽缸盖螺母。

④汽缸盖水道孔闷头松动或损坏。此时水从闷头漏出，经气门室推杆孔进入油底壳。

解决办法：放掉冷却水，拆下损坏的闷头，清除座孔内脏物、杂质和水，并涂一层磁漆，镶上新的闷头即可。

⑤汽缸套及机体产生裂纹或有砂眼、气孔等缺陷。

解决办法：根据情况进行粘补、焊修或更换。

184. S195 型柴油机油底壳为何会渗进柴油？

柴油一旦进入油底壳，会使机油颜色发红，带有柴油气味，机油黏度降低，用手触摸无润滑感。轻则使各润滑部位特别是曲轴、凸轮轴与润滑轴承之间压力油膜被破坏，机油泄漏量增大，导致机油压力降低，摩擦阻力增加，油、水温度升高，发动机无力；重则会发生拉缸、烧蚀轴瓦甚至抱死曲轴等恶性事故。柴油进入油底壳中主要有以下几个原因。

（1）**喷油器工作性能下降**　喷油器喷油压力过低、雾化不良和滴油等现象引起燃烧不充分，多余的柴油沿着汽缸壁流入油底壳。如：当喷油器喷孔过大或受损时，燃油在停机状态下滴入燃烧室，进而渗进油底壳；喷油器喷油时间不正确，造成燃烧不完全，多余的柴油沿汽缸壁流入油底壳；喷油器处有积炭，或喷油器偶件严重磨损或卡死，造成雾化不良，产生滴油，燃烧不完全的柴油沿汽缸壁流入油底壳。在这些情况下，常表现出的故障现象是柴油机无力、机油压力低、油温高以及排气管连续冒黑烟或间断冒黑烟。

（2）**汽缸压缩比过小**　活塞环开口间隙过大、活塞环对口、活塞与缸壁间隙过大等漏气原因引起汽缸压缩比过小，导致燃烧不充分，多余的燃油顺着汽缸壁进入油底壳。常出现的故障现象是：机油压力低、油和水温度升高、柴油机无力以及曲轴箱下窜气严重。

（3）**进入汽缸空气量减少**　当空气滤清器堵塞引起进气阻力增大时，将导致进入汽缸的空气量减少，造成燃烧不完全，多余的柴油沿汽缸壁流入油底壳；当进气管漏气或密封损坏时，将导致进入汽缸的空气减少，造成燃烧不完全，多余的柴油沿汽缸壁流入油底壳。以上原因均能使油底壳机油液面升高。

（4）**喷油泵出现内漏**　喷油泵内漏柴油的途径为：柱塞套筒

和喷油泵壳体接触处的 P 形圈密封不良；柱塞偶件磨损过大；喷油泵出油阀衬垫密封不好；活塞式输油泵挺杆孔磨损过大。

柴油机若采用直接由正时齿轮室齿轮驱动的喷油泵（喷油泵与正时齿轮室通过固定板安装在一起），无论是靠机油压力进行强制润滑还是靠飞溅润滑，喷油泵内漏柴油都有可能通过凸轮轴油封处进入正时齿轮室，再流入发动机油底壳。不过飞溅润滑的喷油泵其泄漏量很少，而强制润滑的喷油泵还可以通过机油润滑管道进入油底壳。柴油机若采用由正时齿轮通过联轴器驱动喷油泵（喷油泵安装在缸体一侧，远离正时齿轮室），同只有靠机油压力进行强制润滑的喷油泵其内漏柴油才可能通过润滑油道进入油底壳（泄漏柴油压力高，机油压力低）。

实际工作中，喷油泵内漏柴油进入油底壳常遇到下述 3 种情况：

①调校喷油泵前出现柴油进入油底壳。出现这一故障时，往往伴随有发动机无力、机油压力低、机温高和排气冒黑烟现象，表明是柱塞、出油阀偶件磨损严重或 O 形密封圈、密封衬垫密封不良所致。可通过更换柱塞、出油阀偶件、O 形密封圈及密封衬垫来解决。

②调校喷油泵后出现柴油进入油底壳。出现这一故障时，往往是更换柱塞和出油阀偶件后，柱塞套筒 O 形密封圈或出油阀密封衬垫密封不良所致，需要重新更换 O 形密封圈或密封衬垫。

③调校喷油泵前、后均出现柴油进入油底壳。在调校喷油泵时，往往为了方便观察喷油泵内漏情况而拆下输油泵，但却忽略了检查输油泵是否漏油，这一故障恰恰就是输油泵内漏引起的。这是在喷油泵调校过程中普遍容易忽视的问题，应引起注意。

(5) 未安装浮子油箱 凡是采用 PT 泵燃油系统的油路，均应设有浮子油箱，柴油从柴油箱出来首先流入浮子油箱，再经 PT 泵和喷油器进入汽缸，而喷油器回流的多余柴油又流回浮子油箱（浮子油箱中的浮子可使油箱中的液面保持规定高度）。因浮子油箱所处位置低于喷油器，可以防止柴油机停机后柴油从喷油器流入汽缸。

185. 冷却系统由哪些零部件组成？各有何功用？

冷却系的主要功用是把受热零件吸收的部分热量及时散发出去，保证发动机在最适宜的温度状态下工作。

柴油机上一般均采用水作为冷却介质，冷却水在机体水套（包括缸盖水套）内及水箱之间循环，吸收机件热量，并把热量散发到大气中。这种工作系统称为水冷却系，按向外散热的方式水冷却系可分为开式水冷却系和闭式水冷却系。

柴油机上采用的水冷却系统基本上可分为 3 种：一种是开式蒸发式水冷却系统，简称蒸发式水冷却系统；另一种是自然对流式水冷却系统，其中依靠凝气冷却的，称为闭式凝气冷却系统；还有一种是强制循环闭式水冷却系统。

（1）开式蒸发式水冷却系统如图 3-67 所示，水箱安装在汽缸体前部上方，底部开有孔口，安装后与缸体水套相通。在水箱与缸体的装接面上有纸垫密封，防止冷却水外漏。水箱顶部有加水口，内装漏斗形滤网。浮子可沿导管上下移动，用来指示水箱中的水位。由于其加水口直接与大气相通，故称为开式冷却系统。

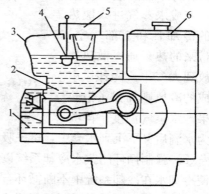

图 3-67 蒸发式水冷却系统
1. 缸盖水套 2. 缸体水套 3. 水箱
4. 浮子 5. 加水口 6. 油箱

蒸发式水冷却系统的工作过程：工作前，先给水箱加满冷却水。工作时，缸体水套和缸盖水套内的冷却水吸收汽缸盖、汽缸套及活塞等受热零件上的热量后，温度升高，体积膨胀，密度减小而上浮，水箱中的冷水则下浮。热水上浮到水箱后，通过导热性好的铝制水箱壁及敞开的加水口将热量及水蒸气散发到大气中去，使水温保持在略低于沸点的温度。水套内温度高的冷却水与水箱中温度较低的冷却水形成自然对流，从而达到对柴油机进行适当冷却的目的。

（2）闭式凝气冷却系统如图 3 - 68 所示，柴油机工作时，水套内的冷却水吸收高温零件上的热量，使汽缸套、汽缸盖及活塞等受热零件得到冷却。受热后的冷却水体积膨胀、密度减小而上浮。

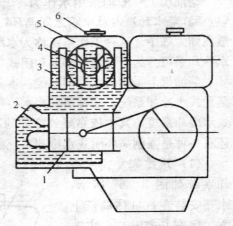

图 3 - 68　闭式凝气冷却系统
1. 汽缸套　2. 汽缸盖　3. 散热器　4. 风扇
5. 上气室　6. 加水口盖

冷却水温度达到沸点时，变成水蒸气进入散热器的冷却管和上部气室，将带来的热量通过散热片排放到大气中。冷却风扇形成的冷风则加强了散热效果。水蒸气温度下降凝结为水滴后又下沉到水套中，再去吸收热量。

（3）强制循环闭式水冷却系统以水泵（离心泵）为动力，强制使冷却水在冷却系统中不断循环，保持柴油机零件在一定的温度范围内工作，这就是强制循环闭式水冷却系统。绝大多数多缸柴油机均采用这种冷却方式，图 3 - 69 所示为强制循环闭式水冷却系统。

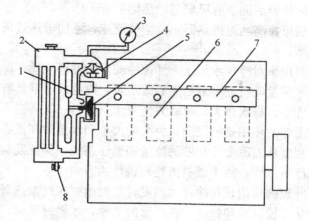

图 3 - 69 强制循环闭式水冷却系统
1. 风扇 2. 散热器 3. 水温表 4. 节温器
5. 水泵 6. 水套 7. 配水管 8. 放水阀

散热器内的冷却水加压后通过汽缸体进水孔压送到汽缸体水套和汽缸盖水套内，冷却水在吸收了机体的大量热量后经汽缸盖出水孔流回散热器。由于有风扇的强力抽吸，空气流由前向后高速通过散热器。因此，受热后的冷却水在流过散热器芯的过程中，热量不断地散发到大气中去，冷却后的水流到散热器的底部，又被水泵抽出，再次压送到发动机的水套中，如此不断循环，把热量不断地送到大气中去，使发动机不断地得到冷却。通常，冷却水在冷却系内的循环流动路线有两条：一条为大循环，另一条为小循环。冷却水经水泵—水套—节温器—散热器，又经水泵压入水套的循环，其水流路线长，散热强度大，称水冷却系的大循环。冷却水经水泵—水套—节温器后不经散热器，而直接由水泵压入水套的循环，其水流路线短，散热强度小，称水冷却系的小循环。

散热器可增大散热面积，加速水的冷却。冷却水经过散热器后，其温度可降低 10～15℃，为了将散热器传出的热量尽快带走，在散热器后面装有风扇与散热器配合工作。

风扇可提高通过散热器芯的空气流速，增加散热效果，加速水的冷却。

水泵用来对冷却水加压，加速冷却水的循环流动，保证冷却可靠。车用发动机上多采用离心式水泵，离心式水泵具有结构简单、尺寸小、排水量大、维修方便等优点。

节温器的作用是随发动机负荷的大小和水温的高低而自动调节开启程度从而改变冷却液的流量和循环路线，保证发动机在适宜的温度下工作，减少燃料消耗和机件的磨损。

百叶窗的作用是在冷却水温度较低时改变吹过散热器的空气流量，从而控制冷却强度。在严寒的冬季，水温过低时，由于节温器的作用使水只进行小循环，散热器中的水有冻结的危险，此时关闭百叶窗可使冷却水温度回升。

186. 如何保养和维护冷却系？

发动机冷却系统技术状态好坏，将直接影响发动机的动力性和经济性，应及时保养。

(1) 及时添加冷却水 冷却水是保证发动机正常工作的重要组成部分。因此启动前应检查水箱中存水情况，若不够应加注，添加时应注意如下几点。

①使用软水，如河水、雨水、雪水、冷开水；不用硬水，如井水、自来水、泉水、盐碱水，因为硬水易在零件表面形成水垢。

②冷却水不应加得过满。因为农用车在高低不平的道路上行驶时，冷却水易从水箱口溅出，淋洒在缸盖、机体上，易使这些零件局部骤冷产生裂纹。加水应用漏斗，不用漏斗其后果与上述情况相同。

③当发动机运转时，若发现水箱中冷却水严重不足，应急速

5～8min，待机温降至 50～60℃后，才可添加冷却水。热机猛加冷水会引起缸盖、机体产生裂纹。

（2）防止冷却系统漏水　冷却系统漏水，将导致水箱中冷却水减少，不能保证发动机正常散热。发动机漏水分内漏与外漏。

①内漏。冷却水通过汽缸盖上水堵、缸套、阻水圈损坏处漏入油底壳。检查方法：将水箱里水加满，打开水箱盖，让发动机在大油门位置运转，观察水箱内水流情况。如有气泡涌上，即说明冷却系统漏气，应紧固缸盖螺栓，如仍漏气则应拆卸检查。

②外漏。机体外部漏水，应仔细检查。各接头漏水，应紧固各软管夹箍；水泵各衬垫或水封损坏漏水，应更换；散热芯有裂缝，应焊补或堵塞，但堵塞、焊补面不宜超过 10%。

（3）节温器必须保持良好技术状态　当发动机冷机开始运转时，水箱上水室进水管处有冷却水流出，说明节温器主阀不能关闭；当发动机冷却水温度超过 70℃时，水箱上水室进水管处无水流出，说明节温器主阀不能开启。如有上述情况，应拆下节温器进行检查。

（4）不许先启动后加水　冬季作业结束后，都要把冷却水放出，第二天启动时，应先加水再启动。

（5）定期清除水垢　柴油机每工作 500～1 000h，应对水箱、水套内水垢进行清除。清除时，先放尽冷却水，卸去水箱，用 25% 的盐酸水溶液注入水套内并保存 10min，使水垢溶解脱落，放出清洗液后，再用清水冲洗。如果水垢较多，一次冲洗不净，可重复冲洗。配制盐酸水溶液时，应将盐酸慢慢倒入水中搅匀，切忌将水倒入盐酸中（以免酸液喷溅伤人）。

（6）定期检查保养冷却系

①定期检查风扇 V 带张紧度，过松应加以调整，同时按规定在风扇、水泵轴承和张紧轮等处加机油或注润滑脂。

②发动机每工作 300～400h，应检查水泵漏水情况。新换水封后停转 3min 内漏水不应超过 2 滴，若仍漏水严重则应更换水封填料。

③清理散热器片。当散热器片及散热管间有堵塞情况时，应拆下外罩，用木片剔除散热器片与散热管间的污物、杂草及尘土。

(7) 不可随意改装水箱　有的驾驶员为了避免水箱里蒸发出来的水蒸气阻碍视线，把敞口水箱改成半封闭式。这样改装后，阻碍了水蒸气蒸发，减少了同外界空气对流散热，使机体中的热量不能及时散发出去，导致发动机温度过高，功率下降。

另外，还有人将水位指示器去掉。这样水箱里存水情况不能及时掌握，容易造成水箱缺水，使发动机过热。

(8) 冬季应做好冷却系统的保养工作

①冬季作业结束后应及时放尽冷却水，放冷却水时应注意以下事项。

a. 作业结束后不许立即放掉冷却水。正确做法是让发动机在小油门位置怠速转动 5～10min，待机温降至 50～60℃时熄火后才可放水。

b. 放水时观察放水孔有无堵塞现象。

c. 放完水后，为了彻底排清水道里的水，油门在关闭状态减压摇转曲轴 20～30 转。

②放完水的车辆应及时进入车库，有保温帘的应放下保温帘。另外在发动机上盖上棉絮，加强保温，便于第二天启动。

③冬季启动发动机时，应向水箱里加注 80℃ 左右的热水，预热发动机。

④发动机启动后必须做好预热工作，否则由于机温较低，将导致燃烧不完全，排气冒黑烟，同时发出严重"敲缸"声。正确做法是在中小油门位置预热一段时间，当水温达 40℃ 时起步，60℃ 时才可以正式投入作业。

　(9) 减少冷却系统中的水垢　将丝瓜筋去籽、洗净、晒干、切成适当长度，放在水箱中即可清除水垢。使用中注意事项：定期清洗丝瓜筋上面水垢和其他杂质，清洗时用适量洗衣粉，然后用干净清水冲洗；发现其破损及时更换，一般情况下一年更换一次；加的冷却水应是软水，且 2～3 个月更换一次。

187. 柴油机水温过高的原因是什么？

　　柴油机水温过高时，水箱内水沸腾，大量热气从水箱中喷出，排气管冒黑烟，发动机功率下降。其主要原因是：

　　（1）未加足冷却水或冷却系统漏水而耗水过多。

　　（2）未按照规定清洗冷却系统，导致水垢积累过多或杂物堵塞水箱散热器芯管，使冷却水得不到冷却。

　　（3）风扇皮带损坏或风扇皮带打滑导致水泵轴转速减慢，使泵水量不足，或者风扇叶片变形使输风量不足而降低风冷效果。

　　（4）水泵内局部堵塞或磨损过度而漏水。

　　（5）节温器膨胀筒损坏，节温器失效。

　　（6）发动机保温帘或百叶窗未开启而妨碍散热。

　　（7）发动机超负荷工作。

188. 怎样排除柴油机温度过高？

　　(1) 原因分析　农用车行驶过程中，水温超过 90℃甚至沸腾。下车检查，若冷却水容量既符合标准且又无漏水现象。那么引起发动机温度过高的另外原因大致有 3 个方面，即冷却不良、燃烧不良、动配合件的配合过紧。

　　①冷却不良。

　　a. 百叶窗关闭或开度不足。

　　b. 风扇皮带松弛或因油污而打滑。

c. 散热器出水管吸瘪或内壁脱层堵塞。

d. 风扇角度不对,散热器片倾倒过多或水管堵塞,水垢沉积过多。

e. 节温器大循环工作不良或分管不良。

②发动机燃烧不良。

a. 点火时间过迟。

b. 燃烧室积炭过多。

c. 排气门间隙过大。

③车辆各动配合件的配合过紧。

此外,农用车爬长坡,长时间超负荷工作,顶风行驶或高温季节长时间低速行驶等也会引起发动机过热。

(2) 排除方法 首先检查百叶窗是否关闭或开度不足。若开度足够,再检查风扇叶片的固定情况和皮带的松紧度。当用大拇指在风扇皮带中部施加 29.4～39.2N 力时,压下距离应为 10～15mm。若压下距离过大,说明皮带过松,应予调整。若皮带不松仍然打滑,则说明皮带轮磨损或黏有油污,应予更换。

如果风扇转动正常,发动机仍然过热,则应进一步检查风扇的风量。在发动机运转时,将一张薄纸放在散热器前面,若纸被牢牢地吸住,说明风量足够。否则应调整风扇叶片角度,并将叶片头部适当折弯,以减少涡流,必要时可更换风扇。

如果风扇正常,可触试散热器和发动机的温度。若散热器温度低,而发动机温度很高,说明冷却水循环不良。此时应检查散热器出水胶管是否被吸瘪,内孔有无脱层堵塞。若被吸瘪可查明原因予以排除,必要时更换胶管。若无新胶管时,可在吸瘪的胶管内放入适当大的弹簧支撑。如出水管良好,拆下散热器进水管,发动车进行试验,冷却水应有力地排出。若不排水说明水泵或节温器有故障。拆下节温器,看散热器进水管有无水排出。若无水排出则水泵不良,若有足量水排出,应检查节温器伸缩管或里面的易挥发液体是否漏掉。必要时更换节温器。行车中若无零件更换时，可把节温器临时拆掉，待回家后及时更换。

若上述各部位均正常，再检查散热器和发动机各部位温度是否均匀。如果散热器冷热不匀，说明其中有堵塞或散热器片倾倒过多。如果发动机的温度前端低于后端，则表明分管已损坏堵塞，应予拆换。水套内水垢过多，影响发动机的散热，应在检修时清除。

如冷却系统工作正常，发动机仍然过热，则应检查喷油时间是否过迟，排气门间隙是否过大，混合气是否过浓或过稀，燃烧室内积炭是否过多，油底壳内机油是否足够，以及新车或刚大修过的车辆各动配合件的配合是否过紧等，针对不同情况，采取适当措施予以排除。

189. 怎样清洗冷却水套内水垢？

散热部位的水垢，使散热效能降低，不但浪费燃料，而且易造成金属局部过热，引起事故。

（1）水垢的分类 水垢按其主要化学成分可分为4类：
①碳酸盐水垢。指碳酸钙含量在50%以上的水垢。
②硫酸盐水垢。指硫酸钙含量在50%以上的水垢。
③硅酸盐水垢。指二氧化硅含量大于20%的水垢。
④混合型水垢。指没有一种主体成分的水垢。

（2）水垢清除方法 目前除垢方法有手工、机械和化学除垢3种。一般情况下，化学除垢比较理想，根据水垢在酸中或碱中的溶解情况，化学除垢又分为碱法除垢和酸法除垢。

碱法除垢常用纯碱法和磷酸钠法。纯碱法对硫酸盐水垢和硅酸盐水垢起作用，而磷酸钠法对碳酸盐水垢起作用。目前，常推荐合成碱法除垢液的配方是：用氢氧化钠、煤油、水配制的清洗液；用碳酸钠、煤油、水配制的清洗液；用磷酸钠、氢氧化钠、水配制的清洗液 3 种。由于动力机械的水垢多为混合型，可选用第三种配方。为了缩短除垢时间，氢氧化钠浓度为 0.3% ～ 0.5%；磷酸钠为 0.4% ～ 0.7%。配成的清洗液加入冷却系统之后，让发动机工作一段时间进行除垢，对未脱落的残垢可用人工清除掉，最后用清水冲洗干净。

碱法除垢速度较慢，酸法除垢速度较快。其原理是：水垢中的钙、镁的碳酸盐与盐酸反应，生成钙、镁的氯化物而溶于水，对于难溶于盐酸的硫酸盐或硅酸盐水垢，随着周围碳酸盐水垢的溶解而脱落。它适用于清除碳酸盐和混合型水垢。

(3) 酸洗添加剂 酸法除垢虽然比较快，但金属在酸中会产生电化学腐蚀。为抑制酸对金属的腐蚀作用，且能在金属表面形成一层保护膜，人们使用酸洗缓蚀剂。根据近几年酸洗水垢证明，碳酸盐水垢除净率达 100%，缓蚀效果也很显著。

三、底盘维修技术

190. 传动机构有何功用？由哪些零部件组成？

传动系是指柴油机与驱动轮之间所有传动件的总称。柴油机的动力经传动系传到驱动轮，使驱动轮转动以实现车辆的行驶。由于柴油机曲轴向外输出的功率是一定的，但其转速高、转矩小，与农用车行驶时所要求的低转速、大转矩正好相反，所以在农用车上必须设置传动系。其功用是：将柴油机的动力经过传动系传给驱动轮，同时增加转矩、降低转速，以适应农用车行驶的需要。通过传动系还可以切断或接合动力，实现车辆的平稳起步、停车和改变行驶方向（前进或后退）等。

农用车的传动系可分为两类：

三轮农用车的传动系一般主要由传动链轮、离合器、变速器、传动链及后桥等组成。其布置形式一般为柴油机纵向前置，后面双轮驱动，其动力传递路线为：柴油机飞轮→离合器→变速器→后桥斗驱动轮。在飞轮与离合器之间一般用三角带装置传递动力，在变速器与后桥之间一般用链传动装置传递动力，如图3-70所示。

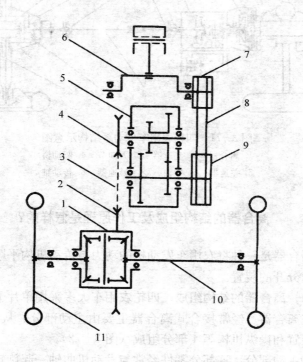

图 3-70　三轮农用车的传动系结构示意图
1. 差速器　2. 大链轮　3. 链条　4. 小链轮　5. 变速器
6. 柴油机　7. 柴油机飞轮传动轮　8. 三角带
9. 离合器传动轮　10. 半轴　11. 驱动轮

　　四轮农用车的传动系一般由离合器、变速器（及分动器）、万向节、后桥、差速器、半轴、主减速器及传动轴等组成，如图3-71所示。

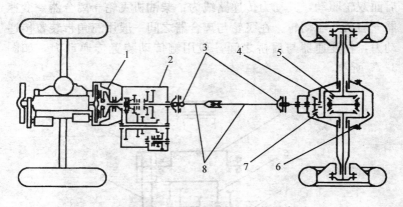

图 3 - 71　四轮农用车传动系结构示意图
1. 离合器　2. 变速器　3. 万向节　4. 驱动桥
5. 差速器　6. 半轴　7. 主减速器　8. 传动轴

191. 离合器的结构组成及工作原理是怎样的？

离合器是一种将农用车发动机的动力与传动机构平顺地接合或迅速分开的装置。

(1) 离合器的结构组成　四轮农用车大多采用单片干式经常接合式离合器。经常接合式离合器主要由主动部分、从动部分、压紧装置和操纵机构等 4 部分组成（图 3 - 72）。

①主动部分。这部分零件经常与发动机曲轴一起旋转，它包括飞轮、压盘、离合器盖。离合器盖与飞轮用螺栓固定在一起，压盘通过固定在离合器盖上的几个传力销由飞轮带动旋转，压盘还可作轴向移动。

②从动部分。这部分零件只有当离合器接合时才随发动机曲轴一起旋转，它包括铆有摩擦片的从动盘、离合器轴等。从动盘套在离合器轴的花键上并可作轴向移动。

③压紧装置。由离合器压紧弹簧等零件组成。

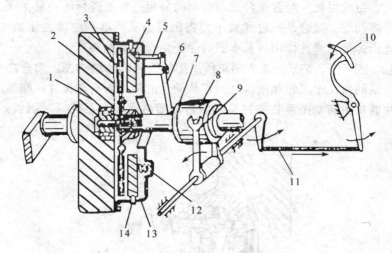

图 3-72　经常接合式离合器结构图

1. 离合器轴　2. 飞轮　3. 从动盘　4. 压盘　5. 分离拉杆

6. 分离杠杆　7. 分离轴承　8. 分离轴承座　9. 分离叉

10. 离合器踏板　11. 拉杆　12. 压紧弹簧　13. 离合器盖　14. 传力销

④操纵机构。由离合器踏板、分离叉、分离轴承、分离杠杆等组成。

（2）离合器的工作原理

①离合器接合状态。当离合器踏板未踏下时，由于压紧弹簧的作用，通过压盘和飞轮将从动盘压紧，离合器这时处于"接合状态"，使其随主动部分一起旋转，因此从动部分所有零件也都转动，动力经离合器轴传到变速箱。

②离合器分离状态。当踏下离合器踏板时，分离叉推动分离轴承向飞轮方向移动，经一定行程后即碰到 3 个分离杠杆，接着分离杠杆内端被迫和分离轴承一起向飞轮方向移动，而杠杆外端通过分离拉杆和压盘，克服压紧弹簧的压力，一起朝离开飞轮的方向移动。这样使从动盘不再承受压盘的压紧力，离合器处于"分离状态"，从动部分就不随发动机曲轴旋转。

　　由此可见，经常接合式离合器的分离是强制进行的，易保证分离彻底。接合是通过弹簧压力将压盘、从动盘和主动盘压紧，凭借弹簧的弹性作用，基本能够保证结合平顺的要求。

　　图 3-73 是某四轮农用车所采用的离合器的结构图。离合器的从动盘位于飞轮和压盘之间，从动盘的两面铆有摩擦片，摩擦片通常由高摩擦系数的材料（如石棉塑料或铜丝石棉等）制成，

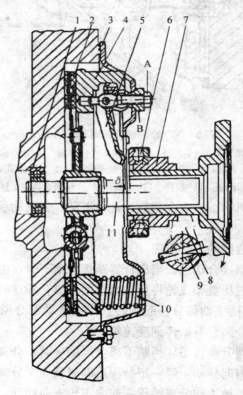

图 3-73　离合器总成

1. 轴承　2. 从动盘　3. 离合器盖　4. 压盘　5. 分离杠杆　6. 分离轴承
7. 分离轴承轴　8. 分离拨叉　9. 分离拨叉轴　10. 压紧弹簧　11. 离合器轴
A. 锁紧螺母　B. 调整螺母

其摩擦系数较大，比较耐磨且具有一定强度。

离合器在接合状态下，分离轴承与分离杠杆的端面之间存在间隙δ（2～4mm）。踩下离合器脚踏板时，分离轴承在分离叉作用下向前移，首先消除这一间隙，然后才能推动分离杠杆，使离合器分离。消除这一间隙所对应的踏板行程称为离合器踏板自由行程。自由行程不能过大，也不能过小。如果离合器踏板自由行程过大，则分离轴承推动分离杠杆前移的行程缩短，使压盘后移的行程缩短，于是不能完全解除从动盘的压紧力，使离合器不能彻底分离，不仅会造成变速箱换挡困难，而且会加速从动盘摩擦片的磨损。自由行程过小，则工作一段时间以后，由于摩擦片的磨损，压盘与飞轮的间距缩短，压盘前移，逐渐消除了分离轴承与分离杠杆之间的间隙δ，甚至会使分离杠杆与分离轴承之间产生相互抵触力，从而减小了压盘对从动盘的压紧力，造成离合器传递扭矩能力下降，甚至引起打滑，摩擦片磨损严重，甚至烧坏。所以必须保证离合器踏板有合理的自由行程，才能保证离合器可靠的接合和彻底分离。

在一些三轮农用车上，离合器和变速箱之间的动力传输采用链传动或皮带传动，采用的离合器具有两个从动盘，两从动盘之间有一个主动盘，将二者隔开。螺旋弹簧通过压盘使离合器处于经常接合状态。这种离合器的工作原理与单片离合器基本相同。

192. 如何正确使用离合器?

（1）分离离合器时动作要迅速，脚踩踏板要一踩到底，如分离过程时间过长，摩擦片与压盘、飞轮之间则产生滑磨，加快摩擦片的磨损。

（2）接合离合器时，动作则应缓慢、柔顺，使车辆平稳起步。如接合过猛，车辆则向前冲击，不安全。另外传动系统零件则可能因过大冲击而损坏，在车辆平稳起步后，应立即使离合器完全接合。

（3）车辆行驶中，严禁把脚放在踏板上，也不允许用脚踩离合器使其处于半分离状态，以达到降低车辆行驶速度的目的。因为此时摩擦片在负荷下滑磨，会加速磨损。

193. 如何检查和保养离合器？

离合器的主要问题是有打滑现象。农用车在满载或上坡行驶时，如出现动力不足，不如以前那样有劲，是由于车辆长期行驶，离合器片经磨损逐渐变薄，离合器间隙增大，踏板自由行程逐渐变小，从而使离合器打滑，影响了动力的传递。如在平坦的路面行驶感到动力不足时，意味着离合器片磨损较严重，同样也会出现打滑现象。为避免上述情况，应及时调整离合器间隙。

（1）检查时应挂上低速挡，用右脚同时踩住油门和制动踏板，缓慢放松离合器踏板。如发动机立即熄火，则说明离合器未打滑；如放松离合器踏板发动机不立即熄火，则说明离合器打滑；如放松离合器踏板发动机不立即熄火，经过一段时间才熄火，则说明离合器开始打滑。这时应及时调整离合器间隙，以免故障扩大。

离合器打滑严重时，会嗅到焦臭味，如不及时发现，就要更换离合器片，这样费工费时，还要增加车辆修理成本。如离合器片磨损严重，就要及时到修理厂进行大修。

（2）正常的保养应做到：

①经常在踏板轴套处和离合器拉线上注油，以减少磨损。

②根据使用的情况及时调整离合器间隙。

正确地使用离合器，严格杜绝半踩离合器踏板的现象，能延长离合器的使用寿命。

194. 如何调整离合器?

离合器调整的内容有：离合器间隙的调整和离合器踏板自由行程的调整。

（1）离合器间隙的调整
离合器在工作过程中因各零件的磨损，会造成离合器间隙发生变化。当离合器片磨损后，离合器间隙会变小；分离杠杆、分离轴承和分离爪磨损后，离合器间隙会变大。离合器间隙小，会造成离合器打滑；离合器间隙过大，会造成离合器分离不彻底和挂挡打齿现象。调整方法如下：

①用扳手松开调整螺杆外端的锁紧螺母，如图3-74所示。

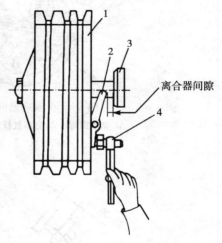

图3-74 松开锁紧螺母
1. 皮带轮 2. 分离杠杆
3. 分离轴承 4. 锁紧螺母

②拧动调整螺母，用0.5mm的厚薄规插入分离杠杆头与分离轴承之间（图3-75），用手抽动厚薄规有阻力感时，表明间隙合适，调好后将锁母拧紧。

③离合器调好后，3个分离杠杆应在同一平面上，允许误差不大于0.1mm。

（2）离合器踏板自由行程的调整 离合器踏板的自由行程指的是：从踏板在自由状态位置开始，用较小的力向下压动踏板，直到遇有较大的阻力时为止，踏板所移动的距离，如图3-76

所示。

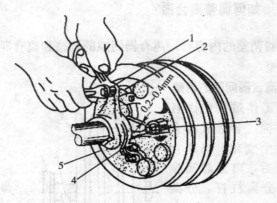

图 3-75 离合器间隙调整
1. 调整螺母 2. 分离杠杆 3. 调整螺杆
4. 分离轴承 5. 分离爪

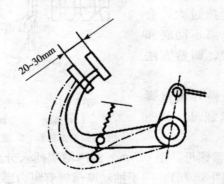

图 3-76 离合器踏板自由行程

正常的离合器踏板自由行程为 20～30mm，一般情况下，离合器间隙调好后，踏板自由行程基本符合要求。当需要调整时，转向把式三轮农用车可通过改变离合器拉杆的工作长度进行调整（图 3-77）；转向盘式三轮农用车可通过改变离合后拉杆的长度进行调整（图 3-78）。

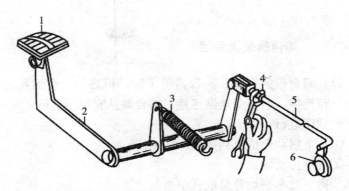

图 3-77　转向把式离合器踏板自由行程的调整

1. 离合器踏板　2. 离合器踏板支架　3. 回位弹簧
4. 螺母　5. 离合拉杆　6. 分离爪

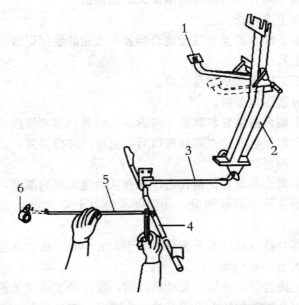

图 3-78　转向盘式离合器踏板自由行程的调整

1. 磨合器踏板　2. 离合前拉杆　3. 离合中拉杆
4. 离合套管　5. 离合后拉杆　6. 分离爪

195. 如何拆装离合器？

（1）**离合器的拆卸**　离合器位于发动机之后，变速箱之前。前与飞轮连接，后与变速器连接。离合器从农用车上拆下时，参照下列顺序进行：

①拆下启动电机及其接线。

②拆下传动轴。

③拆下驻车制动器总成（中央制动器）。

④拆下变速箱操纵机构连接杆。

⑤拆下变速箱总成。

⑥拆下离合器总泵与分离拨叉的连接销。

⑦拆下飞轮壳。

⑧拆下离合器盖（注意离合器盖与飞轮的装配记号，若无记号应刻上）。

⑨拆下压盘及从动盘总成。

⑩分解压盘总成。

（2）**离合器装复与调整**　将拆下来的离合器和操纵机构的零件，按照修复标准检查和修理以后，就可以进行装复，装复完毕后应进行调整。

①以离合器盘毂花键孔定位检查从动盘总成的摆差，用百分表在摩擦片外边沿处测量，其摆度不得大于 0.7mm，否则应进行校正。

②离合器盖总成不平衡量不大于 28g·cm；从动盘总成不平衡量不大于 15g·cm。

③把离合器总成装在发动机以前，要擦净发动机飞轮的摩擦表面，离合器摩擦片上不得有油污；同时，在离合器分离轴承套筒、分离叉、分离叉球形支柱和推杆球形螺母的配合表面上涂一薄层润滑油。

④离合器装复时，将调整好的离合器从动盘总成和压盘及盖总成先后装在飞轮端面上（注意：应使从动盘总成的离合器盘毂短端在前）。为保证两总成和飞轮同心，选用一根花键芯棒（可用变速器第一轴代替）插入飞轮上的前导轴承中，将从动盘总成定位，再用飞轮上的两个定位销将压盘及盖总成进行定位装配，并用螺栓紧固，然后检查分离指端面至飞轮表面的距离是否符合要求，必要时重新进行调整（注意：如压盘修磨过，膜片弹簧小端的调整尺寸应减去修磨量）。

⑤按拆卸的反顺序将分离机构零件装复到离合器壳体中，并把离合器壳和变速器装在发动机上，再连接离合器操纵机构。

⑥离合器操纵机构的装复与调整。

a. 分离总泵的装复与检验。装复前对零件应彻底清洗，皮碗、皮圈应浸润制动液。要防止主缸缸体内壁两个油孔以及活塞上油孔发生堵塞阻滞现象。装复后的主缸活塞皮碗应保证密封。当活塞向前推动及迅速回位时，不应有制动液从该部位渗漏；装复后用制动液进行液压试验，3min 后压力降应不大于 0.294MPa。

b. 离合器分泵的装复和检验。装复前零件需彻底清洗。活塞和皮碗应浸润制动液。装复后应保证工作灵活、轻便，不应有阻碍和卡死现象；做密封性试验时任何部位均应无渗漏，压力降不大于 0.294MPa。

c. 离合器管路的装复。装复时，各离合器油管及接头要注意清洁，油管须用夹片夹牢，接头连接紧固应保证管路畅通和接头无渗漏。

d. 离合器踏板机构的装复。装复前所有销、轴和销孔等回转件的配合面均应清洁无垢，并须涂抹一薄层润滑脂。装复后各回转件应连接可靠、运动自如，将装复好的离合器踏板机构安装到驾驶室仪表盘和地板上，并分别用连接螺栓紧固。

e. 离合器管路系统的排气。为保证离合器液压操纵系统正常工作，离合器管路系统的液压油中不允许渗入空气。排气时应有两人配合，一人在驾驶室踩踏离合器踏板，一人在分泵处排气。排气的方法如图 3-79 所示。

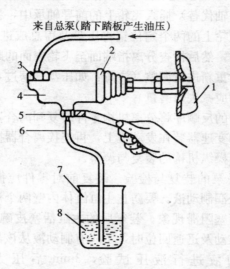

来自总泵(踏下踏板产生油压)

图 3-79　离合器管路系统排气方法
1. 分离叉　2. 防尘罩　3. 铜垫圈　4. 分泵
5. 开口扳手　6. 塑料软管　7. 容器　8. 油液（制动液）

　　取下放气螺钉帽，套上塑料软管，其另一端放在适当大小的透明杯内。

　　将贮油杯注满制动液。注意在排气过程中应经常向贮油杯中补充制动液，以保持制动液不少于容量的 2/3。

　　松开放气螺钉 1/2 圈，反复踏离合器踏板，使主缸、管路、分泵充满制动液。主缸、管路、分泵内充满制动液后，拧紧放气螺钉。

　　反复踏离合器踏板几次，踏下离合器踏板，使管路保持压力，然后松开放气螺钉，排出带气泡的制动液，再拧紧放气螺钉，松开离合器踏板。

重复上一步的操作，直到流出的制动液看不到气泡为止。最后拧紧放气螺钉，取下塑料管，带上螺钉帽。

196. 离合器为何会打滑？如何排除？

(1) 现象 运输车在负荷起步、上坡或行驶在阻力较大的路面上时，发动机工作虽正常，但车辆起步困难（不走）、车速明显减慢甚至停止行走，此时能闻到较浓的烧焦气味，表明是离合器打滑造成的。

(2) 原因分析

①离合器间隙过小（即离合器踏板、分离拨叉自由行程过小或没有行程）。当分离轴承与分离杠杆温度增高后，二者因膨胀而相互作用，使离合器在没有分离时便处于半接合状态，当外部负荷大于半接合状态下的离合器摩擦力时，离合器便开始打滑，如图 3 - 80 所示。

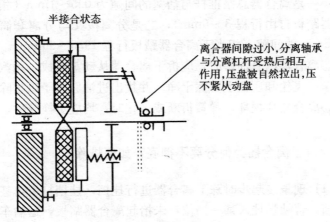

图 3 - 80　离合器间隙过小

②离合器内有油污，使得摩擦力减小，引起离合器打滑，如图 3 - 81 所示。

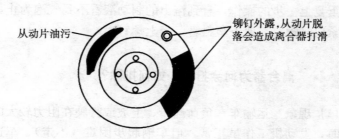

从动片油污

铆钉外露,从动片脱
落会造成离合器打滑

图 3-81 从动片损坏及粘有油污

③离合器片磨损严重,使铆钉外露,从动片局部脱落,导致摩擦力减小,引起离合器打滑。

④离合器压紧弹簧老化或折断,使压盘压紧力减弱,摩擦力减少,传递力矩能力下降,负荷稍加大时,离合器便开始打滑。

(3) 排除方法 离合器打滑的排除方法有 3 种:调整、清洗、拆卸修复或更换零件。

①调整指的是对离合器踏板自由行程进行调整,其内容包括两项:一是离合器总泵推杆与活塞的间隙为 0.5～1mm(相当于离合器踏板自由行程 3～6mm);二是分离拨叉与分离套筒之间有 2.5mm 的间隙(相当于离合器踏板行程 19.5～36mm)。

②离合器内有油污时,应拆下离合器从动盘总成,用汽油清洗干净,飞轮和压盘也要擦干净,并找出进油原因予以排除。

③离合器片损坏、弹簧折断或老化时,均应更换新件。

197. 离合器为何分离不彻底?如何排除?

(1) 现象 起步时踩下离合器进行挂挡,挂挡打齿,甚至挂不上挡,若勉强挂入某一挡位,未抬起离合器踏板,运输车就有行驶的趋势,这是由于发动机传给变速箱的动力不能被完全切断造成的,称为离合器分离不彻底。离合器分离彻底的条件是:离合器踏板踩到底后,离合器从动盘与飞轮、压盘应完全脱开,从动盘两侧应产生足够的分离间隙。

（2）原因分析

①离合器间隙过大（即踏板自由行程过大）。当分离离合器时，压盘被拉出的距离小，使压盘与从动盘二者不能彻底脱开，处于半分离状态，如图 3－82 所示。

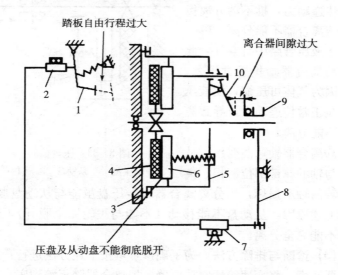

图 3－82　离合器分离不彻底的原因
1. 离合器踏板　2. 离合总泵　3. 飞轮　4. 从动盘　5. 离合器盖
6. 压盘　7. 离合分泵　8. 分离拨叉　9. 分离轴承　10. 分离杠杆

②分离杠杆与分离轴承的间隙不一致（即 3 个分离杠杆与分离轴承端面不平行）。当离合器分离时，向外拉出压盘的力不均匀，造成压盘偏斜，在离合器踏板踩到底后，压盘与从动盘仍有接触部位，即离合器分离不清，如图 3－83 所示。

③离合器从动盘或压盘翘曲变形。当离合器分离时，压盘与从动盘仍有接触部位，导致离合器不能彻底分离。另外，若从动盘过厚（新摩擦片厚度有时不标准），在离合器分离时，分离间

隙过小，压盘与从动盘不能完全脱开，使离合器不能彻底分离。

④离合器总泵或分泵损坏。在分离离合器时，液压油不能传递动力，推不动分离拨叉，使离合器不能分离。

⑤液压管路中有空气，此时踏动离合器踏板感觉没劲，这是因为气体可压缩，使液压油不能正常传递动力，导致离合器不能分离。

⑥离合器轴弯曲变形、从动盘与轴的花键部位磨损、离

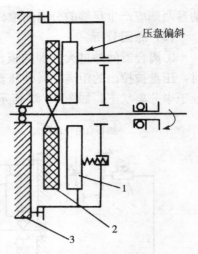

图 3 - 83　压盘偏斜

1. 压盘　2. 从动盘　3. 飞轮

合器轴前轴承损坏，当分离离合器时，压盘虽能与从动盘脱开，但因上述原因，从动盘不能移动（不能与飞轮完全脱开），使离合器不能完全分离。

（3）诊断与排除方法　为了确诊，可按下述方法进行：拆下离合器底壳，将变速箱置空挡位置，把离合器踏板踏到底，车下

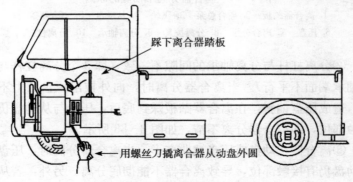

图 3 - 84　检查离合器的分离情况

边一人用大螺丝刀撬动离合器从动盘外圆，如果能用较轻的力拨转从动盘，说明离合器分离正常，反之说明离合器分离不彻底，如图3-84所示。

　　排除离合器分离不彻底故障，应按照由表及里的顺序，逐个进行检查和排除，见表3-7。

表3-7　离合器分离不彻底的排除方法

故障原因	排除方法
离合器间隙过大（踏板自由行程过大）	调整踏板自由行程及离合器间隙
分离杠杆与分离轴承间隙不一致，误差过大	调整，使3个分离杠杆处于同一平面
油路中有空气	排除油路中空气
总泵或分泵损坏	拆下进行检查，换件修复或更换
压盘或从动盘变形	拆下离合器总成进行检修
离合器轴花键磨损和前轴承损坏	拆下检修或更换

198. 离合器抖颤的原因有哪些？如何排除？

　　(1) 现象　小油门时抖颤不明显，车辆起步时或负荷增加时，变速箱以前部位产生抖颤，从而使车辆起步和行驶不平稳。

　　(2) 原因分析

　　①飞轮与曲轴的连接螺栓松动，在发动机运转时，飞轮摆动而引起离合器抖颤。

　　②离合器前后轴承损坏，在运转过程中离合器旷动，引起离合器抖颤。

　　③离合器轴弯曲变形，在运转过程中由于不同心，引起离合器抖动。

　　④固定发动机和变速器的螺栓松动，在发动机运转时，引起离合器抖动。

（3）排除方法 首先检查表面故障，如检查发动机、变速器的固定螺栓是否松动，若松动，应拧紧固定螺栓（必要时更换减震胶垫）；然后再拆下离合器总成，对飞轮、离合器轴、轴承进行全面检查，找出抖颤原因，紧固松动零件，更换损坏零件。

199. 农用车起步时不稳是何原因？如何排除？

农用车起步时出现冲车现象，加速踏板也随着抖动，造成起步困难；在挂倒挡起步时更为明显。

（1）原因

①固定螺栓松旷。

②离合器振抖。

③启动挡位选择不当。

④离合器踏板与加速踏板的配合操作不当。

（2）排除方法

①将发动机固定螺栓紧固牢靠。

②检查调整离合器，消除使离合器振抖的原因。

③正确选择起步挡位（一般选1挡，空车或下坡可用2挡）。

④松抬离合器踏板与踏下加速踏板必须配合协调。

a. 松开驻车制动杆或使制动踏板复位。

b. 将离合器踏板迅速踏到底。

c. 操纵变速杆挂入1挡。

d. 保持正确驾驶姿势，握稳转向盘。

e. 松抬离合器踏板，并踏下加速踏板。松抬离合器不可一下松到底，要掌握"快松—停顿—慢松—快松"的节奏。在松抬离合器至"停顿"的同时，及时踏下加速踏板，使车辆平稳起步。离合器踏板松抬过快，加速踏板踏下过慢，会导致起步过猛，甚至由于发动机转速过低而熄火；而离合器踏板松抬过慢，加速踏板踏下过快，则易造成摩擦片磨损增大、起步不稳和传动件受损等后果。因此，必须正确掌握离合器踏板与加速踏板的配合操作方法，才能使车辆平稳起步。

200. 变速箱有何功用？其结构与工作原理是怎样的？

（1）功用

①变换排挡，改变传动系的传动比，达到变扭变速的目的，使农用车获得所需的行驶速度和驱动力。

②实现倒挡，使农用车能倒退行驶。

③实现空挡，使农用车能在发动机不熄火的情况下长时间停车，同时也便于发动机的启动。

（2）结构与工作原理

目前，农用车上采用的变速箱大多为两轴式和三轴式有级式变速箱。

①两轴式变速箱。图 3-85 是一两轴式变速箱结构示意图，具有两根主要轴（不包括倒挡轴）。发动机通过离合器与第一轴 1 相连，第二轴 6 将动力传给后桥。第一轴的花健上装有滑动齿

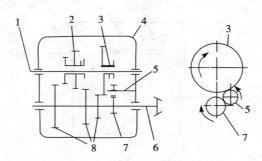

图 3-85　两轴式变速箱结构示意图

1. 第一轴　2、3. 滑动齿轮　4. 变速箱壳体　5. 倒挡轴和倒挡齿轮

6. 第二轴　7. 倒挡从动齿轮　8. 固定齿轮

轮 2 和 3，第二轴上装有固定齿轮 8。当变速杆拨动第一轴上的滑动齿轮移动时，使其与第二轴 6 上的相应的固定齿轮啮合，就得到不同的挡位。具体来说，滑动齿轮 2 左移，得第 1 挡，右移得第 2 挡，滑动齿轮 3 左移得第 3 挡，右移得到倒挡。由此共可得到 3 个前进挡 1 个倒退挡。3 个前进挡中，第 1 挡传动比最大，输出扭矩最大，输出转速最小，即车辆行驶速度最低，第Ⅲ挡为最高前进挡，其传动比最小，输出扭矩最小，输出转速最大，车辆行驶最快。倒挡时，动力从滑动齿轮 3 经过倒挡齿轮 5 再传到倒挡从动齿轮 7，由于增加了一对啮合齿轮，使第二轴的旋转方向与前进挡相反，因而可以改变车辆的行驶方向，实现倒退行驶。

这类变速箱的前进挡工作时只有 1 对齿轮啮合，因此传动效率高，结构简单。但传动比不能过大，挡数不能过多。

②三轴式变速箱。三轴式变速箱具有三根主要轴：第一轴 1、第二轴 5 和中间轴 6（图 3 - 86）。第二轴前端浮动支承在主动齿轮 2 内。第一轴上的主动齿轮 2 与中间轴上的齿轮 8 常啮合。当移动第二轴上的滑动齿轮 3 和 4 分别与中间轴上的 3 个中间齿轮 7 啮合时，可得到 3 个挡位。由于这 3 个挡位的传动比是

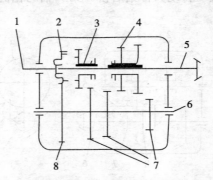

图 3 - 86　三轴式变速箱结构示意图
1. 第一轴　2. 常啮合主动齿轮　3、4. 滑动齿轮　5. 第二轴
6. 中间轴　7. 中间齿轮　8. 常啮合从动齿轮

经过两对齿轮啮合得到的，因此其传动比可比两轴式变速箱的大一些。另外，滑动齿轮3向左移动与常啮合主动齿轮2啮合时，第一轴的扭矩直接传给第二轴，故称为直接挡。直接挡的传动比等于1，其传动效率最高，所以，三轴式变速箱可具有较多的挡位，在农用车上应用较广泛。

图3-87所示是某四轮农用车变速箱的结构图。

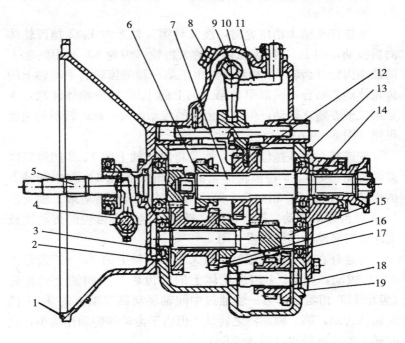

图3-87　变速箱总成

1. 离合箱壳　2. 前盖衬垫　3. 中间轴轴承　4. 分离拨叉　5. 第一轴
6. 3、4挡滑动齿轮　7. 第二轴　8. 倒挡保险总成　9. 换挡摆杆　10. 变速箱盖
11. 换位摆杆　12. 1、2挡滑动双联齿轮　13. 后盖　14. 里程表主动齿轮
15. 中间轴　16. 2挡主动齿轮　17. 常啮合被动齿轮和3挡主动齿轮
18. 倒挡齿轮　19. 变速箱壳体

这是一个三轴式变速箱，操纵变速杆拨动不同的滑动齿轮进

行换挡，可以得到 4 个前进挡和 1 个倒退挡，各挡的齿轮位置和啮合状况如图 3-88 所示，图中的箭头表示了动力的传递路线和方向。

当变速箱变速杆在空挡位里，如发动机在运转，而离合器接合时，变速箱第一轴和中间轴上的齿轮体亦随之转动，但是不与第二轴上的齿轮相啮合，因而第二轴和第二轴上的齿轮是不转动的（图 3-88a）。

变速杆在第 1 挡位置时，拨叉将第二轴上的 1、2 挡齿轮体向后拨动，则 1、2 挡齿轮体上的大齿轮（齿轮 5）与中间轴上的最小齿轮（齿轮 7）相啮合。由于第一轴的齿轮与中间轴上的齿轮体经常啮合，因而驱动第二轴上的 1、2 挡齿轮体转动，于是第二轴亦随之转动，但由于齿轮的传动比大，此时转动的速度很慢（图 3-88b）。

变速杆在第 2 挡位置时，拨叉将第二轴上的 1、2 挡齿轮体向前拨动，则 1、2 挡齿轮体上的小齿轮（齿轮 4）与中间轴上的齿轮（齿轮 10）相啮合。第一轴通过中间轴驱动第二轴上的 1、2 挡齿轮体转动，第二轴随之转动，但由于齿轮的传动比较大，此时转动的速度较慢（图 3-88c）。

变速杆在第 3 挡位置时，拨叉将第二轴上的 3、4 挡齿轮体 3 向后拨动，则 3、4 挡齿轮体上的外齿轮与中间轴上的齿轮（齿轮 11）相啮合。第一轴通过中间轴驱动第二轴上的 3、4 挡齿轮体转动，第二轴亦随之转动，但由于齿轮的传动比减小，此时转动的速度较快（图 3-88d）。

变速杆在第 4 挡位置时，拨叉将第二轴上的 3、4 挡齿轮体 3 向前拨动，3、4 挡齿轮体上的内齿轮与第一轴上的小齿轮 2 相啮合，即第一轴与第二轴直接连接而转动，其齿轮的传动比最小（等于 1），此时转动的速度最快（图 3-88e）。

变速杆在倒挡位置时，拨叉将倒挡轴上的齿轮体向前拨动，倒挡轴上的一个较大齿轮（齿轮 9），与中间轴上的最小齿轮

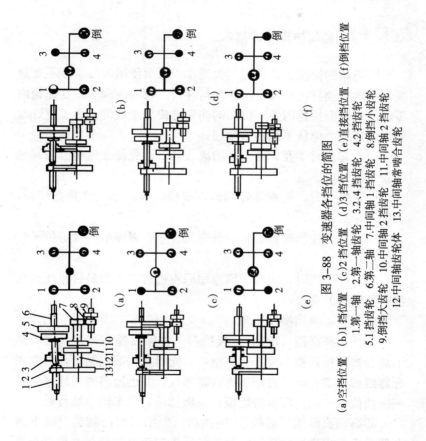

图 3-88　变速器各挡位的简图

(a)空挡位置　(b)1 挡位置　(c)2 挡位置　(d)3 挡位置　(e)直接挡位置　(f)倒挡位置

1.第一轴　2.第一轴齿轮　3.2、4 挡齿轮　4.2 挡齿轮
5.1 挡齿轮　6.第二轴　7.中间轴 1 挡齿轮　8.倒挡小齿轮
9.倒挡大齿轮　10.中间轴 2 挡齿轮　11.中间轴常啮合齿轮
12.中间轴齿轮体　13.中间轴常啮合齿轮

（齿轮 7）相啮合，另一个较小的齿轮（齿轮 8），与第二轴上最大的齿轮（齿轮 5）相啮合。第一轴通过中间轴驱动倒挡齿轮转动，又带动第二轴上的齿轮体以相反方向转动，于是第二轴就以与前进挡相反的方向随之转动（图 3 - 88f）。

201. 如何使用变速箱？

变速箱的使用寿命长短，关键在于日常使用与维护。不要忽视每一次挂挡打齿；每一次颠簸与冲击；每一次保养。变速箱内零件的过度磨损是因为一次次的非正常使用造成的。为了更好地使用变速箱，应从下列各项做起：

（1）起步时不要大油门猛抬离合器，以免使变速箱齿轮或轴受较大的冲击。

（2）挂挡时，提前选好挡位，要稳、准，不允许强行挂挡，否则齿轮易打坏。

（3）摘、换挡时，必须先分离离合器，否则滑杆及定位机构易磨损。

（4）挂倒挡时，应在车辆停稳后再进行，否则易打齿或出现挂不上倒挡的现象。

（5）掌握换挡操作要领。

①低挡换高挡（增挡）。换挡前，先加油提高车速，然后踏下离合器踏板，将变速杆移至空挡，同时放松油门踏板，抬起离合器踏板停留片刻后再踏下离合器踏板，并迅速将变速杆推入高一级挡位，一面抬离合器踏板，一面加油，使车辆继续行驶。

②高挡换低挡（减挡）。换挡前，先抬起油门踏板，踏下离合器踏板，将变速杆移至空挡；然后抬起离合器踏板，根据车速适当加一下油门；再踏下离合器踏板，将变速杆推入低一级挡位，一面抬起离合器踏板，一面踩下油门，车辆便可继续行驶。

（6）适时添加或更换变速箱内的齿轮油。如果变速箱内的齿轮油不足，会造成零件之间出现干摩擦，从而导致零件的助磨损，因此要适时更换变速箱内的润滑油。更换润滑油的方法是：在收车前趁热放出变速箱内的润滑油，加入适量的清洁柴油，用小油门、挂各挡位运行 5～10min，然后停车并放出清洗油，待清洗油控净后，再加入符合标准的适量的润滑油。

202. 如何拆装变速箱？

（1）变速箱的拆卸 变速箱是一个较复杂的总成。各机型的变速箱结构大同小异，拆卸方法基本相同，但应遵循由表及里的原则。从运输车上拆下变速箱总成的步骤一般是这样的：

①拆下换挡连接杆。

②拆下里程表、手刹及有关连线。

③拆下传动轴。

④拆下变速箱支座螺栓。

⑤拆下变速箱与离合器壳的紧固螺栓。

⑥从离合器上拆下变速箱总成。

分解变速箱总成的步骤：

①拆下变速箱侧盖及操纵机构。

②拆下变速箱上盖。

③拆下一轴和二轴的支座及与变速箱壳的紧固螺母。

④拆下一轴和二轴。

⑤拆下相应的齿轮。

（2）变速箱的装配 装配变速箱时按与拆卸相反的顺序进行，但应注意如下问题：

①装前将所有零件清洗干净，特别是轴承、轴和齿轮，应在清洁的柴油中清洗。

②轴承及花键部位装前应涂适量机油。

③轴承端盖和螺纹孔周围可涂适量密封膏，以防漏油。

④不要用金属棒或锤子在零件表面上直接敲打，以免打毛和断裂。

⑤装复完的变速器总成应在试验台上进行负荷和无负荷试验，检查各挡的工作情况，有无噪声和渗漏现象等。

203. 变速箱为何挂挡困难？如何排除？

（1）故障现象　挂挡打齿、挂挡不顺利、挂挡不能到位或挡把不能移动。

（2）原因分析

①离合器分离不彻底，离合器轴与飞轮的动力不能彻底切断，挂挡时两齿轮撞击，造成挂挡打齿，严重时挂不上挡。

②变速箱操纵机构（变速杆至拨叉之间的连接杆件）调整不当、变形、磨损或松旷，会造成拨叉移动不到位，从而挂不上挡。

③拨叉轴运动发卡（原因是定位钢球卡在轴槽内），换挡轴不能移动，造成挂挡困难。

④变速箱盖松动或变形，使互锁机构位置发生变化，造成挂挡困难。

⑤齿轮端面磨损严重，使齿轮难以进入啮合；滑动齿轮花键与轴花键磨损成台阶状，使滑动齿轮移动困难，造成挂挡困难或挂不上挡。

（3）诊断方法

①在小油门时踏下离合器踏板，操纵变速杆挂挡，挂挡时变速箱内若产生连续较严重的打齿声（换另一排挡同样出现打齿），表明是离合器分离不彻底造成的挂挡困难。

②踏下离合器进行挂挡，手感到可以拨动变挡齿轮，但两齿轮接近啮合时有明显的撞击阻力，齿轮不易进入啮合，换挂另一挡时没有此种感觉，表明是此对齿轮端面磨损严重，造成挂挡

困难。

③踏下离合器进行挂挡，若变速杆移动困难或不能移动，表明是拨叉轴卡住不能移动，造成挂挡困难。

④踏下离合器踏板进行挂挡，变速杆能到位（但是没有正常挂上挡的感觉），传动杆件不发卡，只是齿轮不能拨到位，这表明是拨叉、换挡杆和铰接销磨损、松旷等造成的挂挡困难。

（4）排除方法

①因离合器分离不清造成挂挡困难，应调整或检修离合器。离合器的调整见前面有关内容。

②因拨叉轴发卡造成挂挡困难，要检修拨叉定位机构。

③因拨叉、换挡杆或球节销磨损，造成挂挡困难，要调整球节销杆的长度，更换拨叉和换挡杆。

④因齿轮端面或花键轴磨损，造成挂挡困难，应更换齿轮或花键轴。

204. 变速箱为何自动脱挡？如何排除？

（1）现象 农用车在挂挡起步或行驶中，虽未摘挡，但挂挡齿轮却自动脱开啮合，跳回空挡，使传给变速箱二轴的动力被切断，造成车辆的起步或行驶不能正常进行。

（2）原因分析

①换挡轴定位槽与钢球磨损严重，定位弹簧折断或变软，使定位作用减弱，当车辆在行驶中振动时，使得换挡齿轮不受约束，自动脱开啮合，如图 3 - 89 所示。

②齿轮磨损严重。齿轮一端磨成锥形，在传递动力过程中产生轴向力，滑动齿轮在轴向力的作用下，脱开啮合，产生自动脱挡现象，如图 3 - 90 所示。

③拨叉、换挡杆或杠杆铰接销磨损，导致拨叉实际移动的行程减小，挂挡时，齿轮啮合不到位（挂上一半），齿轮受力后便

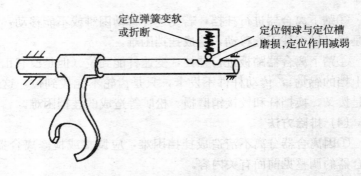

定位弹簧变软
或折断

定位钢球与定位槽
磨损,定位作用减弱

图 3 - 89   自动脱挡的原因

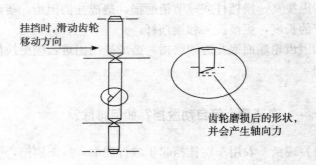

挂挡时,滑动齿轮
移动方向

齿轮磨损后的形状,
并会产生轴向力

图 3 - 90   齿轮磨损造成自动脱挡

自动脱开,造成脱挡。

(3) 诊断方法

①车辆挂挡起步时,手感觉挂挡到位,但车辆刚有运动趋势时,所挂的排挡就自动脱开,若用手限制挡把,车辆虽能起步,但当手松开挡把后,车辆在行驶中还会自动脱挡,这种现象表明是换挡齿轮磨损严重造成的。

②挂挡时,手感觉挡把没挂到位,车辆空行时能起步,装载后起步时发出"咣当"的脱挡声,表明是齿轮没啮合到位,造成自动脱挡。

③车辆在中高速行驶时，产生自动脱挡（挡把弹回较轻但明显），表明是拨叉的定位作用减弱，造成自动脱挡。

（4）排除方法

①因拨叉定位作用减弱而造成自动脱挡时，应更换定位钢球定位销、弹簧，必要时更换拨叉定位轴。

②因拨叉、换挡杆等零件磨损，造成挂挡不到位而引起自动脱挡时，首先要调整换挡杆的位置，调整无效时应更换有关零件。

③因齿轮磨损造成自动脱挡时，应更换脱挡的那一对齿轮。

205. 农用车装配传动轴应注意什么？

（1）装配传动轴应符合有关技术要求。

（2）伸缩套管叉和传动轴管应在同一平面；传动轴管和伸缩套管叉如有箭头记号，装配时应按照箭头对准内齿键。

（3）十字轴、针形滚柱和万向节轴承套，装配时应进行选配，针形滚柱用外径百分尺测量，按 0.005mm 进行分级分类，同一轴承的针形滚柱直径相差不得大于 0.005mm；十字轴与滚柱的配合间隙为 0.02~0.09mm。

（4）传动轴的装配顺序：

①清洗揩干全部零件，用压缩空气吹干油孔和气孔。

②装中间传动轴支承轴承于轴承盖中，装好两端油封，然后装在前传动轴上。

③将万向节轴承涂以齿轮油，配上油封，分别压入前传动轴端的万向节叉和凸缘孔中以及后传动轴伸缩套叉和凸缘叉孔中，并套在十字轴上。

④装上盖板或锁环。

⑤在伸缩套管叉内涂润滑脂，并套上传动轴的花键轴，旋紧油封盖。

⑥连接前传动轴凸缘叉与变速器二轴凸缘。

⑦将前传动轴安装在中间传动轴支架上。

⑧将万向节轴承涂油，配油封装在后传动轴万向节十字轴上。

⑨用螺栓将后传动轴凸缘和后桥主动齿轮凸缘连接紧固。

206. 装配十字万向节应注意什么？

万向传动装置装配质量的好坏，直接影响传动轴的正常工作、装置中零件的磨损和损坏、传动效率，因此在装配时，需注意下列几点：

（1）保证变速器第二轴与减速器主动轴的等速。因此在安装传动轴滑动叉时，应使两端万向节位于同一平面上，在车辆总安装时，应保持钢板弹簧的原来规格，发动机支架的垫块厚度不得任意改变。

（2）保证传动轴的平衡。传动轴的平衡破坏，将导致弯曲振动的产生，加速零件的损坏。

①传动轴轴管两端焊有的平衡片，不得任意变动。

②在十字轴轴承盖板下装有平衡片，在拆卸时要注意平衡片的数量和安装位置，装配时应如数装回原来位置。

③防尘套上两只卡箍的锁扣，应装在传动轴径向相对（相差180°）的位置。

（3）中间支承前后轴承盖的 3 个紧固螺栓在紧固时应按规定力矩（25N·m）均匀拧紧。过紧过松都会加速轴承的磨损，造成轴承发响。

（4）安装十字轴时，有加油嘴的一面应朝向传动轴；传动轴上的各加油嘴，均应位于同一平面上。

（5）中间轴承支架，应正直地固定在车架上，中间传动轴与轴承装配后，应能转动自如。

207. 三角皮带打滑的原因有哪些？如何排除？

（1）三角皮带打滑的原因主要有两个

①在三角皮带和传动轮摩擦面上沾有油污。

②三角皮带张紧度不足。

（2）检查三角皮带张紧度是否适宜的方法　用手指压在三角皮带中部，用 49～78.4 牛的力能把三角皮带按下 20～30mm 即为合适（图 3-91），否则就要调整。

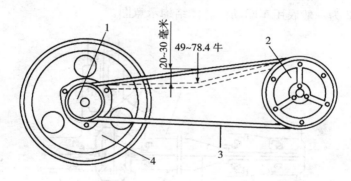

图 3-91　三角皮带（V 带）传动装置
1. 主动轮　2. 从动轮　3. 三角皮带　4. 飞轮

（3）三角皮带张紧度的调整方法　改变张紧轮位置、改变两传动轮中心距。飞轮与离合器之间的三角皮带的张紧度一般依靠改变两个传动轮中心距的方法调整，即通过柴油机沿车架前后移动来实现。调整时，首先卸下三角皮带罩，松开柴油机和车架之间的固定螺母，通过拧动锁紧螺栓，使柴油机前后移动，螺栓顺时针方向拧动，柴油机前移，三角皮带张紧度变大；逆时针方向拧动，柴油机后移，三角皮带张紧度变小。调整合适后，拧紧锁紧螺母。调整时，应注意使柴油机传动轮与从动轮的端面在同一平面内，误差不得超过 2mm（即主、从动传动轮轴中心线要平行，轮槽中心线要对齐）。

208. 后桥（驱动桥）的结构组成是怎样的？

驱动桥由主减速器、差速器、半轴和驱动桥壳等组成。由于现有的农用车都采用后轮驱动，这些部件集中于车辆底盘的后部，故也称后桥。其主要功用是传递扭矩、增大扭矩、改变扭矩的传递方向及降低转速等，驱动桥壳还承受推动车辆前进的力。在一些采用链传动的三轮农用车上，驱动桥中无主减速器。图3-92为一般农用车驱动桥总体结构示意图。

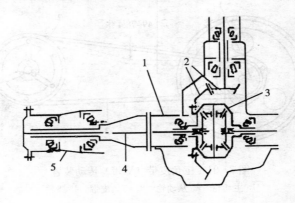

图3-92　驱动桥结构示意图
1.驱动桥壳　2.主减速器　3.差速器　4.半轴　5.轮毂

发动机扭矩经变速箱或传动轴输入驱动桥，首先由主减速器增大扭矩，降低转速，并使扭矩方向作 90° 的改变后经差速器将扭矩分配给左右两根半轴，最后再由半轴和轮毂传给驱动车轮。驱动桥壳由主减速器壳和半轴套管等构成，并由它承受车辆的重力和承受驱动轮上的各种作用力与反作用力矩。差速器在必要时能使两侧驱动轮以不同转速旋转。

驱动桥壳和主减速器壳刚性地连成一体，两侧的半轴和驱动轮不可能在横向平面内作相对摆动。整个驱动桥通过具有弹性元件的悬架机构与车架连接，构成采用非独立悬架的非断开式驱动桥。这是农用车驱动桥的典型结构形式。

（1）主减速器　主减速器又称中央传动，通常是由一对圆锥齿轮组成，其主要功用是降低转速，增大传至车轮的输出扭矩，以保证车辆行驶过程中具有足够的驱动力和适当的行驶速度。在发动机纵向布置的情况下，主减速器还用来改变扭矩传递方向，使之与驱动轮的旋转方向一致。

主减速器的齿轮形式主要有以下几种：

①直齿锥齿轮（图 3 - 93a）。这种齿轮加工制造、装配调整较简单，轴向力较小。但加工所需的最少齿数较多（最少为 12），同时参与啮合的齿数少，传动噪声较大，承载能力不够高。因此目前很少采用。

②螺旋锥齿轮（图 3 - 93b）。它的齿面节线形状是圆弧形或延长外摆线。圆弧齿在平均半径处的切线与该切点的圆锥母线之间的夹角 A 称为螺旋角；这种齿轮允许的最少齿数随螺旋角的增大而减少，最少可达 5～6 个齿。传动中同时参与啮合的齿数较多，故齿轮的承载能力较大，传动比大，运转平稳，噪声较小。

这种齿轮在传动过程中，由于螺旋角的存在，除产生直齿锥齿轮所具有的轴向力外，还有附

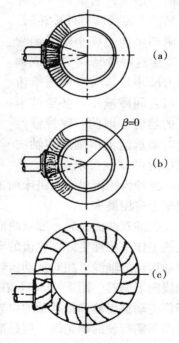

图 3 - 93　主减速器的齿轮形式
(a) 直齿锥齿轮　　(b) 螺旋锥齿轮
(c) 准双曲面齿轮

加轴向力的作用。附加轴向力的大小取决于螺旋角的大小，附加轴向力的方向与齿的螺旋方向和齿轮的旋转方向有关（图 3 - 94）。从齿轮的锥顶看去，右旋齿顺时针旋转或左旋齿反时针旋转时，其附加轴向力都朝大端（前进时产生这种情况），使合成轴向力增大。右旋齿反时针旋转或左旋齿顺时针旋转时，其附加轴向力朝小端（倒驶时产生这种情况），使合成轴向力减小，这时有使圆锥齿轮啮合间隙减小，甚至被卡住的趋势。因此，螺旋锥齿轮对轴承的支承刚度和轴向定位的可靠性要求更高。另

直齿

左旋 反时针旋转　　左旋 顺时针旋转

右旋 顺时针旋转　　右旋 反时针旋转

图 3 - 94　螺旋锥齿轮的附加轴向力

外，这种齿轮需要专门机床加工。目前螺旋锥齿轮主减速器在农用车上应用最多。

③准双曲面齿轮。准双曲面齿轮与螺旋锥齿轮相比，不仅齿轮的工作平稳性更好，轮齿的弯曲强度和接触强度更高，还具有主动齿轮的轴线可相对从动齿轮轴线偏移的特点。当主动锥齿轮轴线向下偏时（图 3 - 93c），在保证一定离地间隙的情况下，可降低主动锥齿轮和传动轴的位置，因而使整车重心降低，有利于提高车辆行驶的稳定性。但是准双曲面齿轮工作时，齿面间有较大的相对滑动，且齿面间压力很大，齿面油膜易被破坏，必须采用含防刮伤添加剂的双曲面齿轮油，绝不允许用普通齿轮油代替。因此使准双曲面齿轮的应用受到一定的限制。

（2）差速器 车辆行驶时（如车辆转弯），两侧车轮在同一时间内驶过的距离不一定相等，因此，在两侧驱动轮之间设置差速器，用差速器连接左右半轴，可使两侧驱动轮以不同的转速旋转，同时传递扭矩，消除车轮的滑转和滑移现象，这就是差速器的功用。

目前农用车上采用的差速器种类较多，由于锥齿轮式差速器具有结构简单、尺寸紧凑和工作平稳等优点，因而被广泛应用于农用车的驱动桥中。图 3 - 95 所示为这种差速器的基本结构，主要由差速器壳、半轴、半轴齿轮、行星齿轮和行星齿轮轴组成。两个半轴齿轮分别与左、右半轴通过花键连接，行星齿轮滑套在行星齿轮轴上。行星齿轮随行星齿轮轴和差速器壳与主减速器大锥齿轮一起旋转（公转），也可以绕行星齿轮轴旋转（自转）。因而当车

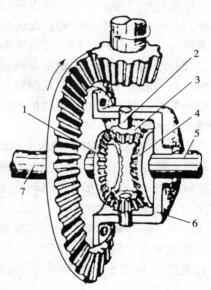

图 3 - 95　圆锥齿轮差速器
1、4. 半轴齿轮　2. 行星齿轮轴
3. 行星齿轮　5、7. 半轴　6. 差速器壳

辆两侧驱动轮遇到不同的阻力时，两半轴就有不同的转速。

当车辆沿平路直线行驶时，两侧驱动轮的运动阻力相同。此时整个差速器连同两根半轴如同一个整体一样地转动，行星齿轮只有随差速器壳的公转，没有自转，两侧驱动轮转速相同。

当车辆转弯时，内侧驱动轮受到的阻力较大，使内侧半轴齿轮转速降低（低于差速器壳的转速）。此时行星齿轮除了随差速器壳的公转之外，还要绕行星齿轮轴自转，于是外侧半轴齿轮（驱动轮）转速增加，其增加值恰好等于内侧转速的降低值，满

足了转向要求。

行星齿轮和半轴齿轮装在差速器壳内，行星齿轮的背面即同差速器壳的接触面做成球面形状，这样可以保证行星齿轮更好地对正中心，与半轴齿轮正确地啮合。由于差速器在工作过程中，沿行星齿轮和半轴齿轮的轴线作用有很大的轴向力，为减少差速器壳同行星齿轮、半轴齿轮背面的磨损，在它们之间装有青铜的承推垫片。承推垫片磨损后可以更换。

(3) 半轴　半轴把扭矩从差速器传给驱动轮，因承受较大的扭矩，故一般采用实心轴，其内端具有外花键，与半轴齿轮的内花键相配合。目前农用车驱动桥中，半轴的支承方式有全浮式和半浮式两种。

图 3-96a 为半轴作全浮式支承的驱动桥示意图。如图所示，半轴外凸缘用螺钉和轮毂连接。轮毂通过两个圆锥滚子轴承支承在半轴套管上。半轴套管与驱动桥壳连为一体。路面对驱动轮的作用力及其引起的弯曲力矩，由轮毂通过轴承直接传给桥壳，由桥壳承受。在半轴内端作用在主减速器从动齿轮上的力及弯矩由差速器壳承受。故这种支承形式，半轴只承受扭矩，而两端不承受任何反力和弯矩。这种支承形式称为全浮式。显然，所谓

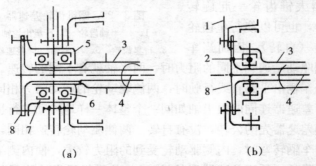

图 3-96　半轴支承示意图
(a) 全浮式　(b) 半浮式
1. 车轮　2、6、7. 轴承　3. 半轴套管　4. 半轴　5. 轮毂　8. 半轴凸缘

"浮"，即指卸除半轴的弯曲载荷而言。

全浮式支承的半轴，外端多为凸缘盘与半轴制成一体。但也有一些农用车把凸缘盘制成单独零件，并借助花健套合在半轴外端，因而半轴的两端都是花健端。全浮式支承的半轴拆装容易，只需拧下半轴凸缘的螺钉，即可将半轴从半轴套管中抽出。半轴抽出后，车轮与桥壳照样能支承住车体。

图 3-96b 所示为半浮式支承的半轴。半轴内端的支承连接情况与全浮式完全相同，故半轴内端只承受扭矩。但半轴外端的支承连接结构则与全浮式不同。半轴外端的凸缘盘用螺钉同轮毂连接，半轴用滚珠轴承支承在桥壳内。轮毂和桥无直接联系，显然，作用在车轮上的力都必须经过半轴才能传到桥壳上，因而这些力所造成的弯曲力矩也必须全部由半轴承受，然后再传给桥壳。这种支承形式称为半浮式。半浮式半轴结构简单，质量小，因而在农用车驱动桥中应用也较多。

（4）驱动桥壳　驱动桥的桥壳在传动系中是作为主减速器、差速器和半轴等部件的支承、包容元件，起着保护这些部件的作用。但是，驱动桥壳又同时作为行驶系主要组成元件之一，故还具有如下功用：使左右驱动轮的轴向相对位置固定，并同前桥一起支承车架及车架上各总成的重力，在车辆行驶时，承受由车轮传来路面的反作用力和力矩，并通过悬架传给车架。

驱动桥壳的结构形式可分为整体式和分段式两大类。整体式驱动桥壳的优点是当检查主减速器、差速器的工作情况，以及拆装差速器时，不必把整个驱动桥从车上拆下来，因而保养修理方便。按整体式驱动桥壳的制造方法又可分为铸造的和焊接的两种。铸造式驱动桥壳的优点是刚度、强度较大，可设计和铸造出合理的桥壳结构形状，但质量较大。目前在农用车上广泛采用钢板冲压焊接而成的整体式驱动桥壳，冲压焊接式桥壳与铸造式桥壳相比，其质量大为减小。分段式桥壳从铸造角度考虑比整体式桥壳的制造较为容易些。但其装配、调整和保养修理均十分不便。当要拆检差速器、主减速器等部件时，必须把整个驱动桥从车上拆下来。

209. 如何使用与维护驱动桥？

（1）经常检查驱动桥各部位紧固螺栓、螺母是否松动或脱落。

（2）定期更换主减速器的润滑油和轮毂的润滑脂。必须按规定加注双曲线齿轮油，否则，将导致双曲线齿轮的很快磨损。夏季用 28 号双曲线齿轮油，冬季用 22 号双曲线齿轮油。润滑脂为 2 号锂基润滑脂。

（3）由于半轴凸缘传递的扭矩很大，并且承受冲击负荷，因此必须经常检查半轴螺栓的紧固情况，防止半轴螺栓因松动而断裂。

（4）新车行驶 1 500～3 000km 时，拆下主减速器总成，清洗减速器桥壳内腔，且更换润滑油，以后每年冬、夏各换一次。

（5）车辆行驶 6 000～8 000km 时，应进行二级维护。维护时应将轮毂拆下，清洗轮毂内腔及轮毂轴承，在轴承内圈滚珠和保持架之间的空隙加满润滑脂，然后装复，按规定调整轮毂轴承。装配时注意检查半轴套管和轴承螺母螺纹是否损坏。如果严重磕碰或配合间隙过大，就必须更换。检查并补充后桥内的润滑油，检查通气塞，使之保持清洁、畅通。

210. 怎样检查调整后桥大小圆锥齿轮（主、从动锥齿轮）轴承预紧力？

轴承的预紧度的正确调整可提高轴向刚度，对主、从动锥齿轮的啮合有良好的作用，可延长其使用寿命；但过紧会使轴承工作时发热，反而降低轴承的使用寿命。预紧力不易测量，有些车

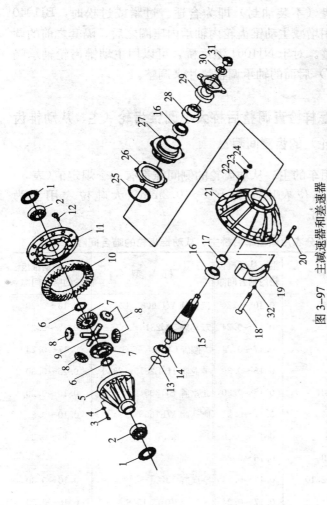

图 3-97 主减速器和差速器

1.差速器轴承调整螺母 2.差速器轴承 3.差速器壳轴 4.弹簧垫圈 5.差速器壳(A) 6.半轴齿轮止推垫片 7.半轴齿轮
8.星星齿轮 9.行星齿轮轴 10.从动齿轮 11.差速器壳 12.从动齿轮螺栓 13.导向轴承挡圈 14.主动锥齿轮导向轴承
15.主动齿轮轴 16.主动齿轮轴承 17.弹性隔套 18.轴承盖连接螺栓 19.差速器轴承盖 20.差速器壳与桥壳螺栓
21.主减速器壳 22.双头螺柱 23.弹簧垫圈 24.螺母 25.O形圈 26.调整垫片 27.主动齿轮轴承座 28.主动齿轮油封
29.主动齿轮凸缘总成 30.凸缘垫片 31.凸缘螺母 32.弹簧垫圈

型规定了拧转轴时所需克服的摩擦阻力矩来间接表示预紧力。对广大驾驶员来讲，更实用的方法通常是用手指力，以能拨动其轴上传动法兰盘（不装油封）即为合适。过紧或过松时，BJ1040型车后桥可用增减主动锥齿轮内轴承内座圈之后、隔套之前的调整垫片来调整。对于 NJ1061 型后桥，可以用主动锥齿轮轴承隔套（图 3 - 97）后面的轴承调整垫片来调整。

211. 怎样检查调整后桥大小圆锥齿轮（主、从动锥齿轮）的齿侧间隙？

各型农用车的主、从动齿轮的侧间隙都有一个规定值（表 3 - 8），一般小吨位农用车为 0.1～0.2mm，大吨位农用车为 0.15～0.30mm。

表 3 - 8　部分农用运输车后桥主、从动锥齿轮的啮合间隙 （mm）

机　型	主、从动锥齿轮的啮合间隙	机　型	主、从动锥齿轮的啮合间隙
金狮牌 TY1608 型	0.10～0.20	巨力牌 WJ1608、1205	0.10～0.20
金马牌小型系列	0.17～0.24	双马牌 SM2815	0.17～0.24
LM2815 系列	0.17～0.24	方圆牌 CL1305、1608、2010	0.17～0.24
丰收牌 2815	0.15～0.30	神龙牌 HSL2815、2310	0.15～0.30
飞彩牌 2310、2815	0.15～0.30	北京牌 BJ1305	0.10～0.20
方圆牌 2815	0.17～0.24	康达牌 WF1608	0.10～0.20
天山牌 TSQ2815	0.15～0.30	2815	0.17～0.24
四方牌 TH905 - Ⅱ	0.16～0.36		
SF2815、2310	0.17～0.24	宇康牌 YK2815	0.10～0.20
华山牌	0.17～0.24	2010、1508	0.10～0.20
桔州牌 JZ - FD2815、2415	0.15～0.30		
2010、1605	0.15～0.30	兰驼牌 LT2815、2810	0.15～0.30

(续)

机　　型	主、从动锥齿轮的啮合间隙	机　　型	主、从动锥齿轮的啮合间隙
王牌 CDW2815 系列	0.1～0.2	铁武林牌 FL2815	0.15～0.30
CDW2010	0.17～0.24	2310、1508	0.17～0.24
		铁牛牌 TN2815	0.15～0.30
神宇牌 DSK2815	0.17～0.24	烟台牌 YTQ2815、2310	0.15～0.30
1608、1305	0.15～0.30	1608、1205	0.10～0.20
SEN1608、2010	0.10～0.20	华山牌 1608、1205、2815	0.10～0.20
		金猴牌 JS2815	0.15～0.30
中原牌 ZY2815、2010、1608	0.17～0.24	2015	
中锋牌 ZF2310	0.2～0.6	东方牌 YT1608 系列	0.10～0.20
津驰牌 TC2310、1608、1205	0.10～0.20		
DT1608	0.10～0.20		

主、从动齿轮的齿侧间隙一般用轧入铅片的方法测量。把铅片或熔丝弯成∽形。置于两齿轮的非工作面之间，转动齿轮副，取出被挤压的铅片或熔丝，量得最薄的厚度，即为齿侧间隙。

对于如 BJ1040（1041）型这类车辆的后桥结构形式，齿侧间隙调整方法是：首先取下差速器壳上两个锥轴承调整螺母的锁片，然后以相等圈数拧紧一端的调整螺母，拧松另一端的调整螺母，即可使大锥齿轮沿轴向移动，达到调整主、从动齿轮齿侧间隙的目的，且不改变差速器壳上两个圆锥轴承的预紧度，直到齿侧间隙达到车辆要求值时为止。对于 BJ1040（1041）型车，该齿侧间隙的测量也可将主动齿轮固定不动，轻微转动从动齿轮，在其大端测量其位移值应为 0.20～0.50mm，并在从动锥齿轮圆周上不少于 3 个等距离分齿的齿牙上检查测量。

对于如 NJ1061 型车辆的后桥，主、从动锥齿轮齿侧间隙的调整是由主动锥齿轮的轴承壳和后桥壳之间的调整垫片的增减使

主动锥齿轮轴向移动来完成的（图 3 - 97），其规定值为
0.10～0.40mm。

212. 怎样检查调整后桥大小圆锥齿轮的啮合印痕?

为了检查啮合印痕，可在小齿轮或大齿轮的工作齿面上涂一层
红铅油，然后正反方向转动齿轮，便可在齿面上呈现出啮合印痕。

移动齿轮方向		被动齿轮上印迹的位置
向前	退后	
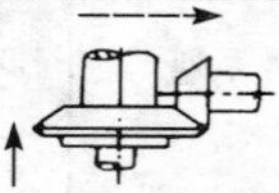		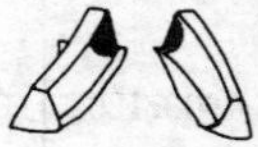
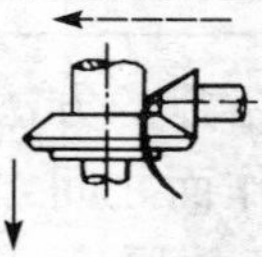		
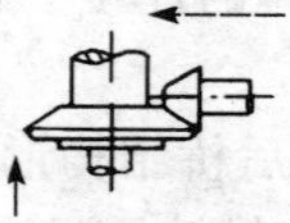		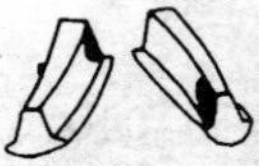
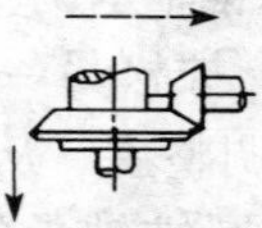		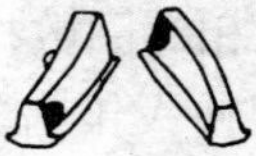
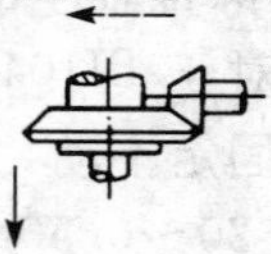		
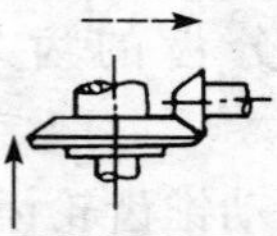		

图 3 - 98 BJ1040 双曲线圆锥齿轮啮合印痕的调

正确的印痕应分布在工作齿高的中部并靠近小端 2～4mm 处。印痕允许呈斑点状，印痕的长度和高度一般不小于齿长和齿高的 50%。

BJ1040（1041）型车后桥双曲线主、从动锥齿轮啮合印痕的调整是靠它们各自的轴向移动来实现的。主动锥齿轮的轴向位移可通过增减垫片来进行；从动锥齿轮则通过旋转差速器轴承的调整螺母来实现。

主、从动锥齿轮的接触斑点检查以从动轮为主。啮合印痕的不同位置与齿轮应调整移动的方向如图 3‐98 所示。

由于啮合间隙与啮合印痕的调整方法相同。均是以移动主、从动锥齿轮的轴向位移来实现的，所以两者调整时，应以啮合印痕为主，以保证传动过程中的受力要求。在满足印痕的条件下，可将间隙适当放大，直到两者均符合要求。

$213.$　后桥过热的原因是什么？如何排除？

（1）现象　后桥在正常情况下，用手摸壳体时，应没有烫手的感觉，若感觉烫手，表明后桥过热。

（2）原因分析　轴承间隙过小，齿轮啮合间隙过小或齿轮啮合不正确，润滑油不足，均会造成后桥过热，总之，后桥过热的热源来自零件间的相互摩擦。

（3）诊断与排除方法

①用手摸轴承部位，若感觉烫手，其他部位温度略低，表明是轴承间隙过小或损坏产生的摩擦热，此时应调整轴承间隙，轴承损坏应更换新轴承。

②用手摸主壳部位，若感觉烫手，其他部位温度略低，表明是齿轮啮合间隙过小或啮合不正确，应调整啮合印痕及齿侧间隙。

③用手摸桥壳，若感觉整体温度均高时，应检查润滑油量，不足应添加。

214. 怎样判断与排除后桥异响？

（1）现象 车辆在行驶中，后桥内传出"嗡嗡"、"咣当、咣当"或"哗啦哗啦"的声音，当负荷减轻或速度减慢时，异响减弱。

（2）原因分析

①后桥内传出连续的"嗡嗡"声，随负荷增加、转速增高，声音增大，表明是主传动器的主、从动锥齿轮啮合不正确，两齿相互摩擦而产生噪声。

②车辆在行驶中和滑行时均能听到间断的"咣当咣当"的声音，表明主、从动齿轮有断齿现象。

③车辆在行驶中，后桥内传出连续不断的"哗啦哗啦"的声音，滑行时声音减弱，表明是后桥内支承主、从动齿轮的轴承损坏。

④差速器齿轮和轴承损坏后，也会产生与上述相同的声音。

（3）排除方法 后桥产生异响时，除缺油导致的异响外（加注润滑油后声音消失），均应拆下后桥，清洗干净零件后，结合异响产生的情况进行检查，找出产生异响的部位及损坏的零件，进行调整或更换损坏零件。检查时按下列顺序进行：

①检查齿轮是否有断齿，若有断齿，应成对更换齿轮。

②检查差速器螺栓是否松动，若松动予以紧固。

③检查小锥齿轮轴承间隙及轴承磨损情况，若不合适应调整轴承间隙或更换轴承。

④检查大锥齿轮轴承间隙及轴承磨损情况，若不符合应进行调整或更换轴承。

⑤检查主、从动齿轮的啮合印痕，若不正确应进行调整。

⑥检查主、从动齿轮的齿侧间隙，若齿侧间隙超限应成对更换齿轮。

215. 行走系统由哪些零部件组成？各有何功用？

农用车的行驶系统由车架、车桥、悬架和车轮组成。

（1）悬架结构　悬架是车架或车身与车桥之间一切传力连接装置的总称，其主要作用是弹性的连接车桥与车架或车身，缓和行驶中受到的冲击力，保证货物完好和人员舒适；衰减由于弹性系统引起的震动，传递垂直、纵向、侧向反力及其力矩；并起导向作用，使车轮按一定轨迹相对车身跳动。悬架装置分为前悬架总成和后悬架总成。

①前悬架。前悬架总成结构如图 3-99 所示。钢板弹簧用 U 形螺栓（骑马螺栓）与前轴连接，两端与车架铰接，减震器作用在车架与轴之间。

②后悬架。四轮农用车的后悬架多为左、右两套由主、副钢板弹簧组成，如图 3-100 所示。

（2）车架　车架俗称大梁，是承受车辆载荷的基础件，其上安装发动机、变速箱、前后桥等总成和部件。在车辆行驶时，它承受来自装配在其上的各部件传来的力及其相应的力矩的作用；当车辆在崎岖不平的道路上行驶时，车架在载荷作用下会产生弯曲变形，使安装在其上的各部件的相互位置发生变化，若车架变形过大时，则会破坏这些部件的正常工作；遇到障碍及扭转时，车架会受到很大的冲击载荷。因而要求车架具有足够的强度和合适的刚度，同时尽量减轻重量，使结构简单，以减轻整车的自重。在满足通过性要求的前提下，车架应布置得离地面近一些，使汽车重心降低，有利于提高汽车行驶的稳定性，并使前轮获得足够的转向角，满足汽车转向的要求。车架结构如图 3-101 所示。

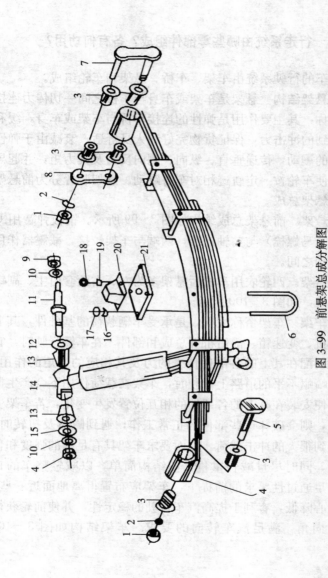

图 3-99 前悬架总成分解图

1.螺母 2.垫圈 3.钢板弹簧橡胶衬套 4.钢板总成 5.骑马螺栓 6.U形螺栓 7.吊耳环 8.吊耳 9.螺母 10.垫圈 11.减震轴
12.衬套垫圈 13.衬套 14.减震器总成 15.衬套垫圈 16.垫圈 17.紧固螺母 18.螺栓 19.垫圈 20.缓冲块 21.骑马螺栓盖板

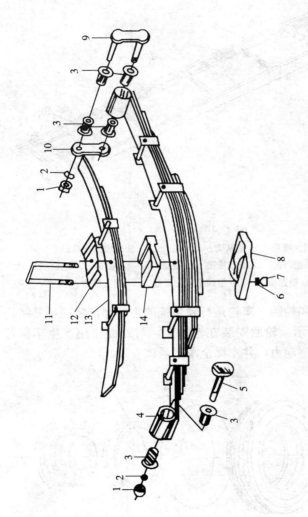

图 3-100　后悬架总成分解图

1.螺母　2.6.垫圈　3.前钢板弹簧橡胶衬套　4.前钢板弹簧总成　5.前钢板弹簧销总成　7.紧固螺母
8.后钢板弹簧紧固板　9.前钢板弹簧吊耳总成　10.前钢板弹簧吊耳　11.后弹簧骑马螺栓　12.后钢板弹簧
簧盖板　13.副前钢板弹簧总成　14.副钢板弹簧底板

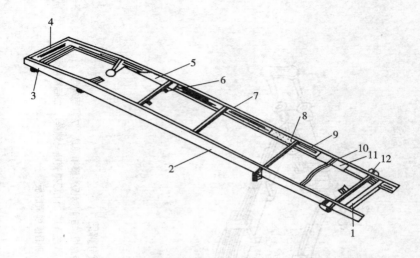

图 3 - 101　车　架

1. 后附加横梁　2. 左纵梁　3. 前横梁　4. 前附加横梁总成
5. 第二横梁加强板　6. 第二横梁　7. 横梁　8. 第三横梁　9. 右纵梁
10. 第四横梁　11. 第四横梁加固板　12. 第五横梁

（3）车轮和轮胎　车轮是行驶系统的主要部件之一，其结构如图 3 - 102 所示。轮胎安装在轮辋上，与路面作用产生车辆行驶的驱动力和制动力，并支撑全车重量。

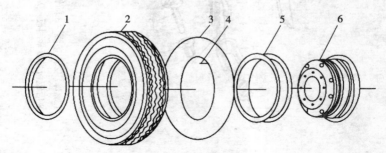

图 3 - 102　车轮总成

1. 挡圈　2. 外胎　3. 内胎　4. 气门嘴　5. 垫带　6. 轮辋轮辐总成

216. 怎样识别轮胎标记?

　　轮胎是农用车的重要部件，在农用车轮胎上的标记有 10 余种，正确识别这些标记对轮胎的选配、使用、保养十分重要，对于保障行车安全和延长轮胎使用寿命具有重要意义。

　　轮胎规格：规格是轮胎几何参数与物理性能的标志数据。轮胎规格常用一组数字表示，前一个数字表示轮胎断面宽度，后一个数字表示轮辋直径，均以英寸为单位。中间的字母或符号有特殊含义："X"表示高压胎；"R"、"Z"表示子午胎；"-"表示低压胎。

　　层级：层级是指轮胎橡胶层内帘布的公称层数，与实际帘布层数不完全一致，是轮胎强度的重要指标。层级用中文标示，如 12 层级；用英文标志，如"14P. R"即 14 层极。

　　帘线材料：有的轮胎单独标示，如"尼龙"（NYLON），一般标在层级之后；也有的轮胎厂家标注在规格之后，用汉语拼音的第一个字母表示，如 9.00 - 20N、7.50 - 20G 等，N 表示尼龙、G 表示钢丝、M 表示棉线、R 表示人造丝。

　　负荷及气压：一般标示最大负荷及相应气压，负荷以"kg"为单位，气压即轮胎胎压，单位为"kPa"。

　　轮辋规格：表示与轮胎相配用的轮辋规格，便于实际使用，如"标准轮辋 5.00F"。

　　平衡标志：用彩色橡胶制成标记形状，印在胎侧，表示轮胎此处最轻，组装时应正对气门嘴，以保证整个轮胎的平衡性。

　　滚动方向：轮胎上的花纹对行驶中的排水防滑特别关键，所以花纹不对称的越野车轮胎常用箭头标示装配滚动方向，以保证设计的附着力、防滑等性能。如果装错，则适得其反。

　　磨损极限标志：轮胎一侧用橡胶条、块标示轮胎的磨损极限，一旦轮胎磨损达到这一标志位置应及时更换，否则会因强度不够发生爆胎。

生产批号：用一组数字及字母标示，表示轮胎的制造年月及数量。如"98N08B5820"表示 1998 年 8 月 B 组生产的第 5820 只轮胎。生产批号用于识别轮胎的新旧程度及存放时间。

商标：商标是轮胎生产厂家的标志，包括商标文字及图案，一般比较突出和醒目，易于识别，大多与生产企业厂名相连标示。

其他标记：如产品等级、生产许可证号及其他附属标志，可作为选用时的参考资料和信息。

例：185/70R1486H

185：胎面宽（mm）

70：扁平比（胎高÷胎宽）

R：子午线结构

14：轮辋直径（英寸）

86：载重指数（表示对应的最大载荷为 530kg）

H：速度代号（表示最高安全极速是 210km/h）

217. 怎样拆卸和装配轮胎？

先用扳手旋松车轮螺母，然后用千斤顶使车轮离地，旋下车轮螺母，取下车轮。把有轮辐锁圈的一面朝上，卸下气门嘴罩，并取出气门芯，放出内胎的空气。用撬棒插入轮辐锁圈下面。将气门嘴附近的轮缘撬出轮圈外。

装配轮胎时，可按以下步骤进行：

（1）将内胎稍充入些空气。并在内胎外表面涂上滑石粉。

（2）将内胎装入外胎中，并用手检查内胎是否均匀地装在外胎中，不允许有褶皱现象。

（3）将轮辐总成放在地面上，并将装气门嘴一侧朝上，把轮胎套在轮辐上，使气门嘴装在轮辋气孔中；在轮辐总成的下面垫木块，使轮胎全部套在轮辋上，最后装上边圈。

（4）把轮辐锁圈放在边圈上，用撬棒将轮辐锁圈开口处的一端压入轮辋的边圈内,然后用木锤敲打轮辐锁圈,使其逐渐压入轮辋边槽中。

(5)对内胎充气,同时用木锤敲打外胎,当空气压力达到标准压力时,放掉一半空气,重新充气。

(6)将车轮装到车上。旋上车轮螺母,去除千斤顶,使车轮落地,然后用专用扳手按规定力矩拧紧车轮螺母。

注意:安装车轮螺栓、螺母时,左侧车轮用左旋螺纹,右侧车轮用右旋螺纹,千万不要混装。

218. 轮胎有哪些异常磨损?

轮胎直接与地面接触,既要支承全车的重量,吸收和缓冲路面震动,又要有良好的附着性能,以提示农用车的动力性、制动性和通过性。所以轮胎性能的好坏非常重要。

轮胎异常磨损呈多种表现形式,但其共同影响因素是轮胎的气压、轮胎的动平衡、前轮定位、转向机构等。

轮胎异常磨损,主要表现在以下 5 个症状:

(1)胎冠两肩磨损　前轮左右两侧的胎肩比中间部分磨损严重,如图 3-103 所示。主要原因主要是轮胎气压不足,超载

正常磨损　　胎冠两肩磨损　　　　正常磨损　　胎冠中部磨损

图 3-103　胎冠两肩磨损　　　　图 3-104　胎冠中部磨损

或者偏载。

(2) 胎冠中部磨损（图 3‑104）　　主要原因是轮胎气压过高。

(3) 胎冠外侧或内侧磨损（图 3‑105）　　主要原因是前轮外倾角不对，转向节臂弯曲变形，轮胎未及时换位等。

(4) 胎冠锯齿状磨损（图 3‑106）　　主要原因是前束值不对，转向节臂弯曲变形。

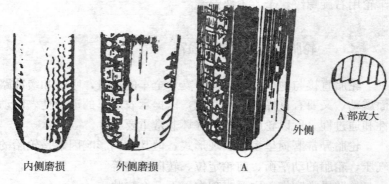

图 3‑105　胎冠外侧或内侧磨损　　　图 3‑106　胎冠锯齿状磨损

(5) 胎冠呈波浪状或碟边状磨损（图 3‑107）　　主要原因是轮胎不平衡，轮毂轴承松旷。

图 3‑107　胎冠呈波浪状或碟边状磨损

219. 如何延长农用车轮胎的使用寿命?

轮胎的使用寿命,除轮胎及轮辋的构造外,基本上取决于轮胎所受负荷、气压、路面状况、行驶条件、外界温度等因素。其他如车轮定位参数的调整、制动次数(特别是紧急制动的次数)、驾驶员是否正确使用和保养轮胎,也与轮胎的使用寿命有关。

为延长轮胎的使用寿命,应注意如下几方面:

(1)行车中应严格控制轮胎温度,要保证轮胎温度不超过 90℃。

(2)认真执行轮胎的充气标准,保证轮胎气压在其规定范围内。

(3)严格控制轮胎所受负荷,禁止超载。

(4)经常检查各车轮的定位参数,保持转向、行驶、制动系统技术状况良好。

(5)合理选用搭配轮胎,按期实现轮胎换位。

(6)严格遵守驾驶员操作规程。起步不可猛,尽量避免频繁使用制动和紧急制动,在转弯和坏路上行驶时要适当减速,超越障碍物时要防止轮胎局部严重变形或刮伤胎面,不要将车停在有油污或金属渣集聚的地方,尽量不要在停车后转动转向盘。

(7)轮胎封存时,不要让轮胎受到日晒和雨淋。

220. 安装车轮不平衡的原因是什么?

(1)轮毂、制动鼓(盘)加工时定心定位不准、加工误差大、非加工面铸造误差大、热处理变形、使用中变形或磨损不均。

(2)轮胎螺栓质量不等、轮辋质量分布不均或径向圆跳动、端面圆跳动过大。

（3）轮胎质量分布不均、尺寸或形状误差过大、使用中变形或磨损不均、使用翻新胎或补胎。

（4）并装双胎的充气嘴未相隔 180°安装，单胎的充气嘴未与不平衡点标记（经过平衡试验的新轮胎，往往在胎侧标有红、黄、白或浅蓝色的□、△、○、◇等符号，用来表示不平衡点位置）相隔 180°安装。

（5）轮毂、制动鼓（盘）、轮胎螺栓、轮辋、内胎、衬带、轮胎等拆卸后重新组装时，累计的不平衡质量或形位偏差过大，破坏了原来的平衡。

221. 怎样检查调整前轮前束值？

检查前束值一般在专用前轮定位仪上进行。如果没有该设备，可利用简易工具进行检测。

检查调整前轮前束值的方法如下：

（1）检查车辆的前轮前束值，必须将车辆放置在水平且硬实的路面上进行。

（2）使前轮处于直线行驶的位置，并向前滚动 2m 以上。

（3）将前束尺放在两前轮之间（置于前轴轴心的高度），如图 3-108 所示，前束尺两端链条刚好接触地面，移动标尺，使"0"点对准指针。然后转动两前轮（或向前推动汽车），使前束尺随车轮转到后面，到达前面所置的高度，此时链条端头刚好接触地面。前束尺上所示的数字即为前束数值（指针指向"＋"为前束值，指向"－"为负前束值）。

没有前束尺时也可采用卷尺、绳子等进行测量。如用卷尺测量时，可将前轮架起使其刚刚离开地面（两轮同等高度），能转动车轮。用划针在规定的前束测量处（胎面中心线上）作上标记，两边标记离地面的高度为车前轮中心水平高度，（为缩小测量误差，记号应做得精确），量出标记间的距离，再将车轮转过

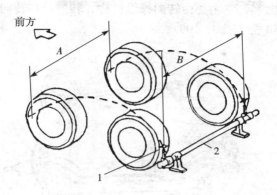

图 3 - 108 前轮前束的测量
1. 记号 2. 前束量规

半圈，标记转到后面（离地面的高度同前），再量出其距离，用后边的数减去前边的数值即为前束值。

（4）调整前，将农用车的前桥用千斤顶可靠地支起来，使前轮能自由转动。松开横拉杆两端的锁紧螺母或锁紧螺栓，转动横拉杆中部使前束改变。调整时，应边调整，边测量，调整合适后，紧固锁紧螺母或锁紧螺栓。放下千斤顶后还应按前面的方法再检查一遍前轮前束的数值。如不合格，还得重新调整。注意，前轮前束的数值一定要按该车使用说明书的数值调整。因为同样吨位的农用车，其前束的数值不一定相同。如 0.75 吨级的农用车，有的前束值为 4～6，有的为 2～4，有的为 1.5～3，有的为 1～5。因此一定要按该车使用说明书的数值调整前束值。

222. 转向系统有何功用？由哪些零部件组成？

农用车行驶过程中，由驾驶员操纵的，用来迫使转向轮偏转，然后再回位的一整套机构，就称为农用车的转向系。其功用是改变农用车的行驶方向和保持稳定的直线行驶。农用车大多采用机械转向系，它主要由转向操纵机构、转向器和转向传动机构三大部分组成（图 3 - 109）。

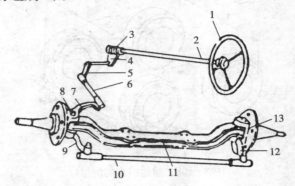

图 3 - 109　转向机构示意图

1. 转向盘　2. 转向轴　3. 蜗杆　4. 齿扇　5. 转向臂
6. 转向直拉杆　7. 转向直拉杆臂　8. 主销　9、12. 转向节臂
10. 转向横拉杆　11. 前轴（梁）　13. 转向节

驾驶员转动转向盘，通过转向轴和具有一定增力作用的啮合传动副（图中蜗杆和齿扇）使转向臂绕其轴摆动；然后经直拉杆和直拉杆臂使左转向节及左转向轮绕主销偏转；同时又经过左转向节臂、转向横拉杆和右转向节臂、右转向节使右转向轮绕其主销向同一方向偏转。

转向盘、转向轴为转向操纵机构，啮合传动副称为转向器。其功用是将驾驶员加在转向盘上的力增大后传给直拉杆，并将转向盘的圆周运动变为转向臂的摆动。转向臂、转向直拉杆、左右转向节及转向横拉杆等总称为转向传动机构。其功用是把转向器传来的力传给左右两侧转向节，从而产生转向力矩，使左右两侧车轮按着一定的规律偏转，实现转向。

转向系对车辆转向的灵活性和操纵轻便性起着决定性的作用，直接影响着车辆行驶的安全性。

许多农用车的转向器与转向盘同轴线，因而其间没有转向万向节和转向传动轴。但是，有时为了兼顾底盘和车身（驾驶室）总体布置的要求，往往需要将转向器和转向盘的轴线布置得相交成一定角度，甚至处于不同平面内，因而在转向操纵机构中采用了万向传动装置。在转向盘与转向器同轴线的情况下，也可采用万向传动装置，以补偿由于部件在车上的安装误差和安装基体（驾驶室、车架）的变形所造成的二者轴线实际上的不重合。

（1）转向器及转向操纵机构　转向器是转向系中的减速传动装置，可按其中传动副的结构形式分类。转向器结构形式很多，农用车上应用较广的有球面蜗杆滚轮式、循环球齿条齿扇式、蜗杆曲柄指销式、齿轮齿条式等几种。

转向器的输出功率与输入功率之比称为转向器传动效率。在功率由转向轴输入、由转向摇臂输出的情况下求得的传动效率称为正效率，而在传动方向与此相反时求得的效率则称为逆效率。逆效率很高的转向器很容易将经转向传动机构传来的路面反力传到转向轴和转向盘上，故称为可逆式转向器。可逆式转向器有利于车辆转向结束后转向轮和转向盘自动回正，但也能将坏路对车轮的冲击力传到转向盘，发生"打手"情况。

逆效率很低的转向器称为不可逆式转向器。不平道路对转向轮的冲击载荷输入这种转向器，即由其中各传动零件（主要是传动副）承受，而不会传到转向盘上。但是路面作用于转向轮上的回正力矩也同样不能传到转向盘，使得转向轮自动回正成为不可能。此外，道路的转向阻力矩也不能反馈到转向盘，使得驾驶员不能得到路面反馈信息（所谓丧失"路感"），无法据以调节转向力矩。

逆效率略高于不可逆式的转向器称为极限可逆式转向器。其反向传力性能介于可逆式和不可逆式之间，而接近于不可逆式，采用这种转向器时，驾驶员能有一定的路感，转向轮自动回正也可实现，而且只有当路面冲击力很大时，才能部分地传到转向盘。由于农用车转向时要有一定的路感，即转向器要有适当的可逆性，故所采用的转向器均属于可逆式或极限可逆式转向器。

在整个转向系中各传动件之间都必然存在着装配间隙，而且这些间隙将随着零件的磨损而增大。因而在转向盘转动过程的开始阶段，转向盘有一空转阶段。转向盘在空转阶段的角行程称为转向盘自由行程。转向盘自由行程对于缓和路面冲击及避免使驾驶员过度紧张是有利的，但过大，则影响转向灵敏性。一般说来，转向盘从相应于直线行驶的中间位置向任一方向的自由行程最好不超过 $10°\sim15°$。当零件磨损严重，使转向盘自由行程超过 $25°\sim30°$ 时，则必须进行调整。

①球面蜗杆滚轮式转向器。球面蜗杆滚轮式转向器如图 3-110 所示。转向轴通过平键固定在球面蜗杆上，而球面蜗杆又用两个圆锥滚子轴承支承在转向器壳体上，转向摇臂轴的一端通过

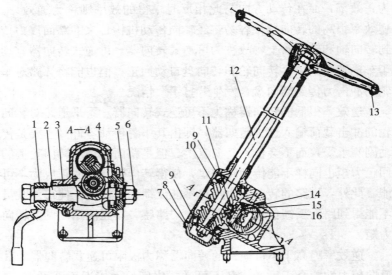

图 3-110 球面蜗杆滚轮式转向器

1. 转向摇臂 2. 转向摇臂轴 3. 铜套 4. 转向器壳 5. 调整螺钉 6. 锁紧螺母
7. 转向器壳下盖 8. 调整垫片 9. 圆锥滚子轴承 10. 球面蜗杆
11. 转向滚轮 12. 转向轴 13. 转向盘 14. 转向滚轮轴 15. 轴承座 16. 钢球

铜套支承在壳体上，另一端通过圆柱滚子轴承支承在侧盖上，摇臂轴的中部有凸起的 U 形销座，其上通过转向滚轮轴、轴承座和钢球而支承转向滚轮，滚轮与球面蜗杆相啮合。当转动方向盘而使球面蜗杆转动时，滚轮沿球面蜗杆的螺旋槽滚动，从而带动转向摇臂轴转动，使转向摇臂摆动。摇臂的摆动拉动了转向纵拉杆，从而操纵了转向梯形，促使两个导向轮偏转。

在球面蜗杆滚轮式转向器中，球面蜗杆与滚轮之间啮合间隙的调整是调整转向盘自由行程的重要环节。这个啮合间隙通过拧转调整螺钉使转向摇臂轴轴向移动的方法来调整。将调整螺钉拧入，啮合间隙变小；拧出，啮合间隙就变大。调整完毕后用锁紧螺母锁紧。为了调整圆锥滚子轴承的游隙，在转向器壳下盖处装有调整垫片，抽去垫片就可以减少轴承的游隙。

这种转向器，由于球面蜗杆与滚轮的传动是滚动摩擦，可减少转向器的磨损，同时也使转向轻便，此外，还具有较为合适的传动可逆性，而且在磨损后啮合间隙可以调整，因而得到广泛应用，但制造较为复杂。

②蜗杆曲柄指销式转向器。这种转向器中，传动副以转向蜗杆为主动件，从动件是装在摇臂轴曲柄端部的指销。转向盘带动转向蜗杆转动时，与之啮合的指销即绕摇臂轴轴线沿圆弧运动，并带动摇臂轴摆动。

蜗杆曲柄指销式转向器可以根据指销数目分为单销式和双销式。图 3 - 111 所示为单销式转向器。锥形指销与蜗杆相啮合。蜗杆具有不等距梯形螺纹，它支承在两个圆锥滚子轴承上。指销与转向蜗杆的啮合间隙可以通过调整螺钉 12 进行调整。

这种转向器的特点是结构较简单，传动效率较高，可逆性适中，摇臂轴转角较大，啮合间隙可调等。

③齿轮齿条式转向器。齿轮齿条式转向器多见于转向盘式转向的三轮农用车上。这种转向器中，作为传动副主动件的转向齿轮可装于转向轴上，或者与转向操纵机构相连。与转向齿轮啮合

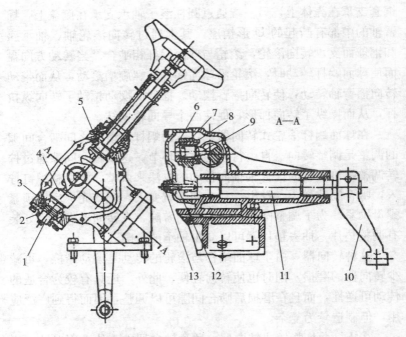

图 3 - 111　曲柄单销式转向器

1、12. 调整螺钉　2、13. 调整螺母　3、5. 锥轴承　4. 蜗杆　6. 指销座

7. 止推轴承　8. 滚针轴承　9. 指销　10. 摇臂　11. 摇臂轴

的转向齿条为水平布置。转向齿条的一端装有连接叉，可与转向
传动机构相连。采用齿轮齿条式转向器可以使转向传动机构简化
（不需要转向摇臂和转向主拉杆），故尽管其传动效率低，仍有农
用车采用。

　　④循环球式转向器。图 3 - 112 为某农用车采用的循环球齿
条齿扇式转向器。第一级传动副是螺杆-螺母；第二级传动副是
齿条-齿扇。在螺杆-螺母传动副中加进了传动元件——钢球。

　　在转向螺杆上松套着转向螺母。在螺杆和螺母的内圆面上制
出断面近似为半圆形的螺旋槽，二者的槽相配合即成近似圆形断
面的螺旋形通道。螺母侧面有孔，将钢球从此孔塞入到通道内。

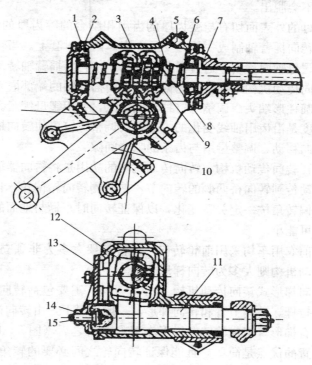

图 3 - 112　循环球齿条齿扇式转向器

1. 下盖　2、6. 垫片　3. 外壳　4. 螺杆　5. 加油螺塞
7. 上盖　8. 导管　9. 钢球　10. 转向摇臂　11. 转向摇臂轴　12. 转向螺母
13. 侧盖　14. 螺母　15. 调整螺钉

螺母外面有两根钢球导管，每根导管的两端分别塞入螺母侧面的孔内，导管内也装满钢球。这样，两根导管和螺母内的螺旋形通道组合成了两条各自独立的封闭的钢球"流道"。当转动螺杆时，通过钢球将力传给螺母，螺母即产生轴向移动。同时由于摩擦力的作用，所有钢球便在螺杆与螺母之间滚动，形成"球流"。钢球在螺母内绕行两圈后，流出螺母而进入导管，再由导管流回螺母内。故转向器工作时，两列钢球只是在各自的封闭流道内循

环，而不会脱出。

螺母的外表面切有与变齿厚的齿扇相啮合的等齿厚的齿条，齿扇与转向摇臂轴制成一体，支承在壳体内的衬套上。当转动螺杆时，螺母轴向移动，通过齿条和齿扇，使转向摇臂轴转动，再通过转向传动机构带动转向轮偏转。转向摇臂轴的端部嵌入调整螺钉的圆柱形端头。调整螺钉拧在侧盖上，并用螺母锁紧。因齿扇的高度是沿齿扇轴线变化的，故转动调整螺钉可使转向摇臂轴产生轴向移动，调整齿扇与齿条的啮合间隙。

（2）转向传动机构　转向传动机构的功用是将转向器输出的力和运动传到转向桥两侧的转向节，使两侧转向轮偏转，且使两转向轮偏转角按一定关系变化，以保证转向时车辆与地面的相对滑动尽可能小。

目前农用车均采用前轮转向，前桥悬架大多为非独立悬架，转向传动机构则大多为转向梯形式。

转向梯形式转向传动机构（图 3 - 113）主要包括转向摇臂、转向主拉杆、转向节臂和转向梯形。一般情况下，由转向横拉杆和左、右梯形臂组成的转向梯形布置在前桥之后（图 3 - 113a）。这种布置的优点是简单，且能保证转向轮之间必要的转角关系。当转向轮处于与直线行驶相应的中立位置时，梯形臂与横拉杆在道路平面内的交角 $\theta > 90°$。在发动机位置较低的情况下，为避免

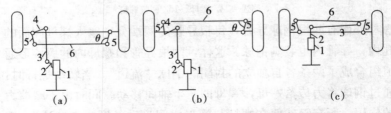

图 3 - 113　转向梯形式转向传动机构示意图
1. 转向器　2. 转向摇臂　3. 转向主拉杆
4. 转向节臂　5. 梯形臂　6. 转向横拉杆

运动干涉，往往将转向梯形布置在前桥之前，此时上述交角 $\theta <$ 90°（图 3 - 113b）。若转向摇臂不在纵向平面内前后摆动，而是在道路平面内左右摆动，则可将转向主拉杆横置，并借球头销直接带动转向横拉杆，从而使两侧梯形臂转动（图 3 - 113c）。

223. 滚动轴承可分为几类？如何选择？

（1）按滚动轴承结构类型分类

①按轴承所能承受的载荷方向或公称接触角的不同分类。

a. 向心轴承。主要用于承受径向载荷的滚动轴承，其公称接触角为 0°～45°。

按公称接触角不同又分为：

径向接触轴承：公称接触角为 0°的向心轴承。

向心角接触轴承：公称接触角为 0°～45°的向心轴承。

b. 推力轴承。主要用于承受轴向载荷的滚动轴承，其公称接触角为 45°～90°。

按公称接触角不同又分为：

轴向接触轴承：公称接触角为 90°的推力轴承。

推力角接触轴承：公称接触角为 45°～90°的推力轴承。

②按轴承滚动体的种类分类。

a. 球轴承。滚动体为球。

b. 滚子轴承：滚动体为滚子。滚子轴承按滚子种类又分为：

圆柱滚子轴承：滚动体是圆柱滚子的轴承，圆柱滚子的长度与直径之比小于或等于 3。

滚针轴承：滚动体是滚针的轴承，滚针的直径≤5mm，滚针的长度与直径之比＞3。

圆锥滚子轴承：滚动体是圆锥滚子的轴承。

调心滚子轴承：滚动体是球面滚子的轴承。

③按轴承工作时能否调心分类。

a. 调心轴承。滚道是球面形的，能适应两滚道轴心线间的角偏差及角运动的轴承。

b. 非调心轴承（刚性轴承）。能阻抗滚道间轴心线角偏移的轴承。

④按轴承滚动体的列数分类。

a. 单列轴承。具有 1 列滚动体的轴承。

b. 双列轴承。具有两列滚动体的轴承。

c. 多列轴承。具有多于两列滚动体的轴承，如 3 列、4 列轴承。

⑤按轴承部件能否分离分类。

a. 可分离轴承。具有可分离部件的轴承。

b. 不可分离轴承。轴承在最终配套后，套圈均不能任意自由分离的轴承。

（2）按滚动轴承尺寸大小分类

①微型轴承。公称外径尺寸范围为 26mm 以下的轴承。

②小型轴承。公称外径尺寸范围为 28～55mm 的轴承。

③中小型轴承。公称外径尺寸范围为 60～115mm 的轴承。

④中大型轴承。公称外径尺寸范围为 120～190mm 的轴承。

⑤大型轴承。公称外径尺寸范围为 200～430mm 的轴承。

⑥特大型轴承。公称外径尺寸范围为 440～2 000mm 的轴承。

⑦重大型轴承。公称外径尺寸范围为 2 000mm 以上的轴承。

（3）滚动轴承类型的选择　滚动轴承类型多种多样，选用时可考虑以下因素。

①载荷的大小、方向和性质。球轴承适于承受轻载荷，滚子轴承适于承受重载荷及冲击载荷。当滚动轴承受纯轴向载荷时，一般选用推力轴承；当滚动轴承受纯径向载荷时，一般选用深沟球轴承或短圆柱滚子轴承；当滚动轴承受纯径向载荷的同时，还有不大的轴向载荷时，可选用深沟球轴承、角接触球轴承、圆锥

滚子轴承及调心球或调心滚子轴承；当轴向载荷较大时，可选用接触角较大的角接触球轴承及圆锥滚子轴承，或者选用向心轴承和推力轴承组合在一起，这在极高轴向载荷或特别要求有较大轴向刚性时尤为适合滚动轴承。

②允许转速。因轴承的类型不同有很大的差异。一般情况下，摩擦小、发热量少的轴承，适于高转速。设计时应力求滚动轴承在低于其极限转速的条件下工作。

③刚性。轴承承受负荷时，轴承套圈和滚动体接触处就会产生弹性变形，变形量与载荷成比例，其比值决定轴承刚性的大小。一般可通过轴承的预紧来提高轴承的刚性；此外，在轴承支承设计中，考虑轴承的组合和排列方式也可改善轴承的支承刚度。

④调心性能。轴中心线相对轴承座孔中心线倾斜时，轴承仍能正常工作的能力。双列向心球面球轴承和双列向心球面滚子轴承具有良好的调心功能。滚子轴承和滚针轴承不允许内、外圈轴线有相对倾斜。各类滚动轴承允许的倾斜角不同，如单列向心球轴承为 $8'\sim16'$，双列向心球面球轴承为 $2°\sim3°$，圆锥滚子轴承 $\leqslant2'$。

⑤安装和拆卸。圆锥滚子轴承、滚针轴承和圆锥滚子轴承等，属于内外圈可分离的轴承类型（即所谓分离型轴承），安装拆卸方便。

⑥市场性。即使是列入产品目录的轴承，市场上不一定有销售；反之，未列入产品目录的轴承有的却大量生产。因而，应清楚使用的轴承是否易购得。

224. 转向盘转向沉重费力是何原因？如何排除？

农用车转向应是特别轻盈的，如出现转向沉重，一定是有某种故障。

①轮胎气压太低，压力不均匀。可按轮胎充气标准补充充气。

②前轮定位不准。重新进行前轮定位。如具有两截横拉杆的车辆在校准前轮定位时，先将转向器打到中心位置，使主转向臂与两侧止动螺栓的距离相等（前后轮的直线分布均匀），然后校准前束。但也因有稳定拉杆和转向主壁的胶套（也有的是轴承）松旷、减振器失效、轮毂轴承松旷损坏、球销松旷等原因，使前轮定位不准，应找准原因后排除。

③前端部件弯曲，如前桥悬臂稳定拉杆变形等。可进行矫正或更换。

④转向器太紧，无间隙。松开调节螺栓锁紧螺母，拧出半圈螺栓，然后锁紧。

⑤球销咬死。更换新球销。

⑥润滑不良。应向转向装置各润滑点加注润滑油。

225. 自动跑偏的原因有哪些？如何排除？

转向系技术状态的好坏，会影响车辆行驶的稳定性、安全性和驾驶的舒适性。转向系常见的故障有行驶跑偏、转向费力和前轮摆动。

（1）现象 车辆在行驶中，出现向某一方向偏驶，经纠正后，不久仍偏驶向该方向。

（2）原因分析

①两前轮气压不等或两侧轮胎新旧不同，两车轮转速虽相同，但实际运动的距离却不相等，造成车辆行驶跑偏。

②个别车轮有拖滞现象，被拖滞的车轮转速较慢，造成行驶跑偏。

③钢板断裂，车架、前轴、后桥壳产生变形，使两侧车轮行驶阻力发生变化，造成行驶跑偏。

（3）排除方法

①首先检查轮胎气压，若气压不一致，应补气。

②两前轮左、右磨损不一致或一新一旧，应更换或调换相近轮胎。

③检查车轮制动器是否有拖滞现象。用手摸车轮制动毂处，感觉发烫，说明有拖滞现象。如果各制动鼓若均发热，则故障在制动总泵，反复踩动制动踏板，观察制动液缸，如果液缸内制动液液面回升缓慢，则要拆检总泵或更换总泵；若个别制动鼓励发热，则故障发生在制动器，应调整踏板自由行程，或更换回位弹簧。

④检查钢板弹簧是否断裂。将车辆置于平坦地面（装载时），若车身出现左、右倾斜现象，表明是一侧的钢板弹簧断裂，应更换钢板弹簧。

⑤上述故障都排除后，若车辆仍出现行驶跑偏，应进一步检查车架和前轴是否变形，若是变形，要对车架和前轴进行矫正。

226. 前轮侧向偏摆的原因有哪些？如何排除？

（1）现象　车辆行驶中，前轮左右摆动，车辆行驶不稳定，方向不稳、有摆振现象。

（2）原因分析

①前轮前束值不正确，车轮与地面产生摩擦，引起前轮摆动。

②转向盘自由行程过大（因转向器内的蜗轮、齿条、齿扇的啮合间隙过大或磨损严重），车辆在行驶中，因地面状况的变化而引起摆动。

③前轮轮鼓轴承磨损严重、损坏或调整不当，使前轮松旷，引起摆动。

④横、直拉杆球销磨损或松旷，在车轮振动时引起摆动。

⑤转向节立轴与衬套磨损过度而松旷。

（3）排除方法

①检查调整前轮前束值。

②紧固横、直拉杆球销，必要时更换。

③调整前轮轴承间隙，必要时更换前轮轴承。

④调整转向器的啮合间隙。

⑤更换立轴衬套。

227. 制动系统的工作原理及结构组成是怎样的？

一般制动系的工作原理可用一种简单的液压制动系示意图（图3-114）来说明。一个以内圆柱面为工作表面的金属制动鼓固定在车轮轮毂上，随车轮一同旋转。在固定不动的制动底板上，有两个支承销，支承着两个弧形制动蹄的下端。制动蹄的外圆面上又装有一般是非金属的摩擦片。制动底板上还装有液压制动轮缸，用油管与装在车架上的液压制动主缸相连通。主缸中的活塞可由驾驶员通过制动踏板机构来操纵。

制动系不工作时，制动鼓的内圆面与制动

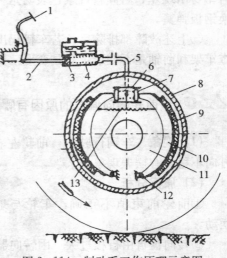

图3-114　制动系工作原理示意图

1. 制动踏板　2. 推杆　3. 主缸活塞

4. 制动主缸　5. 油管　6. 制动轮缸

7. 轮缸活塞　8. 制动鼓　9. 摩擦片

10. 制动蹄　11. 制动底板

12. 支承销　13. 制动蹄回位弹簧

蹄摩擦片的外圆面之间保持有一定的间隙，使车轮和制动鼓可以自由旋转。

　　要使行驶中的车辆减速，驾驶员需踏下制动踏板，通过推杆和主缸活塞，使主缸内的油液在一定压力下流入轮缸，并通过两个轮缸活塞推动两制动蹄绕支承销转动，上端向两边分开而以其摩擦片压紧在制动鼓的内圆面上。这样，不旋转的制动蹄就对旋转着的制动鼓作用一个摩擦力矩，其方向与车轮旋转方向相反。制动鼓将该力矩传到车轮后，车轮对路面作用一个向前的力，同时路面也对车轮作用着一个向后的反作用力，即制动力。制动力迫使整车产生一定的减速度。制动力愈大，减速度愈大。当放开制动踏板时，回位弹簧将制动蹄拉回原位，摩擦力矩和制动力消失，制动作用即行终止。

　　制动系中，主要由制动鼓、带摩擦片的制动蹄构成的对车轮施加制动力矩（摩擦力矩）以阻碍其转动的部件称为制动器。

　　上述这种用以使行驶中的农用车减速直至停车的制动系称为行车制动系，是在行车过程中经常使用的。用以使已停驶的农用车驻留原地不动的装置称为驻车制动系。目前，有些农用车具备独立的行车制动系和驻车制动系，而相当一部分农用车只具有行车制动系，驻车制动只是在行车制动系的基础上增加了手制动操纵机构，没有独立的驻车制动系。

　　（1）制动器　制动器是用来吸收车辆的动能，迫使车辆迅速降低车速直至停车，即产生阻力阻止车辆运动的机构。

　　目前，农用车上采用的制动器都是机械摩擦式制动器。摩擦式制动器结构类型很多，大体上可分为蹄式、带式和盘式3种类型。目前农用车上广泛采用的是蹄式制动器，在部分农用车上，把盘式制动器用作驻车制动器。

　　这里重点介绍蹄式制动器。

　　这类制动器摩擦副中旋转元件是工作表面呈圆柱形的制动鼓，不旋转元件是带有摩擦衬片的制动蹄。应用在农用车上的蹄式制动器主要有下列几种：

①领、从蹄式制动器。
图 3 - 115 为采用液压传动
装置的领、从蹄式制动器
示意图。制动蹄的下端分
别活套在两个固定在底板
上的支承销上，上端分别
与制动轮缸内的活塞相接
触。制动蹄可绕支承销转
动一个不大的角度，活塞
可在轮缸内作轴向移动。
不制动时，回位弹簧将两
蹄的上端拉紧，抵靠在轮
缸活塞上。制动时，轮缸
内油压升高，推动活塞向

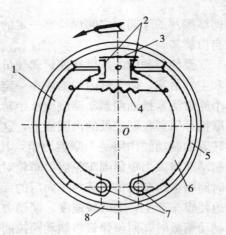

图 3 - 115　领、从蹄式制动器示意图
1. 左制动蹄　2. 轮缸活塞　3. 制动轮缸
4. 回位弹簧　5. 摩擦衬片
6. 右制动蹄　7. 支承销　8. 制动鼓

外移动，对两制动蹄施加大小相等的作用力，迫使两制动蹄抵靠
到制动鼓上。当制动鼓逆时针方向旋转时，左制动蹄所受的鼓对
蹄的摩擦力的方向朝下，右制动蹄所受的摩擦力的方向朝上，使
左蹄在制动鼓上压得更紧，起到所谓增势的作用，故称左蹄为
"增势蹄"或"领蹄"，右蹄上的力有使蹄离开鼓的趋势，起着所
谓减势作用，故称右蹄为"减势蹄"或"从蹄"。虽然两蹄上端
受到的推力相等，但因摩擦力所起的增力作用不同，且轮缸活塞
又是浮动的，结果使两蹄片上单位压力不等，以致在同一个车轮
上，两蹄片压向制动鼓的作用力实际上是不等的，左边制动蹄的
作用力大于右边制动蹄。因这两个作用力不能互相平衡，二者的
差值只好由车轮轴承负担（即对支承制动鼓的轮毂造成附加载
荷），称这种制动器为简单非平衡式制动器。这种制动器在其他
条件相同时，增势蹄的制动效果比减势蹄大 2～3 倍。

　　倒车制动时的情况相反，左蹄成为"减势蹄"，右蹄成为

"增势蹄"，制动鼓受到制动蹄作用的力也是不平衡的，但整个制动效能与前进制动时一样。这个特点称为制动器的制动效能"对称"。

　　这种形式的制动器结构简单，使用可靠，制动鼓正反转时（前进制动或倒车制动），制动效果不变，衬片磨损后调整较为方便。缺点是左、右蹄片单位压力不等，摩擦衬片磨损不均匀，制动器的制动效能较低。

　　②双领蹄式制动器。由于领、从蹄式制动器制动时，领蹄制动效能较高，故制动器可设计成使两个蹄都成为领蹄的结构，如图 3 - 116 所示。左蹄支点在下端，右蹄支点在上端，每个制动蹄都有一个制动轮缸，每个轮缸内只有一个活塞，这两个轮缸分别驱动左蹄的上端和右蹄的下端。当制动鼓逆时针方向旋转时，左、右两制动蹄分别由各自的轮缸活塞推动，压向制动鼓。

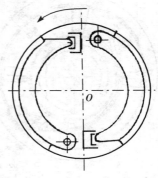

图 3 - 116　双领蹄式制动器
示意图

因此，在前进行驶制动时，两蹄都有"增势"作用，都是领蹄，两蹄以相同的法向力作用于制动鼓而达到互相平衡，轮毂轴承不受额外的附加载荷，所以称为平衡式制动器。若制动鼓顺时针方向（倒车行驶）转动，进行制动时，两蹄都成为从蹄，制动效能显著降低。即前进制动和倒车制动效能不同，故称为单向平衡式制动器。这种制动器的优点是两蹄摩擦片磨损均匀，前进制动时制动效率高。缺点是倒车制动时的效率低。但这一点却恰好适用于前轮制动器的要求，因为在倒车制动时车体的重心后移，前轮的制动力不宜过大，以免因前轮"抱死"而失去操纵。若前轮采用这种制动器时，后轮制动器必须采用双向平衡式或领、从蹄式，以保证倒车制动时有足够的制动力。

图 3 - 117 为双领蹄式制动器的结构示意图。两个单活塞轮缸 2 和两个制动蹄，以及支承销和偏心凸轮等装在制动底板 1 上，并以底板的中心对称布置。制动蹄用两根回位弹簧 4 拉紧，调整部位也是两处，一为偏心凸轮 10，另一为偏心支承销 12，可用以调整摩擦衬片与制动鼓之间的间隙。

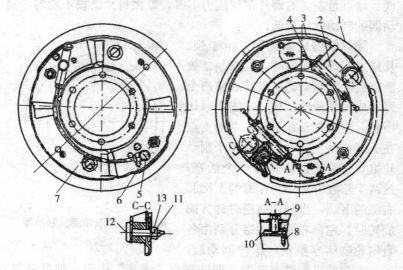

图 3 - 117　双领蹄式制动器

1. 制动底板　2. 轮缸　3. 制动蹄摩擦片　4. 回位弹簧　5. 管接头螺栓
6. 管接头　7. 制动软管　8. 圆柱　9. 偏心轮螺钉　10. 偏心凸轮
11. 垫圈　12. 支承销　13. 螺母

③自动增力式制动器。自动增力式制动器有单向和双向两种形式，图 3 - 118 为其示意图。图 3 - 118a 为单向自动增力制动器，它的两制动蹄下端都没有固定支点，而是插在连杆两端的直槽底面上，形成活动连接。右蹄上端有一个固定的支承销钉，左蹄的上端顶靠在轮缸活塞端部。不工作时，由回位弹簧拉紧，使左蹄的上端与活塞紧靠。工作时，左蹄上端被轮缸活塞的作用力推开，使左蹄压向制动鼓，摩擦力的作用使蹄沿鼓的旋转方向移

动，并使左蹄的下端对浮动的连杆作用一个力，造成对右蹄下端的张开力。于是右蹄便以上端的支承销钉为支点转动而压靠到制动鼓上。这时，左右两蹄都是领蹄。制动器的制动效能很高。倒车制动时，作用过程相同，但制动效能变得很差，因摩擦力将使左蹄紧靠轮缸活塞而成从蹄，左蹄压紧制动鼓的力矩减小，右蹄实际上不起制动作用，故称为单向自动增力式制动器。

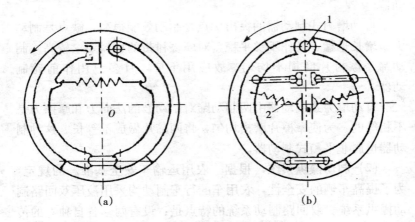

图 3-118　自动增力式制动器示意图
(a) 单向自增力式　　(b) 双向自增力式
1. 支承销　2、3. 回位弹簧

　　如将单活塞轮缸改为双活塞轮缸（图 3-118b），这时，两制动蹄上下端都没有固定支点，两蹄上端都浮靠在支承销上，下端仍以连杆浮动连接（插在连杆的直槽内），并用回位弹簧拉紧。为了调整制动蹄与制动鼓之间的间隙，连杆的长度做成可调的。双向自动增力式制动器的双活塞制动轮缸与一般非平衡式制动器轮缸相同。

　　当车辆前进行驶制动时，轮缸的活塞向两端移动，在活塞张力作用下使左右蹄张开，当左蹄压向制动鼓后，制动鼓作用在左蹄的摩擦力和法向力的一部分，通过连杆头部和杆体作用于右蹄下端，与轮缸的作用共同使右蹄上端压在支承销上，并以其为支点使左右两蹄全面压在制动鼓上（都是领蹄）。这时，作用在右蹄下端的力差不多为轮缸张开力的 3 倍，从而使右蹄的制动力大为增加，制动效能很高。倒车制动时，作用过程相反，作用原理一样，与前进制动时具有同样的自动增力作用。这样，前进制动和倒车制动的制动效能是一样的，故称为双向自动增力式制动器。

自动增力式制动器的突出优点是制动效能很高，缺点是制动力矩增长迅猛，工作不够平稳，对摩擦衬带的材料要求较高，制动蹄摩擦衬片磨损不均匀。故应用不广，且多只用作前轮制动器。

自动增力式制动器中两制动蹄对制动鼓的法向力和摩擦力是不相等的，为使摩擦片磨损均匀，将两蹄片做成不等长。这种制动器也属非平衡式制动器。

（2）制动操纵系统 根据《农用运输车安全基准》的规定，为了提高车辆的安全性，农用车的行车制动均采用液压双回路制动操纵系统。双回路制动系统的特点是：设有两套各自独立的传能装置，若其中一套发生故障失效时，另一套仍能继续起制动作用，从而提高了车辆制动的可靠性和安全性。双回路液压制动传动装置的布置形式在各种农用车上尽管不同，但可以归纳为以下几种：

①一轴对一轴双回路系统。图 3 - 119 为前后各车轮各有一套传能回路的示意图，前后车轮制动器为单轮缸（双

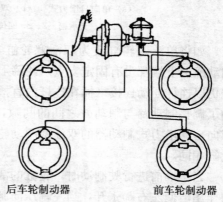

后车轮制动器　　　　　前车轮制动器

图 3 - 119　一轴对一轴双回路系统

活塞）式，主缸里的油液经过这两套回路分别送往前、后车轮轮缸，进行制动。若其中一条回路失效时，另一条回路仍保持有制动效果。但制动力的比值要被破坏。在这种形式中，前、后车轮制动器中也可采用双轮缸（单活塞）式。

②半轴对半轴双回路系统。图3-120为半轴对半轴双回路系统示意图。在每个车轮制动器里都采用两个制动轮缸，且后轮制动器为双活塞轮缸双向平衡式，而前轮制动器为单活塞单向平衡式。每一管路都和每个前轮和后轮制动器中制动轮缸之一相

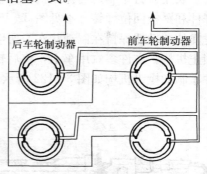

图3-120 半轴对半轴双回路系统

连接。若其中某一管路失效时，后轮制动器中的一个轮缸不起作用，制动器转化成为一个"增势蹄"和一个"减势蹄"而起制动作用。这时后轴上的制动效力减少了约33％；前轮制动器上则是一个轮缸不起作用，制动效力减少了50％。这样，前、后车轮上制动力比值基本未变。

③一轴半对半轴的双回路系统。图3-121为一轴半对半轴双回路系统示意图。后轮制动器为双轮缸双向平衡式，前轮制动器为单轮缸非平衡式。其中一条管路除与前轮制动器的轮缸连接外，还与后轮制动器中的一个轮缸连接，另一条管路则只与后

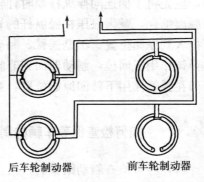

图3-121 一轴半对半轴双回路系统

轮制动器的另一个轮缸连接。在通往后轮制动器的管路失效时，总的制动力将减少到原来的70%左右。通往前轮的管路失效时，前轮制动力减少到零，后轮制动力减少到原来的65%～79%。

农用车行车制动的操纵机构比较简单，主要是制动踏板传动杆件和踏板回位弹簧（参见图3-114）。由于驻车制动时，要长时间使制动器保持在制动状态，所以驻车制动的操纵机构必须有锁止机构。在许多农用车上，将后轮制动器兼作驻车制动器，其驻车制动操纵机构如图3-122所示。

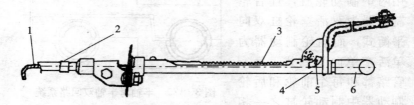

图3-122 驻车制动操纵结构
1. 拉绳 2. 拉绳导套 3. 操纵杆 4. 操纵杆导套 5. 棘爪 6. 操纵杆手柄

操纵杆上制有棘齿。当操纵杆被拉出到制动位置后，装在操纵杆导套上的棘爪即在卷簧作用下与棘齿条啮合，使操纵杆固定在制动位置，制动器处于制动状态。欲解除制动，以便车辆起步，应先将手柄连同操纵杆顺时针转过一个角度，使棘齿条与棘爪脱离啮合，棘齿只压在操纵杆的光滑圆柱面上，然后再将操纵杆推入到原始位置。于是摇臂、制动杠杆、推杆、制动蹄都在回位弹簧作用下回位，制动器回到非制动状态。放开手柄后，操纵杆即在弹簧作用下转回原始位置，棘爪重又将操纵杆锁住。

228. 如何检查保养车辆的制动系统？

（1）经常检查制动踏板的自由行程，并在必要时进行调整。

（2）定期检查制动总泵储油罐液面的高度，并在必要时添加。

（3）定期对制动机构进行保养：每行驶 1 000km 后，检查并润滑制动凸轮轴及制动机构各活动部位；拆下制动鼓，检查制动蹄上摩擦片的磨损情况及制动鼓的磨损情况。制动鼓的检查主要是测量磨损后的最大直径和圆度。磨损后的最大直径和圆度可用内卡钳或游标卡尺测量。制动鼓的圆度应不超过 0.25mm。若工作面上有深度大于 0.6mm 的沟槽及圆度，应进行镗削。修复后，圆度应不大于 0.1mm，且左、右制动鼓内径差不应大于 1mm。

制动蹄和摩擦片的主要损伤是制动蹄有裂纹及摩擦片磨损。有裂纹的制动蹄应予以更换，摩擦片磨损导致铆钉外露或铆钉头与摩擦片表面之间的距离小于 0.5mm 时，也应予以更换。更换的摩擦片的曲率应与制动蹄的曲率相同，以保证摩擦片与制动蹄的严密配合。而且要求左、右制动蹄上的摩擦片材质相同。

为防止在使用中摩擦片折断并使其散热良好，铆装摩擦片时要与制动蹄贴紧。摩擦片铆装到制动蹄上后，应根据制动鼓的内径成对地进行加工。加工后的摩擦片表面应光洁，以免制动器工作时磨出粉末，留在制动鼓内影响制动效果。

（4）每次检查后，应做好清洁工作，切不可用油和水清洗制动鼓、制动蹄等，以免造成制动打滑，失去制动效果。

（5）制动操纵机构的各铰接点应灵活且连接可靠，制动传动杆件应保持平直。制动机构经拆装后，一定要按前述方法对制动踏板的自由行程及两边制动器工作的一致性进行调整。

229. 怎样调整制动器？

制动器在使用过程中，摩擦片磨损会使制动间隙增大；制动器其他连接件磨损，会使制动踏板的自由行程增大，这些对制动性能均有影响，此时应对制动器进行调整。

（1）制动踏板自由行程的调整　制动踏板的自由行程一般为 20～40mm（图 3-123）。制动踏板自由行程的检查方法与离合器踏板相同。

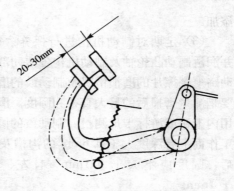

图 3-123　制动踏板自由行程

图 3-124 为两种形式的制动操纵机构。以图3-124a 为例，当制动踏板自由行程过大时，拧松螺母的锁母，拧入调整螺母，缩短两侧拉杆的长度即可；反之，应调长两侧拉杆的长度。调好自由行程后，要进行制动试验，保证两侧轮子的制动效果相同，如果有偏刹现象，应重新调整。

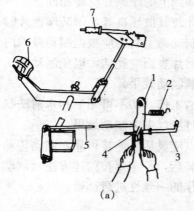

（a）

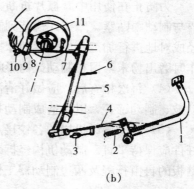

（b）

1.中间摇臂　2.回位弹簧
3.后拉杆　4.螺母
5.前拉杆　6.制动踏板
7.驻车制动手柄

1.踏板组件　2.弹簧　3.制动开关
4.前制动拉杆　5.制动过桥轴组件
6.手制动拉钩　7.后制动拉杆
8.摇臂　9.刹车销轴
10.蝶形螺母　11.制动凸轮

图 3-124　制动踏板自由行程的调整

（2）制动间隙的调整

一般车型的制动器，调完制动踏板自由行程就可以了。但有些车型的制动器，其蹄铁铰接转轴为偏心轴，这是为调整制动间隙所用，制动间隙一般为 0.2～0.8mm。调整时先将车架支起，使后轮离开地面，然后松开偏心轴紧固螺母

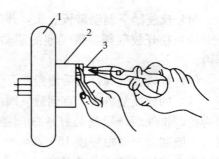

图 3-125　制动器间隙的调整
1. 车轮　2. 制动鼓　3. 偏心轴

（图 3-125），用扳手转动偏心轴，直至车轮不能转动，刹车起作用，再把偏心轴退回 1/12～1/10 圈（30°～40°），相当于制动间隙 0.2～0.5mm。制动间隙调好后，用手转动车轮应运动自如，不得有卡涩和摩擦不均现象。

230. 怎样排除制动器液压管路中的空气？

农用车在使用中应注意经常检查液压管路中是否有空气。管路中进入空气后，会影响制动的灵敏性与可靠性，应及时排除。在有必要拆卸液压管路、更换零部件及制动液时，也必须进行液压系统的排气作业。该作业通常由两个人协同进行，一个人负责反复踩下制动踏板，另一个人进行排气作业，方法如下：

（1）检查储油杯内制动液的多少，以排气作业完成后杯内仍有制动液为准，否则应适量加足。

（2）从离总泵最远的车轮制动分泵开始，由远到近，按顺序进行检查。

（3）将分泵上放气阀橡胶罩盖拆下，套上排气用透明软管，并将另一端放入到容器内。

（4）反复踏下制动踏板数次，并保持在制动状态。

（5）松开放气阀，带气泡的制动液就会通过软管排入到容器内。

（6）拧紧放气阀，然后慢慢松开制动踏板。

（7）如此反复数次，直到放气阀内排出的制动液中不再有气泡为止。排气后，重新装好放气阀盖。应检查杯内制动液的高度，一般制动液面距杯顶 15～20mm，如不足应补充。注意：排气过程中放出的油不能再次加入；不能混用其他牌号的制动液压油。

231. 制动鼓发热的原因是什么？如何排除？

制动鼓发烫是由于制动蹄片和制动鼓接触的次数过于频繁、接触时间过长引起的。

（1）道路的影响。如连续下坡、转弯，经常利用制动来控制车速，增加了蹄片和制动鼓的滑磨时间，使制动鼓很快升温，热衰退现象加重，摩擦系数明显下降，制动效能降低。在这样的道路上行车，必须严格控制车速，适当休息降温。

（2）驾驶操作不当，不恰当地或过多地利用制动。

（3）制动器间隙过小或制动鼓变形，使蹄片经常接触制动鼓而发烫。要及时检查调整，制动鼓严重变形应予修理。

（4）蹄片回位弹簧松软或折断，使制动后解除制动困难。此时应更换蹄片回位弹簧。另外，制动系统技术状况不良，也有可能使制动鼓发烫。如液压制动分泵皮碗发胀卡住；液压总泵回位弹簧过软，回油困难。

排除方法：

①制动间隙过小、踏板自由行程过小，当放松制动踏板时，制动力没有完全解除，使得摩擦副长时间处于摩擦状态；起步困难、行驶无力、用手抚摸轮鼓表面感到烫手。遇此情况应按规范

重新调整制动间隙即可。

②制动手柄没完全放开，其原因是调整不当或操作上的疏忽，致使摩擦副长时间处于摩擦状态而发热，必要时按规范进行调整。

③制动产生的热量使回位弹簧受热变形、弹力下降或消失、不能保证制动摩擦片总成及时回位，便不能及时彻底解除制动而造成制动鼓发热。应检修或更换回位弹簧即可消除故障。

232. 怎样诊断与排除制动不灵的故障？

（1）**现象**　制动不灵指的是制动效果差（不是没有制动），当踏下制动踏板时，车辆减速较慢，紧急制动时，不能立即停车。

（2）**原因分析**

①制动间隙过大，使制动蹄与制动鼓压不紧，导致制动摩擦力减小，制动效果变差，如图 3 - 126 所示。

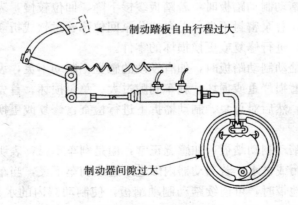

制动踏板自由行程过大

制动器间隙过大

图 3 - 126　刹车不灵示意图

②制动器内有油污，制动时，制动蹄与制动鼓打滑，导致制动效果差。

③油路中有空气，使得制动力不能正常传递，造成制动不灵。

④制动蹄片损坏，使得铆钉外露，造成制动摩擦力减小，制动不灵。

⑤制动总泵、分泵损坏。

⑥制动器内进水，使制动摩擦力减小，制动不灵。

⑦制动鼓失圆，使得制动蹄不能与制动鼓完全接触，导致摩擦力减小，制动不灵。

（3）诊断与排除　对刹车不灵的故障进行诊断，初步可采用踏动制动踏板的感觉来判断故障所产生的部位，最后通过检查确诊。

①踏下制动踏板，如无反力的感觉，表明是制动系统内缺油，此时要检查储液罐内的油量及管路的密封情况，若是缺油或油管漏油，应及时添加制动油并排除管路漏油情况。

②踏下制动踏板，如有发软、弹性感觉，表明是制动系统内进入了空气，应排除油路中的空气。

③踏动制动踏板时，若踏板缓慢下降、回位较慢，表明是管路渗漏、总泵密封不良、总泵或分泵回位弹簧过软或折断，要逐一检查，进行修复或更换损坏的零件。

④踏动制动踏板时，如有发硬的感觉，制动不灵，表明是制动蹄片磨损严重或损坏、刹车间隙过大、总泵损坏。首先调整刹车间隙，然后对总泵、制动器拆下进行检查，修复或更换损坏的零件。

⑤踏动制动踏板，如感觉正常，但是刹车不灵，表明制动器内有油污或进水。若制动器内因进水造成刹车不灵，当车辆行驶在安全地带时，可连续踏动制动踏板，使制动器内的水蒸发掉；若制动器内有油污，应用汽油清洗制动蹄片并擦净制动鼓内的油污。

233. 怎样排除两边驱动轮不能同时制动的故障？

（1）制动时跑偏和回油慢的原因

①油道中有空气，空气在管中流动。

②蹄片拉簧弹力不足。

③总泵没有洗干净，总泵活塞推杆位置没调整好。

④制动鼓与摩擦片的间隙不一。

（2）原因分析 踩下制动踏板时，推杆向右移，活塞皮碗将补偿孔遮住，这时开始压油到油管中。放松制动踏板时，分泵中油液要经过较长的制动油管回到总泵，油的流动受到较大阻力，一时不能回到总泵，这时活塞后面的油，穿过活塞头上小孔，流入工作室，目的在于避免工作室产生局部真空而被空气侵入。如小孔堵塞，踏板放松时活塞后面的油不能补充进去，就呈回油慢的现象；且这时最易为空气侵入，在下次制动时，空气被挤入油管，形成制动无力，或偏左偏右。

推杆与活塞有 1.5～2.5mm 间隙，推杆与踏板杠杆有同样间隙，未制动时活塞头应保证停留在补偿孔与进液孔之间。

每次制动之后，活塞后面的油要补充到工作室，待制动蹄片拉簧收缩后，由分泵回到总泵的油，工作室已不能容纳，多余的油经补偿孔回到储油室。如推杆校准不当，活塞头将补偿孔堵死，则后来从分泵回来的油无处容纳，留在油管中，保持较高压力，即使蹄片拉簧是合格的，也不能（或者不容易）把蹄片拉回。

（3）相应故障及排除方法

①两侧制动蹄片型号、材质不一样，在制动时与制动盘产生的摩擦力大小不一样，导致制动时跑偏，解决时必须把蹄片换成同一厂家、同一型号的。

②一侧的制动蹄片表面被油类物质浸过，制动时产生的摩擦

力不足，可以用砂纸处理掉带油的表面，必要时应更换。

③制动盘磨损得不一致，一边光滑，一边粗糙，制动时产生的摩擦力不一样，导致跑偏，可以把两侧的制动盘铣平来解决，如果到了使用极限必须更换。

④一侧的制动钳磨损间隙过大，使制动时两侧分泵需补偿的间隙不一样，导致跑偏，此时需更换磨损过大的制动钳。

⑤一侧的制动分泵有泄漏，使制动压力不足，如果管路接头泄漏应处理好，如果分泵内部泄漏则需更换。

⑥一侧的分泵活塞发卡，运动不灵活，此时应更换分泵。

⑦制动系统内部有空气，这时能感觉到制动踏板发"软"，可以按右后、左后、右前、左前的顺序排除制动系统内的空气。

⑧四轮定位数据不对，两侧轮胎磨损不一样、胎压不一样以及两侧轮胎花纹不一样，都会导致制动时跑偏。

⑨两侧悬挂的弹簧或减振器工作状态不一样，软化的弹簧或失效的减振器必须更换，最好同时更换两侧的弹簧或减振器。

234. 怎样排除制动器"自刹"故障？

（1）车辆行驶一段里程后，用手抚摸车轮制动鼓，若全部制动鼓都发热，说明故障发生在制动总泵；若个别车轮发热，则说明故障在车轮制动器。

（2）如故障在总泵，应首先检查踏板自由行程。若自由行程合乎要求，可将总泵储油室盖打开，并连续踏下和放松制动踏板（放松踏板不要猛抬，以免回油冲出储油室外），看其回油情况。如不能回油，则为回油孔堵塞；如回油缓慢，则是皮碗、皮圈发胀或回位弹簧无力，应拆下制动总泵分解检修。同时还应观察踏板回位情况，如踏板不能迅速回位或没有回到原位，说明踏板回位弹簧过软或折断，应更换。

（3）如故障在车轮制动器，应先拧松放气螺钉，若制动液急速喷出，制动蹄能回位，则为油管堵塞，分泵不能回油所致，应疏通油管。如果制动蹄仍不能回位，则应调整摩擦片与制动鼓之间的间隙。

（4）如经上述检查调整均无效时，应拆下制动鼓检查分泵活塞皮碗与回位弹簧的状况以及制动蹄片销的活动情况，必要时，进行修理或更换。

235. 气压制动器为何会发咬？

车辆起步时，若感到阻力较大，起步困难，或在行驶中，采用制动放松踏板后，再加速时，感到加速困难或有明显阻力，则为制动发咬。另外，在平坦路面上检查车辆的滑行性能是否良好；行驶中途停车，检查制动鼓是否有发热现象；放松制动踏板时，观察制动凸轮轴能否迅速回位等方法，判明制动是否发咬。

造成制动发咬的原因有：制动蹄片与制动鼓间隙过小，制动踏板没有自由行程，制动凸轮轴、蹄片回位弹簧过软等。

此外，车辆在行驶一段距离停驶后，应立即摸驱动桥、轮毂、转动轴中间支架等有无过热现象，以便进一步判明是否制动发咬。产生发咬后，应查明原因，及时排除。

排除方法：

（1）检查踏板自由行程，或在贮气筒气压足够的情况下踏下制动踏板，而后在松开踏板的同时检查主制动控制阀的排气管口是否有气体排出。若无气体排出或踏板无自由行程，说明控制阀的排气阀打不开，应调整主制动控制阀拉臂的总行程，以使控制阀的活塞杆与排气阀之间有适当的间隙，踏板保持正常的自由行程。

（2）如果踏板自由行程正常，若能起步，则应在行驶一段后停车检查制动鼓是否发热。若发热，一般系由制动蹄与制动鼓之间的间隙过小所致，应检查、调整蹄鼓之间的间隙。若不能起步，可踏下踏板，将变速杆置于空挡，然后在松开踏板的同时，检查各制动气室的推杆能否回位。若某制动气室的推杆不能回位，即是与该气室有关的快放阀卡死，这时，可用起子从快放阀的排气口顶开快放阀，如果气室内的气体很快从快放阀排出，而推杆也迅速回位，则表明此故障是由快放阀被卡死所引起；若顶开快放阀后，虽气室的气体可以排出，但推杆仍不回位，应拆下推杆与制动拉臂或凸轮轴拉臂的连接销检查拉臂轴或凸轮轴的阻力是否过大，必要时，还应拆下制动鼓检查蹄片的回位弹簧，若过软或折断，应予更换。

236. 农用车怎样合理利用发动机制动?

利用发动机制动是指抬起油门踏板，但不脱离开发动机（即不摘挡也不踏离合器），利用发动机的压缩行程产生的压缩阻力、内摩擦力和进排气阻力对驱动轮形成制动作用。

发动机制动有 3 个显著特点：

（1）由于差速器的作用，可将制动力矩平均地分配在左右车轮上，减少侧滑、甩尾的可能性。

（2）有效地减少脚制动的使用频率，避免因长时间使用制动器，导致制动器摩擦片的温度升高，使制动力下降，甚至失去作用。

（3）车速始终被限定在一定范围内，有利于及时降速或停车，确保行车安全。

那么，在实际操作中，我们该怎样合理利用发动机制动呢？

（1）在渣油路面、泥泞冰雪路面等滑溜路面时，应尽可能地利用发动机制动，灵活地运用驻车制动，尽量减少脚制动。如果使用脚制动，最好用间歇制动，且不可一脚踩死，以防侧滑。

（2）在下长坡、崎岖山路等陡峭路面时，必须利用发动机制动，结合间歇制动来控制车速。由于长时间使用制动器会影响制动效能，甚至失去制动作用。因此，遇到这种情况，应适当停车休息，待制动毂和制动蹄片冷却后再继续行驶。

（3）利用发动机制动时，需根据路况和车辆负荷等情况选择合适的挡位，并根据车速大小给以适当的车轮制动。挡位过低，车速过慢；挡位过高，车轮制动器作用势必过于频繁。

（4）如果发动机上没有特殊装置，在利用发动机制动时，不应熄火。否则，被吸入汽缸的可燃混合气中的汽油可能凝结在汽缸壁上稀释机油，影响其润滑效能，加速发动机磨损；此外，一部分汽油还可能凝结在排气管和消声器中，在重新点火时会引起"放炮"现象。

四、电气系统维修技术

237. 农用车电气设备由哪几部分组成？各有何功用？

在农用车中，电气设备性能的好坏直接影响整车的动力性、经济性和可靠性。随着电子技术的发展，现代农用车的电气与电子设备种类繁多、功能各异，但按其功能可分为电源和用电设备两大部分：

（1）电源部分　电源部分包括蓄电池、发电机及调节器。

①蓄电池。启动发动机时，蓄电池是农用车上供给启动机电流的唯一电源。当发电机不工作或转速较低，其电压低于蓄电池时，由蓄电池向全车用电设备供电；当用电设备接入较多时，可协助发电机向外供电。

②发电机及调节器。当发电机达到一定转速，其电压高于蓄电池电压时，由发电机向全车用电设备（启动机除外）供电，并使蓄电池充电。发电机是农用车运行中的主要电源。为使各用电设备能稳定工作，三相交流发动机必须设置电压调节器，以使电压维持在相对稳定的范围之内。

(2) 用电设备部分　用电设备部分包括启动机、照明及信号设备、仪表及显示系统和一些辅助电气设备等。

①启动机。它由蓄电池供电，将电能转变为机械能，启动发动机；当它完成启动任务后，立即停止工作。

②照明及信号设备。包括前照灯、各种照明灯、信号灯以及电喇叭、蜂鸣器等，保证在各种运行条件下的行车安全。

③仪表及显示系统。包括各种机械式或电子式的燃油表、机油压力表、水温表、电流表、车速里程表及各种显示装置等，用以指示发动机与整车的工作情况。

④辅助电气设备。包括电动雨刷器、空调、采暖、音响视听设备等，用以提高农用车行驶的安全性和舒适性。

238. 农用车电气设备的特点是什么?

农用车电气设备主要有如下特点:

(1) 低压　农用车的额定电压有 6V、12V、24V 3 种。目前，人力启动的三轮农用车的额定电压为 6V，其他的普遍采用 12V 或 24V 电源。

(2) 直流　农用车采用直流电气系统，主要是从蓄电池充电来考虑的。由于发动机是靠电力启动机启动的，而启动机的电源是蓄电池，而向蓄电池充电又必须用直流电，所以农用车上的电气系统为直流电源。

(3) 单线并联　电源到用电设备只用一根导线连接，而用金属机件作为另一根公共回路线的连接方式称单线制。由于单线制导线用量少，线路清晰接线方便，因此广为现代农用车所采用。农用车上所有用电设备都是并联的。在使用过程中，当某一支路用电设备损坏时，并不影响其他支路用电设备的正常工作。

(4) 负极搭铁　采用单线制时蓄电池的一个电极需接至车架上，俗称"搭铁"。蓄电池的负极接车架就称之为负极搭铁，反之则为正极搭铁。我国标准规定统一采用负极搭铁。

239. 蓄电池有何功用?

蓄电池是一种将化学能转变为电能的装置,属于可逆的直流电源。它的功用如下:

(1) 在发动机启动时,给启动机提供大电流,同时向燃油供给系统及发动机其他用电设备供电。

(2) 在发电机不发电时,由蓄电池向用电设备供电。

(3) 当发电机超载时,蓄电池协助发电机供电。

(4) 当发电机正常发电时,蓄电池可将发电机的电能转换为化学能储存起来(即充电)。

(5) 蓄电池相当于一个大容量电容器,在发电机转速和负载变化较大时,能够保持车辆电源电压的相对稳定。同时,还可吸收电路中产生的瞬间过电压,保护车辆电子元件不被损坏。

240. 怎样正确使用蓄电池?

(1) 蓄电池的储存

①新蓄电池的储存。未启用的新蓄电池,其加液孔盖上的通气孔均是密封的,不要捅破。保管蓄电池时应注意以下几点:

a. 存放室温 5～30℃,干燥、清洁、通风。

b. 不要受阳光直射,离热源距离不小于 2m。

c. 避免与任何液体和有害气体接触。

d. 不得倒置或卧放,不得叠放,不得承受重压。

e. 新蓄电池的存放时间不得超过 2 年。

②暂时不用的蓄电池的储存。采用湿储存方法,即先充足电,再把电解液密度调至 $1.24～1.28g/cm^3$,液面调至规定高度,然后将通气孔密封,存放期不得超过半年,期间应定期检查,如容量

降低 25%，应立即补充充电，交付使用前也应先充足电。

③长期停用的蓄电池的储存。采用干储存法，即先将充足电的蓄电池以 20h 放电率放完电，然后倒出电解液，用蒸馏水反复冲洗多次，直到水中无酸性，晾干后旋紧加液孔盖，并将通气孔密封，存放条件与新蓄电池相同。

（2）新蓄电池的启用

①擦净外表面，旋开加液孔盖，疏通通气孔，注入新电解液，静置 4～6h 后，调节液面高度到规定值，按初充电规范进行充电后即可使用。

②非干荷蓄电池用前应进行初充电。

③干荷蓄电池在规定存放期（一般为 2 年）内，启用时不需初充电，直接加入规定密度的电解液，静置 20～30min 后，校准液面高度，即可使用。若超期存放或保管不当损失部分容量，应在加注电解液后经补充充电方可使用。

（3）冬季使用蓄电池的注意事项

①保持足电状态，以防电解液密度过低而结冰。

②补充蒸馏水应在充电时进行，以利及时混合。

③启动冷态发动机前应对发动机预热。

④气温低充电难，可调高发电机电压，改善充电状况，并经常检查蓄电池电量。

⑤注意蓄电池的保温（必要时用夹层木盒安装蓄电池），也可适当调高电解液密度。

⑥有条件的可换用大容量的蓄电池。

（4）蓄电池的拆装

①拆装、移动蓄电池时，应轻搬轻放，严禁在地上拖拽。

②蓄电池型号和车型应相符，电解液密度和高度应符合规定。

③安装时，蓄电池固定在托架上，塞好防震垫。

④极桩涂上凡士林或润滑油，防腐防锈。极桩卡子与极桩要

接触良好。

⑤蓄电池搭铁极性必须与发电机一致。

⑥接线时先接正极后接负极，拆线时相反，以防金属工具搭铁，造成蓄电池短路。

241. 影响蓄电池容量的因素有哪些?

影响蓄电池容量的因素主要有：放电电流、电解液温度、电解液相对密度和极板构造等。

(1) 放电电流　放电电流大，则极板表面活性物质的孔隙很

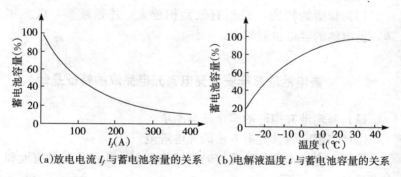

（a）放电电流 I_f 与蓄电池容量的关系　　（b）电解液温度 t 与蓄电池容量的关系

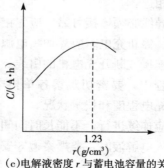

（c）电解液密度 r 与蓄电池容量的关系

图 3-127　不同因素对蓄电池容量的影响

快被生成的硫酸铅所堵塞，使极板内层的活性物质不能参加化学反应，故蓄电池容量减小。蓄电池放电电流对蓄电池容量的影响如图 3-127a 所示。

(2) 电解液的温度　温度降低，则蓄电池容量减小。这是因为温度降低后，电解液的黏度提高，渗入极板内部困难，同时内阻增大，蓄电池端电压下降所致。蓄电池电解液温度对蓄电池容量的影响如图 3-127b 所示。

(3) 电解液的密度　适当增加电解液的密度，可以提高蓄电池的电动势和容量，但密度过大又将导致黏度提高和内阻增大，反而使容量减小。蓄电池电解液密度对蓄电池容量的影响如图 3-127c 所示。

(4) 极板的构造　极板有效面积越大，片数越多，极板越薄，蓄电池的容量也就越大。

242. 蓄电池应怎样安全充电？充电完成的特征是什么？

(1) 蓄电池充电时的安全注意事项

①严格遵守各种充电方法的充电规范。

②将充电机与蓄电池连接时，应将蓄电池的正负极对应地和充电机的正负极相连。

③充电时，导线必须连接可靠。应先接好电池线，再打开充电机的电源开关。停止充电时应先切断电源，再拆电池线。在充电过程中，不要连接或断开充电机的引线。

④在充电过程中，要密切观察各单格电池的电压和密度变化，及时判断其充电程度和技术状况。

⑤初充电时应连续进行，不能长时间间断。

⑥配制和灌入电解液时，要严格遵守安全操作规范和器皿的使用规则。

⑦充电室要安装通风装置，严禁明火。

（2）充电完成的特征

①端电压和电解液密度上升到最大值且 2～3h 不再上升。

②电解液中产生大量气泡，呈现沸腾状态。

243. 应怎样维护保养蓄电池？

（1）保持蓄电池外表面的清洁干燥，及时清除极桩和电缆卡子上的氧化物，并确保蓄电池极桩上的电缆连接牢固。

清洗蓄电池时，最好从车上拆下蓄电池，用苏打水溶液冲洗整个壳体（图 3 - 128），然后用清水冲洗蓄电池并用纸巾擦干。对蓄电池托架，可先用腻子刀刮净厚积腐蚀物，然后用苏打水溶液清洗托架（图 3 - 128），之后用水冲洗并干燥。托架干燥后，涂上防腐漆。

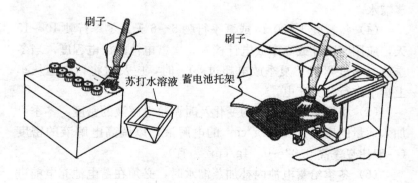

图 3 - 128　蓄电池壳体的清洁

对极桩和电缆卡子，可先用苏打水溶液清洗，再用专用清洁工具进行清洁。如图 3 - 129 所示。清洗后，在电缆卡子上涂上凡士林或润滑油防止腐蚀。

注意：清洗蓄电池之前，要拧紧加液孔盖，防止苏打水进入蓄电池内部。

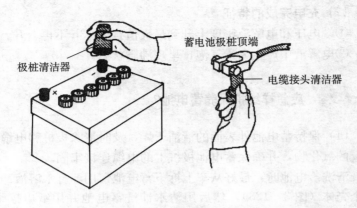

图 3 - 129　蓄电池极桩的清洁

（2）保持加液孔盖上通气孔的畅通，定期疏通。

（3）定期检查并调整电解液液面高度，液面不足时，应补加蒸馏水。

（4）每行驶 1 000km 或夏季行驶 5～6 天，冬季行驶 10～15天，应用密度计或高率放电计检查一次蓄电池的放电程度，当冬季放电超过 25％，夏季放电超过 50％时，应及时将蓄电池从车上拆下进行补充充电。

（5）根据季节和地区的变化及时调整电解液的密度。冬季可加入适量的密度为 1.40g/cm³ 的电解液，以调高电解液的密度（一般比夏季高 0.02～0.04g/cm³ 为宜）。

（6）冬季给蓄电池内补加蒸馏水时，必须在蓄电池充电前进行，以免水和电解液混合不均而引起结冰。

（7）冬季蓄电池应经常保持在充足电的状态，以防电解液密度降低而结冰膨胀，引起外壳破裂、极板弯曲和活性物质脱落等故障。蓄电池电解液密度、放电程度和冰点温度的关系见表 3 - 9。

表 3 - 9　蓄电池电解液密度、放电程度和冰点温度的关系

放电程度	充足电		放电 25%		放电 50%		放电 75%		放电 100%	
程度	密度 (25℃) (g/cm³)	冰点 (℃)	密度 (25℃) (g/cm³)	冰点 (℃)	密度 (25℃) (g/cm³)	冰点 (℃)	密度 (25℃) (g/cm³)	冰点 (℃)	密度 (25℃) (g/cm³)	冰点 (℃)
电解	1.31	−66	1.27	−58	1.23	−36	1.19	−22	1.15	−14
液的	1.29	−70	1.25	−50	1.21	−28	1.17	−18	1.13	−10
密度	1.28	−69	1.24	−42	1.20	−25	1.16	−16	1.12	−9
和冰	1.27	−58	1.23	−36	1.19	−22	1.15	−14	1.11	−8
点	1.25	−50	1.21	−28	1.17	−18	1.13	−10	1.09	−6

244.　蓄电池的极板为何会硫化？怎样预防？

极板上附着有硬化的硫酸铅，正常充电时不能转化成二氧化铅和铅。

(1) 现象

①蓄电池电解液的密度下降到低于规定正常值。

②用高率放电计检测时，蓄电池端电压下降过快。

③蓄电池充电时过早地产生气泡，甚至一开始就有气泡。

④充电时电解液温度上升过快，易超过 45℃。

(2) 原因分析

①蓄电池在放电或半放电状态下长期放置，硫酸铅在昼夜温差作用下，溶解与结晶不能保持平衡，结晶量大于溶解量，结晶的硫酸铅附着在极板上。

②蓄电池经常过量放电或深度小电流放电，在极板的深层小孔隙内形成硫酸铅，充电时不易恢复。

③电解液液面过低，极板上部的活性物质露在空气中被氧化，之后与电解液接触硬化成硫酸铅。

④电解液不纯或其他原因造成蓄电池的自放电，生成硫酸铅，进而使硫酸铅再结晶。

（3）预防方法

①蓄电池应经常处于充足电状态，放完电后应及时补充充电。

②电解液密度要适当。

③液面高度应符合规定。

④已硫化的蓄电池，轻者用去硫化充电法消除，重者报废。

245. 蓄电池为何自行放电？怎样预防？

（1）现象 充足电的蓄电池放置一段时间后，在无负荷的情况下逐渐失去电量。由于蓄电池本身的结构原因，总会产生一定程度的自放电。如果自放电在一定的范围内，可视为正常现象。一般自放电的允许值在每昼夜 1%。如果每昼夜放电超过 2%，就视为故障。

（2）原因分析

①电解液中的杂质与极板之间形成电位差，通过电解液产生局部放电。

②蓄电池表面脏污，造成轻微短路。

③极板活性物质脱落，下部沉积物过多使极板短路。

④蓄电池长期放置不用，硫酸下沉，从而造成下部密度比上部密度大，极板上下部产生电位差引起自放电。

（3）预防方法

①为了减少蓄电池的自放电，电解液的配制应符合要求，使用中还应经常保持蓄电池表面的清洁。

②对于自放电严重的蓄电池，若是因电解液不纯引起的自放电，可将蓄电池完全放电或过度放电，使极板上的杂质进入电解液，然后将电解液倒出，用蒸馏水将蓄电池仔细清洗干净，最后

加入新电解液重新充电。

246. 怎样预防蓄电池爆炸？

蓄电池充放电时，由于内部的化学反应，使电解液中的部分水分子分解为氢气和氧气，特别是当蓄电池过充电或大电流放电时，水分子分解速度更快，会产生大量的氢气和氧气从电解液中溢出。由于氢气可以燃烧，氧气可以助燃，遇到明火立即燃烧，而这种燃烧是在密闭的蓄电池内部进行，因此引起爆炸。如果加液孔阻塞，使急剧产生的氢气和氧气不能迅速溢出蓄电池外，当气压大到一定程度也会发生爆炸。造成外壳爆裂，电解液溅出伤人。

为了防止蓄电池发生爆炸事故，必须做到：

（1）蓄电池加液孔螺塞的通气孔经常保持畅通；禁止蓄电池周围有明火。

（2）蓄电池内部连接处和外部电极柱上的接线要牢固，以免松动引起火花。

（3）用高频放电试验器检查单格电池电压降前，应将蓄电池加液孔用螺塞盖好。

（4）防止启动机内部短路导致蓄电池大电流放电。

247. 发电机有何功用？有几种类型？

发电机的功用是将机械能转变为电能。它是农用车上的主要电源，在发电机正常工作时，发电机向除启动机以外的所有用电设备供电，并向蓄电池充电，以补充蓄电池在使用中所消耗的电能。

发电机有直流发电机、交流发电机及硅整流发电机等几种。三轮农用车上广泛采用了永磁转子交流发电机，它的优点是结构简单，运行可靠，易于维修，且在负载状态下能自动调节电流，使用时负载电压基本保持恒定。缺点是永磁体会退磁及低转速时输出特性较差。四轮农用车上普遍采用的是硅整流交流发电机，其定子绕组产生的交流电经过硅二极管构成的整流器转变为直流电。

248. 发电机在使用时应注意什么？

（1）蓄电池的极性必须负极搭铁，不得接反。否则，会烧坏发电机与调节器中的电子元件。

（2）发电机工作时，不允许用试火的方法检查发电机是否发电，否则将损坏发电机的整流器。

（3）当发现发电机不发电或发电量小时，应及时到修理厂检修，否则易导致蓄电池充电不足。

（4）发电机正常工作时，切不可任意拆动用电设备的连接线，以免引起电路中的瞬时过电压，损坏电子元件。

（5）发动机自行熄火时，应及时关闭点火开关，以防止蓄电池通过励磁电路放电。

（6）选用专用调节器，特殊情况临时使用代用调节器时，注意代用调节器的标称电压与搭铁极性。

249. 发电机为何不发电？如何诊断与排除？

（1）现象 发动机中速以上运转，电流表指示蓄电池仍然放电，充电指示灯不熄灭。发电机端电压低于蓄电池电压。

（2）原因分析

①发电机皮带折断或打滑严重。

②发电机励磁线路或充电线路断路。

③发电机故障。

a. 电刷与滑环接触不良。

b. 二极管被击穿、断路。

c. 转子绕组短路、断路或搭铁。

d. 定子绕组短路、断路、搭铁。

④调节器故障。

a. 弹簧弹力不足、气隙过小、高速触点烧结、触点烧蚀脏污同时调节电阻断路；

b. 晶体管调节器的稳压管及小功率三极管短路或者功率三极管断路；

c. 调节器的搭铁方式与发电机不匹配。

(3) 诊断与排除方法

①依次检查皮带松紧、导线连接（松脱或接错）情况。若正常，进行下一步；如果皮带松，调整到规定值；如果导线或接头接触不良，使其连接可靠。

②检查励磁电路。对发电机进行电磁吸力试验，若不正常，检查励磁电路。应先区分是发电机的故障还是调节器的故障（给发电机转子绕组通电，通过试验看其是否有电磁吸力来证明）。如果是调节器的故障，更换同型号的调节器；如果是发电机的故障，更换发电机；若正常，进行下一步。

③检查电枢回路，用试灯检查发电机"B"接线端是否有电的方法来确定故障是在外线路还是在发电机内部。如果是外线路的问题，使其连接可靠，或者更换导线和插头，如果是发电机内容，则更换发电机。

诊断电路故障时，可用试灯或万用表的电阻挡或电压挡。

250. 怎样检测直流发电机有无断路、短路或搭铁？

(1) 转子的检测 用万用表检测励磁绕组是否短路、断路或搭铁。

①如果阻值低于标准值，则说明励磁绕组短路；如果阻值为

无穷大，则说明励磁绕组断路，如图 3 - 130 所示。

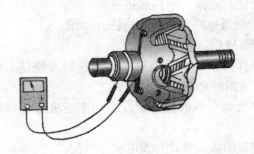

图 3 - 130　用万用表检测励磁绕组是否短路或断路

　　②用万用表检测励磁绕组是否搭铁。每个集电环与转子轴之间，其阻值都是无穷大，如果阻值很低，说明励磁绕组搭铁，如图 3 - 131 所示。

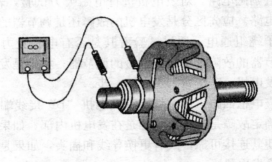

图 3 - 131　用万用表检测励磁绕组是否搭铁

　　（2）定子的检测　用万用表检测定子绕组是否断路或搭铁。

　　①检测断路。每次任取两个首端，测量 3 次，每次阻值都应小于 0.5Ω；若阻值无穷大，为励磁绕组断路，需更换定子总成。

　　②检测搭铁。用万用表检测定子绕组是否搭铁。测量 3 次，阻值均应为无穷大，否则说明定子绕组搭铁，需更换定子总成，如图 3 - 132 所示。

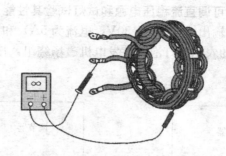

图 3 - 132 用万用表检测定子绕组是否搭铁

251. 怎样检测发电机调节器?

现在普遍使用的发电机调节器是集成电路的电压调节器,其性能检测通常按以下方法进行。

(1) 使用万用表测量各接线柱之间的电阻值,初步判断其性能 测量时,要注意选择合适的电阻挡位,以及使用万用表的种类与型号。测量结果要与表 3 - 10 中数据对照参考。

表 3 - 10 常见电子控制式电压调节器各接线柱之间的电阻值(Ω)

调节器型号	"+"与"-"之间电阻		"+"与"F"之间电阻		"F"与"-"之间电阻	
	正向	反向	正向	反向	正向	反向
JFT121	200~300	200~300	90	>50k	110	>50k
JFT241	400~500	400~500	110	>50k	110	>50k
JFT126	(1.5~1.6)k	(1.5~1.6)k	(4.6~5)k	(7.8~8)k	5.5k	(6.5~7)k
JFT246	3 000	3 000	(4.6~5)k	(9.5~10)k	5.5k	8.5k
JFT106	(1.4~1.6)k	(1.4~1.6)k	(1.5~2)k	(3~4)k	(1.4~1.6)k	(3~4)k
JFT107	(1.4~1.6)k	(1.4~1.6)k	(1.5~2)k	(3~4)k	(1.4~1.6)k	(3~4)k
JFT$_{207}^{206}$	(1.5~2)k	(1.5~2)k	(1.3~1.5)k	(2~3)k	(1.3~1.5)k	(4~6)k
JFT$_{142B}^{141}$	(1.2~1.6)k	(3.5~4)k	500~700	(5.7~8.5)k	550~600	(3.9~4)k
JFT$_{242B}^{241}$	(1.6~1.8)k	(3~3.5)k	650~700	(5~5.5)k	550~600	(4.3~5)k

（2）使用可调直流稳压电源和试灯试验其性能　使用可调直流稳压电源（输出电压为 0～30V，电流为 5A）和 1 只 12V（或 24V）、20W 的农用车灯泡代替发电机磁场绕组，按图 3‑133 接线进行试验。

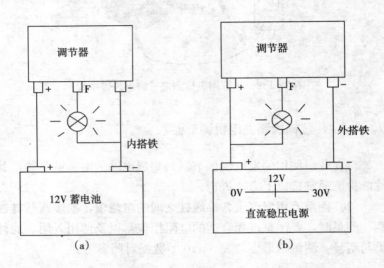

图 3‑133　用直流稳压电源检测电子式调节器接线图
（a）内搭铁式调节器　　（b）外搭铁式调节器

　　注意：检查内搭铁式晶体管调节器时，试灯应接在调节器"F"与"－"接线柱之间；检查外搭铁式晶体管调节器时，则试灯应接在调节器"F"与"＋"接线柱之间。

　　调节直流稳压电源，使其输出电压从零逐渐升高，当 14V 调节器电压升高到 6V（28V 调节器电压升高到 12V）时，试灯开始点亮；随着电压的不断升高，试灯逐渐变亮，当 14V 调节器电压升高到 14±0.5V（28V 调节器电压升高到 28±1V）时，试灯应立即熄灭。继续调节直流稳压电源，使电压逐渐降低，试灯又重新变亮，且亮度随电压的降低逐渐减弱，则说明调节器良好。

当施加到电子式电压调节器上的电压超过调节电压规定值时，试灯仍不熄灭，或者起控电压数值与规定值相差较大时，说明调节器有故障，已不能起调节作用；如试灯一直不亮，也说明调节器有故障，这样的调节器不能使用在农用车发电机上。

注意：在检测时，应该使用万用表检测电压，而不应以稳压电源指示数值为准。

(3) 使用万能试验台检测　由于电子式电压调节器结构紧凑，控制精度较高，且不需要进行外部调整，所以对其进行性能检测主要是检测调节电压数值和负载特性。

使用万能试验台测试电子式电压调节器的原理如图 3 - 134。

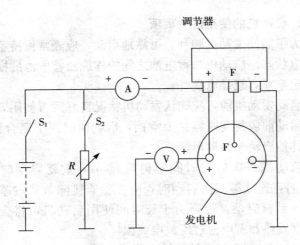

图 3 - 134　电子式电压调节器的试验线路

检测方法如下：

①调节电压值检测。该试验所用发电机必须是经过检测性能合格的发电机，将负载电阻调至最大值，接通调速电机的电源开关 S_1，速度表选择开关 S_2 置于 0～5 000r/min 挡位，逐渐升高转速，用连接插件短暂接通调节器的"＋"端子与"F"端子，向被试发电机励磁，待转速达到 3 500r/min 时，连接发电机的

"＋"端子和调节器的"F"端子，并调节负载电阻，使电流值达到检测调节器的规定值（额定电流的50％），此时的电压值即为调节器调节电压值。此电压值应符合规定：通常对于12V电源系统调节电压为13.5～14.5V，24V电源系统调节电压为27～29V。

②负载特性检测。在调节电压值检测合格后，将转速稳定在3 500r/min，使电流值在额定值的10％～30％范围内变化，电压波动值应符合规定值（12V系列≤1V；24V系列≤2V）。

252. 启动机的使用与维护保养有哪些注意事项？

（1）启动机的使用注意事项

①为了能使发动机顺利、可靠地启动，应经常保持蓄电池处于充足电状态。启动机与蓄电池之间的连线及蓄电池的搭铁线连接应固定牢靠，且导电良好。

②启动发动机前，应确认发动机状况良好后再使用启动机。

③启动前应将变速器挂上空挡，启动同时踩下离合器踏板，严禁用挂挡启动来移动车辆。

④启动机每次启动时间不得超过5s，重复启动时应停歇2min左右，连续第三次启动时，应在检查排除故障的基础上停歇15min后再启动。否则由于长时间使用启动机，将会导致启动机过度发热和蓄电池过度放电而损坏。

⑤冬季和低温地区冷车启动时，应先摇转发动机曲轴数圈，右手将预热启动开关置于预热挡，左手紧按预热按钮开关，预热15～30s后，才能将预热启动开关转到启动挡启动启动机。

⑥当启动机启动过程中，驱动齿轮未进入齿圈而高速运转时，应迅速松开启动钥匙。若启动机不能停转，应立即关闭电源总开关，或拆下蓄电池接线，查找故障。

⑦发动机启动后，应及时关断启动开关，以免单向离合器被

瞬间反带而早期损坏。

⑧使用无自保护功能的启动机时，启动后及时回转钥匙，发动机正常运转时，勿随意按启动按钮。

⑨严禁使用启动机对发动机排除故障及挂挡移动车辆。

（2）启动机维护保养注意事项

①经常检查启动机电路各导线连接是否牢固，绝缘是否良好。

②经常保持启动机机体和各部件的清洁干燥，定期检查清洁换向器，定期检查电刷磨损程度及电刷弹簧压力。

③经常检查传动机构和控制装置的活动部件，并按规定加以润滑。

④启动机一般每年进行维护性检修，也可视实际情况对检修周期作适当缩短或延长。

⑤在车上进行启动检测前，一定要将变速器挂上空挡，并实施驻车制动。

⑥在拆卸启动机之前，应先拆下蓄电池的搭铁电缆线。

⑦有些启动机在启动机与法兰盘之间使用了多块薄垫片，在装复时应按原样装回。

253. 电启动机接通电路为何不运转？如何排除？

接通启动开关，启动机不转，主要原因与排除方法如下。

（1）连接导线接触不良或断线 若按喇叭不响，开前照灯不亮，则说明电路不通，启动机与蓄电池接线柱接触不良；若喇叭响，大灯亮，则表明启动线路不通，应检查启动线路有无断路处。

（2）蓄电池无电或亏电 应充电。

（3）启动机内部断路（又称开路） 用一根粗导线搭于机壳磁场接线柱上，如启动机空转正常，则故障出在电磁开关上。如仍不转，搭铁时又无火花，则启动机内部断路；若有强烈火花，则说明启动机内部搭铁或短路。

不论什么原因，均要解体检查。

254. 电启动机运转为何无力？如何排除？

启动机转动缓慢无力，带动柴油机困难，或接通启动开关，启动机电磁开关只是"咔哒"一声，转速很慢，随之被迫停止。该故障的主要原因与排除方法如下。

（1）蓄电池亏电，应充电。

（2）换向器表面脏污，炭刷磨损，接触不良或弹簧弹力不足，应擦拭、清洁、修磨炭刷或更换。

（3）电磁开关主触点烧蚀，应打磨修复。

（4）磁场线圈或电枢线圈局部短路，指电路中电位不同的两点直接碰接或被电阻非常小的导体接通。外电路短路时，电流很大，有可能烧坏电气设备。更换启动机。

（5）转子与定子局部擦碰，应拆卸检查。

（6）启动机装配过紧，无轴向间隙，或轴承磨损转子擦碰铁芯（俗称扫膛）更换启动机。

255. 如何判断启动机带不动发动机？

接通启动开关，启动机转动时有撞击声，且不能带动柴油机运转。主要原因及排除方法如下。

（1）启动机驱动齿轮啮入困难，可首先摇转曲轴一个角度，再接通启动开关，如撞击声消失，且能啮入并启动柴油机，说明飞轮齿圈部分齿端损坏，应更换。

（2）曲轴转过任意角度都不能消除撞击声，且驱动齿轮都不能啮入，应检查电磁开关行程是否过短，导致驱动齿轮尚未啮入飞轮齿圈即高速旋转。

（3）若启动机固定螺栓或离合器固定螺钉松动，当接通启动开关时，启动机壳体有明显抖动，应立即紧固，否则，可能造成启动机端盖折断。

256. 电火焰预热塞的结构组成是怎样的？有何功用？

为了使柴油机启动迅速，有的农用车在进气管道上装有电火焰预热器，目前以 201 型电火焰预热器应用最广。其构造如图 3-135 所示，它主要由空心杆、球阀杆、球阀和电阻丝组成。球阀杆的一端顶在球阀上，另一端通过螺栓与空心杆连接，转动它可以调整球阀的压缩力，当电路接通后，空心杆在电阻丝的烘烤下，受热伸长带动球阀杆移动，球阀打开油道，柴油流入空心杆，流在电阻丝上，被点燃形成火焰，使进入气管的空气受到加热后进入汽缸，柴油机易启动。切断电路后，空心杆因温度下降而收缩，带动球阀杆半球阀顶回阀座，堵住油道。这种预热器每次使用时间不应超过 40s。

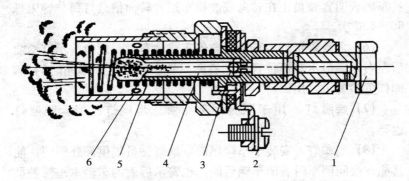

图 3-135　201 型电火焰预热器
1. 进油管接头　2. 接线柱　3. 球阀
4. 球阀杆　5. 空心杆　6. 电阻丝

257. 农用车照明与信号装置有哪些?

为保证农用车行驶的安全性,减少交通事故和机械事故的发生,车上都装有多种照明设备和信号装置。

(1) **前照灯** 俗称大灯,装在车辆头部的两侧,用于夜间或在光线昏暗路面上行驶时的照明,有两灯制和四灯制之分。

(2) **雾灯** 安装在车头和车尾,位置比前照灯稍低。装于车头的雾灯称为前雾灯,车尾的雾灯称为后雾灯。光色为黄色或橙色(黄色光波较长,透雾性能好)。用于在有雾、下雪、暴雨或尘土飞扬能见度差等恶劣条件下改善道路照明情况。

(3) **示宽灯与尾灯** 用于夜间给其他车辆指示车辆位置与宽度。位于前方的称为示宽灯,位于后方的灯称为尾灯。两灯均为低强度灯。

(4) **制动灯** 安装在车辆尾部,通知后面的车辆本车正在制动,以防发生追尾碰撞。

(5) **转向信号灯** 安装在车辆两端及前翼子板上,向前后左右车辆表明驾驶员正在转向或改换车道,转向信号灯每分钟闪烁60~120 次。

(6) **危险警示灯** 车辆紧急停车或驻车时,危险警示灯给前后左右车辆显示车辆位置。左右两只转向信号灯一起同时闪烁,即作危险警示之用。

(7) **牌照灯** 用于照亮尾部车牌。当尾灯亮时,牌照灯也亮。

(8) **倒车灯** 安装于车辆尾部,给驾驶员提供额外照明,使其能在夜间倒车时看清车辆后面,也警示后面的车辆本车驾驶员想要倒车或正在倒车。当点火开关接通,变速杆换至倒车挡时,倒车灯亮。

目前,多数农用车将前照灯、雾灯、示宽灯等组合起来,称为组合前灯；将尾灯、后转向信号灯、制动灯、倒车灯等组合起来称为组合后灯。

(9) 仪表灯　用于夜间照亮仪表盘，使驾驶员能迅速看清仪表。尾灯亮时，仪表灯同时亮。有些车辆还加装了灯光控制变阻器，使驾驶员能调整仪表灯的亮度。

(10) 顶灯　用于车内乘客照明，但必须不致使驾驶员眩目。通常客车车内灯均位于驾驶室中部，使车内灯光分布均匀。

(11) 电喇叭　农用车上都装有喇叭，用来警示行人和其他车辆，以引起注意，保证行车安全。

258. 怎样使用维护电喇叭？

定期检查接线柱松紧情况，并经常保持电喇叭清洁。行车一段时间后（每 1.5 万 km），应卸下电喇叭后壳进行清理，打磨触点。并注意以下几项：

（1）固定喇叭时，喇叭和其固定支架之间应装橡皮垫或片状弹簧。

（2）在使用喇叭时，应间歇使用，每次负载时间不可超过 1.5s。

（3）当喇叭的音量和音调发生变化时，应及时调整。

259. 怎样排除电喇叭不响故障？

(1) 现象　按下按钮喇叭不响。

(2) 原因分析

①喇叭电源线路断路。

②继电器触点烧蚀及气隙过大，弹簧过紧。

③喇叭按钮接触不良。

④喇叭磁力线圈断路、烧毁。

⑤喇叭衔铁气隙过大。

(3) 检查与排除方法

①利用试火法检查喇叭电源线路有无故障，如电源线路良好，再去诊断其他故障所在。

②按下喇叭按钮，如继电器未发出"咯哒"的响声，说明继电器触点未闭合，故障就在继电器。可拆下继电器盖，检查其磁力线圈是否烧毁，必要时应予更换。触点烧蚀可用砂条打磨，必要时可调整气隙和弹簧弹力。

③用电源短接法检查喇叭按钮。导线一端接电源，另一端直接与喇叭接线柱试火。如火花正常，喇叭也响，说明喇叭按钮接触不良；如喇叭不响，应拆开喇叭，查明其磁力线圈是否断路，触点是否闭合，喇叭衔铁气隙是否过大。如导线与喇叭接线柱试火，火花强烈而喇叭不响，说明喇叭内部有搭铁故障；如试火只有微弱火花，说明喇叭触点接触不良，查明原因，针对情况予以排除。

260. 怎样排除电喇叭声音不正常？

(1) 现象　按下喇叭按钮时，喇叭声音低哑、发闷或声音刺耳。

(2) 原因分析

①蓄电池存电不足。

②继电器触点烧蚀、脏污而接触不良。

③喇叭触点烧蚀，接触不良，或电容器被击穿。

④振动盘与铁芯间隙调整不当，触点压力调整不当。

⑤振动膜片破裂，喇叭调整螺母松动。

⑥喇叭固定螺钉松动。

(3) 检查与排除方法

①首先根据灯光判定蓄电池存电是否不足，此外如果喇叭固

定螺钉松动，也可能引起喇叭响声不正常，应予排除。

②用螺丝刀搭接继电器、蓄电池和喇叭两接线柱试验，如正常，则应检查继电器触点是否良好，如已烧蚀，应用砂条修磨触点，使其接触良好，如响声仍不正常，则应拆下喇叭盖罩检查。

③拆下喇叭盖罩后，检查触点是否烧烛、接触不良，电容器是否被击穿；如修磨触点、更换被击穿的电器后声音仍不正常，可先检查振动膜片是否破裂，喇叭调整螺母是否松动，再检查调整振动盘与铁芯间隙和触点压力。

④触点接触压力的调整。接触压力大小直接影响喇叭音量，接触压力大，触点不易分开，闭合时间增长，磁化电路中的平均电流大，发出的声音就洪亮；反之，接触压力小，触点不易回位闭合，造成闭合时间缩短，平均电流减小，声音就会减弱。接触压力是否合适，应根据耗电量判断，不符合要求时，可通过拧动螺母加以调整。

⑤振动盘与铁芯间隙的调整。该间隙对喇叭音质、音量都有影响，但主要影响的是音质。间隙不同，铁芯吸动振动盘的难易程度就不同。触点开闭的时间比例便发生变化，平均电流也随之变化，从而影响音量、音质。间隙过大，声音低哑；反之，声音发尖。此间隙一般为 $0.8 \sim 1.5mm$。因此，当喇叭音质不正常时，应以调整振动盘和铁芯间隙为主；耗电量和音量不正常时，应以调整触点接触压力为主，但两者又互相影响。因此，调整时，两项调整应反复进行，直到符合要求为止。

261. 农用车仪表装置有哪些？

驾驶员座位前方的仪表上装有各种仪表，这些仪表的作用是为了便于驾驶员监测发动机的运转状况，随时观察与掌握车辆各系统的工作状态。

仪表板上装有各种计量、测量仪表显示屏和警示灯、指示灯、照明灯等，农用车上多采用指针式仪表（图 3 - 136）。仪表板上主要的仪表有：机油压力表、燃油表、水温表、车速—里程表、转速表、各种指示灯等。

图 3 - 136　农用车仪表系统总成

（1）电流表　用来指示蓄电池充、放电电流值。还可以通过它监视电源系的工作是否正常。电流表串接在蓄电池充电电路中。当电流表的指针指向"＋"侧时，表示蓄电池充电；当电流表的指针指向"－"侧时，表示蓄电池放电。常用的有电磁式、动磁式和瓷片线圈式。图 3 - 137 所示为电磁式电流表。

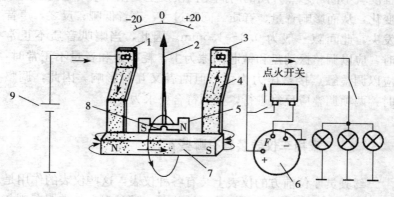

图 3 - 137　电磁式电流表结构示意图

1、3. 接线柱　2. 指针　4. 黄铜片　5. 软铁转子

6. 发电机　7. 永久磁铁　8. 轴　9. 蓄电池

（2）机油压力表（或机油压力警示灯）　机油压力表用来指示发动机机油压力的大小。当机油压力过低时，油压警示灯会亮，提示驾驶员注意。当机油压力偏低时，车辆虽然可以继续行使一段距离，但是很容易损坏发动机；因此，必须及时补充机油或维修。双金属片式（电热式）机油压力表（图 3 - 138 所示）应用最为广泛。

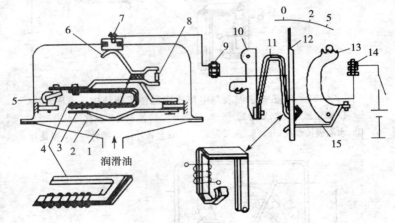

图 3 - 138　双金属片式机油压力表结构示意图

1. 油腔　2. 膜片　3. 弹簧片　4. 双金属片　5. 调节齿轮
6. 接触片　7. 传感器接线柱　8. 校正电阻　9、14. 油压表接线柱
10、13. 调节齿扇　11. 双金属片　12. 指针　15. 弹簧片

（3）水温表　水温表用来指示发动机内部冷却水温度，装在仪表板上。水温表有电热式（即双金属片式，如图 3 - 139 所示）和电磁式两种。

（4）燃油表　燃油表用来指示燃油箱内燃油的储存量。一般有电热式燃油表和电磁式燃油表两种。图 3 - 140 所示为电磁式。

（5）车速里程表　车速里程表是用来指示车辆行驶速度和累计行驶里程的仪表，由车速表和里程表两部分组成。普通车速表一般为磁感应式，其结构如图 3 - 141 所示。

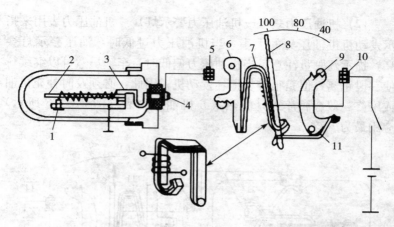

图 3 - 139　电热式水温表与电热式水温传感器结构示意图
1. 固定触点　2. 双金属片　3. 连接片　4. 水温传感器接线柱
5、10. 水温表接线柱　6、9. 调节齿扇　7. 双金属片　8. 指针　11. 弹簧片

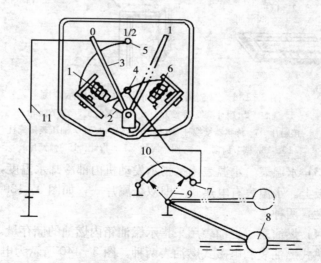

图 3 - 140　电磁式燃油表与可变电阻式燃油量传感器结构示意图
1. 左线圈　2. 转子　3. 指针　4、5. 接线柱　6. 右线圈
7. 转感器接线柱　8. 浮子　9. 滑片　10. 可变电阻　11. 点火开关

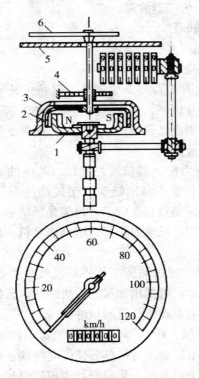

图 3 - 141 磁感应式车速里程表
1. 永久磁铁 2. 铝罩 3. 护罩
4. 盘形弹簧 5. 刻度盘 6. 指针

（6）发动机转速表 发动机转速表的作用是方便驾驶员掌握发动机工作状况，以便正确地选择换挡时机。

262. 机油压力表指针为何在"0"位不动？

（1）现象 发动机在各种转速时，机油压力表均无指示值。

（2）原因分析

① 机油压力表故障。

② 机油压力传感器故障。

③ 连接导线断路。

④ 发动机润滑系有故障。

(3) 排除方法

① 闭合点火开关，启动发动机，保持中速运转，若这时燃油表指针也指在 0 以下，表明点火开关至燃油表上接线柱一段连线断脱。若机油表指针迅速由 0 转至 5，则表示机油表至压力传感器一段电路有故障。

② 使机油压力传感器接线柱搭铁。若燃油表指针指在油箱内存油量的相应位置，可用螺丝刀使机油压力传感器接线柱搭铁，若机油表指针仍然在 0 以下，可能是燃油表上接线柱至机油表之间的连线断脱，机油表损坏，机油表至机油压力传感器之间的连线断脱。

③ 检查机油。使机油压力传感器接线柱搭铁后，若机油表指针迅速转至 5 处，可抽出油尺察看机油量。若机油尺显示深度在 2/4 以下，说明发动机严重缺机油。

④ 检查机油压力传感器。若机油尺显示机油深度在 2/4 以上，再进一步拆下机油压力传感器使外壳接铁，然后用 1 根磨去尖头的铁针，插进机油压力传感器孔内顶压膜片。这时若机油表指针转动至 5 处，说明机油油路有故障；若机油表指针仍然在 0 位以下不动，证明是机油压力传感器失效。

263. 电流表指针为何数值不准？

(1) 原因分析

① 接线柱导线松动或脱落。

② 永久磁铁的磁场过弱。

③ 转子轴和轴承磨损过度。

④ 指针平衡块配重不适当。

（2）检查与排除方法

① 检查电流表的工作是否正常。方法是：接通电源开关，电流表指针若偏向"－"侧，当启动柴油机后，电流表指针慢慢向"＋"侧移动，指针即回"0"位附近，说明电流表工作正常。

② 检查电流表指针是否弯曲，指针在轴上装配是否过紧或过松，若有不良，应及时进行修理。

③ 检查指针转子轴与轴承是否磨损过度，若磨损过度，应更换电流表。

④ 若电流表长时间示值过高，说明永久磁铁退磁，应重新充磁后使用。

264. 电流表指针为何偏摆不灵活？

（1）原因分析

① 接线柱松动，接触不良或绝缘失效搭铁。

② 指针轴卡滞。

（2）排除方法

① 接线松动，接触不良，应将接触面上的锈斑除掉，拧紧螺母，将接线压牢。

② 指针轴卡滞，应换用新表。

265. 洗涤器在使用中应注意什么？

（1）若喷水器连续喷水 20s 以上或喷不出水时，要关闭喷水电动机的电源。

（2）当玻璃被尘土或泥垢等物弄脏时，要先用洗净器喷液，再开动雨刷器。当给雨刷器通电而刮片不运动时，要马上将开关旋回到关闭（OFF）位置，否则，会烧坏雨刷器。

266. 雨刷器有何功用？其结构组成是怎样的？

雨刷器的作用是用来清除风窗玻璃上的雨水、雪或尘土，以保证驾驶员良好的能见度。

目前车辆上广泛使用的是电动雨刷器。电动雨刷器主要由直流电动机、蜗轮箱、曲柄、连杆、摆杆和刮水片（装在刷架上）等组成，如图 3-142 所示。

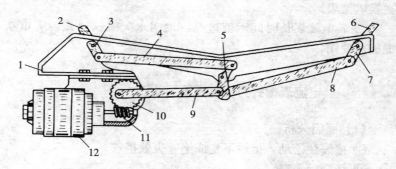

图 3-142　雨刷器的组成

1. 底板　2、6. 刷架　3、5、7. 摆杆
4、8、9. 拉杆　10. 蜗轮　11. 蜗杆　12. 电动机

通常电动机和蜗轮箱结合成一体构成雨刷器电机总成，曲柄、连杆和摆杆等杆件可以将蜗轮的旋转运动转变为摆臂的往复摆动，使摆臂上的刮水片实现刮水动作。

为满足实际使用的要求，雨刷电动机有低速、高速和间歇 3 个挡位，且在任意时刻刮水结束后，刮水片均能回到挡风玻璃最下端，即自动复位。

低速时，刷子每分钟摆动 27 次，高速时，刷子每分钟摆动 45 次。间歇挡约每 6s 工作 1 次。

267. 雨刷器不能工作怎么办?

(1) 原因分析　不外乎两个方面,就是驱动力不足或阻力过大。

①电动机方面。电动机转子断线,电线电刷磨损,电动机轴弯曲,电动机内部短路。

②电源电路。雨刷器外电路短路,接线柱松脱或断路,接地不良。

③开关接触不良。

④拉杆式摆杆卡住,拉杆脱落,摆杆脱落或锈死。

(2) 检查与排除方法

①用万用表检查电源电路,发现短路或断路,应予以排除。导线松动,接地不良,应接牢。

②用万用表测量电动机转子是否断线,目测电刷磨损情况,必要时应更换。若由于电动机轴弯曲,通电 4~5min,电动机发热严重,一般应更换电动机。

③开关接触不良,造成电动机不通电,应更换开关。

④查看拉杆和摆杆的工作情况,排除故障,必要时加润滑油或更换。

268. 雨刷器在工作中速度不够的原因有哪些? 如何排除?

(1) 原因分析

①电源电压不够。

②开关接触不良。

③电动机转子局部短路,电刷磨损接触不良。

④拉杆或摆杆铰链点锈蚀。

⑤刮板粘在玻璃上。

(2) 检查与排除方法

①测量电压，检查电源电压是否正常。

②开关接触不良，应更换开关。

③用万用表测量转子是否局部短路，必要时更换电动机；目测电刷磨损情况，必要时更换电刷。

④拉杆或摆杆有响声或气味，应加注润滑油或更换。

⑤擦净刮板或玻璃，或更换刮板。

五、液压系统维修技术

269. 自卸液压系统有何功用？其结构组成及工作原理是怎样的？

许多农用车上设有专门的自卸系统，其功用是使货厢卸货时自动倾斜一个角度，将厢内的货物倾卸出来，以减轻劳动强度。自卸系统的工作是由专设的液压系统实现的。

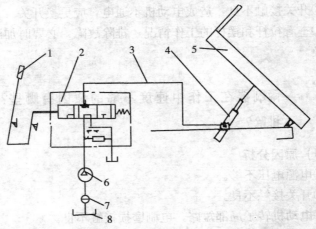

图 3-143　液压自卸系统示意图

1. 操纵手柄　2. 分配器　3. 液压软管　4. 油缸　5. 车厢

6. 齿轮油泵　7. 滤清器　8. 油箱

　　液压系统主要由油泵、分配器、油缸和油箱等组成（图 3 - 143）。

　　（1）油泵　农用车的液压自卸系统多采用齿轮油泵。齿轮油泵主要由一对外啮合的齿轮和包容这对齿轮的壳体组成，其工作原理如图 3 - 144 所示。齿轮两端面靠壳体和端盖的内端面密封，并使齿轮齿槽与壳体内圆柱面间形成封闭空间。整个封闭空间被两个齿轮的啮合线分隔为互不相通的左、右两腔——吸油腔 3 和压油腔 4。当主动齿轮 1 按顺时针方向旋转时，从动齿轮 2 以逆时针方向旋转。在此过程中，每一对轮齿在进入啮合或退出啮合时，

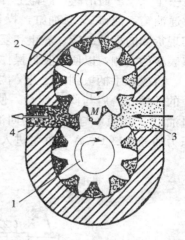

图 3 - 144　齿轮油泵的工作原理
1. 主动齿轮　2. 从动齿轮
3. 吸油腔　4. 压油腔

左、右两腔的容积都要发生变化。在右腔，逐渐脱离啮合的轮齿使齿间容积增大，形成局部真空，油箱中的油液在大气压力作用下便进入该腔，这就是吸油过程。同时，左腔轮齿逐渐进入啮合，使齿间容积减小，从而挤出原来充满齿间的油液，这就是压油过程。随着齿轮的不断旋转，进入吸油腔的油液将不断地通过齿轮齿间的空间被带到压油腔，并不断地被挤出，于是形成源源不断的压力油流，并被输送到自卸系统中去。

　　齿轮油泵结构简单，体积小，制造容易，工作可靠，抗污染能力较强，价格便宜，在车辆液压系统中普遍应用。

　　（2）分配器　液压自卸系统的分配器至少应有换向阀和安全阀，有时还有其他单向阀。安全阀的作用是当油缸中的油压超过限定值时，自动打开，使油泵输出的压力油流回油箱，避免液压

系统因超负荷而损坏。换向阀由手柄操纵，控制油缸的进油、静止和回油。分配器的工作原理如图3-145所示。图中的换向阀是一个三位三通滑阀，阀体上有3个油口，油口P通油泵，油口O通油箱，油口A通油缸，操纵换向阀即可控制油液的流向，实现货厢的举倾卸货、静止和复位。操纵手柄一般位于驾驶室内仪表板的右侧，以便驾驶员操作。

将操纵手柄扳到"提升"位置时（图3-145a），换向阀阀芯上的环槽和台肩与阀体配合，使齿轮油泵的出油口P与油缸的进油口A相通，与通油箱的回油口O隔开。此时，油泵输出的压力油经油口P、A和油管进入油缸，活塞上移，活塞杆将货厢

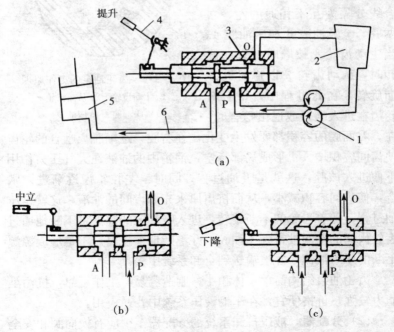

(a)

(b)　　　　　　　　　　(c)

图3-145　分配器工作原理图

1. 油泵　2. 油箱　3. 换向阀　4. 操纵手柄　5. 油缸　6. 油管

顶起，倾卸货物。

　　将操纵手柄扳到"中立"位置时（图 3 - 145b），油口 P 和 O 相通，油口 A 与 P 不通，与 O 也不通。此时油泵输出的油液经油口 P、O 和油管流回油箱，油泵卸荷。而油缸的油不进也不出，活塞停止不动，油缸内保持一定的油压，使货厢静止不动。

　　将操纵手柄扳到"下降"位置时（图 3 - 145c），三个油口 A、P、O 均相通，油泵输出的油液经油口 P、O 和油管流回油箱，油缸活塞在货厢重力作用下向下移，将缸内的油液压出，经油口 A、O 和油管流回油箱。货厢在自身重力的作用下下降复位。

　　分配器的阀体内装有回位弹簧，当驾驶员松开手柄时，回位弹簧能使阀芯和操纵手柄自动回到"中立"位置。因此当货厢升、降到一定位置后，只要松开手柄，货厢就会停止升降。

　　(3) 油缸　农用车液压自卸系统均采用单作用油缸。所谓单作用就是压力油只能迫使活塞上升，不能迫使其下降，下降要靠货厢自身的重力。有些农用车为了缩短油缸的长度，便于结构上的布置，将油缸做成多级的。图 3 - 146 所示为一三级单作用油缸的结构。下吊耳 11 以外螺纹旋在活塞缸 6 下端的内孔中；上吊耳 1 以内螺纹套装在第一节油缸 3 上端外圆表面上。为防止尘土侵入、提高使

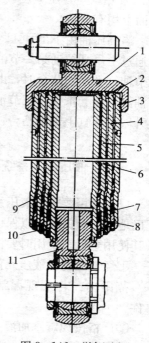

图 3 - 146　举倾油缸
1. 上吊耳　2. 钢丝锁止环
3. 第一节油缸　4. 第二节油缸
5. 第三节油缸　6. 活塞缸
7. 密封圈　8. 套筒
9. 镶套　10. 调整螺母
11. 下吊耳

用寿命，采取倒置式安装，即最大的第一节油缸在最上面。上、下吊耳1和11用球关节分别连接于货箱与车架上。

三节油缸与活塞缸按直径大小依次套装。在第二、第三节油缸4与5之间，以及第三节油缸5与活塞缸6之间，在上端有钢丝锁止环2，以防止第二、三节油缸脱落。在三节油缸下部内孔中均有镶套9，其下端有密封圈7，密封圈用套筒8和调整螺母10压紧并调整其压紧度。第二、第三节油缸和活塞缸上端外圆表面上均有凸台。

当高压油由下吊耳11的油道进入活塞缸中部的油腔时，首先通过上吊耳拉动第一节油缸上升，当第一节油缸的镶套抵住第二节油缸上端的凸台时，即带动第二节油缸上升；同样，当第二节油缸的镶套抵住第三节油缸上端的凸台时，则带动第三节油缸上升。活塞缸上端的凸台，可防止油缸拉脱。

270. 液压制动系统使用中应注意什么？

(1) 使用要求 液压系统中的主要元件都是精密零件，必须正确地使用和保养，以保证液压系统各液压元件的工作性能，延长其使用寿命。使用时要注意下列事项：

①经常检查各液压元件有无渗漏现象，液压油温度应在5～80℃范围内。若发现漏油，应及时维修或更换油封、油管等零件。

②严格按规定添加液压油，严格保证用油清洁。

③各处油嘴应经常加注润滑油，以保持良好的润滑状态。

④高压软管连接应严密，不许扭转，软管表面应干净，不得有刮伤或与可燃油接触。

⑤液压系统一般不得随便拆卸。更换密封圈或排除渗油故障时，零部件拆下后应将各管接头用干净的布包好堵住，以防脏物进入管道。

⑥车辆在行驶过程中，严禁扳动分配器操纵手柄。

⑦分配器中溢油阀（安全阀）的限压值在出厂时已调好，不得随意调整。

⑧当车停稳后，将变速杆置于空挡，然后拉起手制动器，置于停止位置。

⑨若货厢与车架有保险插销，应将其拔出。

⑩操纵分配器操纵手柄时，应敏捷到位，不准停滞在各过渡位置，以免油路堵塞或处于半开关状态，使液压反常增高。

⑪启动柴油机至中等油门以上运转，扳动分配器手柄置于提升位置，随后车厢被顶起翻倾。当车厢举升角达最大时，分配器手柄不可长时间停在提升位置（可将手柄置于中立位置），以免损坏液压元件。

⑫货物卸完后，将分配器手柄置于下降位置，待货箱完全落下后，再将分配器手柄扳回中立位置。严禁在重载车厢顶起的中途，将负重车厢放下。如果分配器操纵手柄有快降和慢降装置，应先将分配器操纵手柄置于快降位置，待货箱落至一半左右时，再将分配器操纵手柄置于慢降位置。

（2）使用制动液的注意事项

①不同规格的制动液严禁混装、混用。如需要更换制动系统制动液种类时，必须将原制动系统中的制动液放净，然后可用酒精进行清洗，再加注新的制动液。

②矿物油制动液对天然橡胶有严重溶胀，只能用在耐油橡胶密封元件及软管的制动系统。如需在一般制动系统中换用矿物油型制动液，必须将原橡胶元件换成耐油橡胶元件。

③醇型制动液沸点大多低于 $100℃$，易挥发。使用醇型制动液时应注意防火和产生气阻。

④制动液是制动系统的专用油液，只能在液压制动系统和操纵系统中使用，不能当作液压油使用。同时，因制动液（特别是合成制动液）成本较高，检修或更换制动液时，应按规定程序进

行，注意节约。

（3）制动液的更换

①换液原则。由于检修损失、漏失或制动液变质，需要换用国产制动液。此时，首先要搞清原车所用制动液的种类和牌号，然后确定待换用的国产制动液品种和规格。换用前，先要排净原车制动系统制动液，然后拆除并清洗主要制动元件（包括制动主泵、分泵、各种制动阀、储液罐、制动管路等），清洗液多用酒精。清洗完毕的元件要擦干或吹干后装复，加注国产相应制动液，逐级排放空气。在排放空气的同时不断向储液罐中补充制动液，直到制动系统空气全部排放完毕为止。

②排放制动系统空气的注意事项。排放空气的顺序应先从总泵开始，再到各制动分泵。各分泵排放空气的顺序应从离制动总泵最近的一个分泵开始，直至全部排放完毕。

在排放制动系统空气时，应由一名操作人员在驾驶室负责踩踏制动踏板，另一名操作人员逐一分泵放气。当驾驶员完全踏下踏板后，再将放空气螺钉打开，待混有空气的制动液喷出，压力下降后，立即拧紧放空气螺钉，此后才允许放松制动踏板。待制动踏板完全回位后，再一次踩踏制动踏板，继而通知车下操作人员继续放气。这样反复几次，即可将气完全排出。拧紧此分泵放气螺钉，再进行下一个制动分泵的放气。作时，放松踏板要快，踩踏板时要猛。如果在放空气时，车上车下配合不好，不仅空气放不净，而且还会浪费大量制动液。

③排制动系统空气时，最好使用专用工具。

④换液时机。制动液没有固定的换液期，平时应随时添加并注意观察，发现变色乳化时，即可更换。

271. 液压自卸装置无法举升车厢是何原因？如何排除？

（1）液压系统中管路堵塞或不畅，应检查进油口、回油口、油箱过滤网等是否堵塞。若液压油太脏，应更换液压油，清洁滤网。

（2）安全阀开启压力低于车厢载荷所需的举升压力。安全阀弹簧折断或失效、钢球磨损严重，与阀座接触不良，钢球与阀座之间垫有碎屑杂物等。应更换弹簧或钢球，减小垫片厚度，并在试验台上重新调整开启压力。

（3）换向阀阀杆与阀体内孔磨损过度，配合间隙增大，致使高压油自间隙处漏回油箱，应更换换向阀阀杆，并重新配对研磨。

（4）齿轮泵不泵油。车轮磨损严重，应更换油泵；齿轮泵端面严重磨损，卸荷片的隔压密封圈失效，泵内高、低压油路相通，应更换密封圈。

272. 液压自卸装置举升车厢时缓慢无力是何原因？如何排除？

（1）液压系统漏油，油量和油压均不足。外漏现象可从管路接头或接缝处观察并加以排除，内漏可能发生在换向阀和油缸内部，应拆卸检查修理。

（2）空气进入液压系统，油箱液面上有大量气泡逸出。可先将油泵吸油管路上各处接头拧紧，再检查油管有无裂缝；清洗油箱滤网，再松开油缸进油管螺母排除空气，看故障是否排除；否则可能是油泵的自紧油封漏气，应予以更换。

（3）液压油过稀，或油中杂质多，导致安全阀关闭不严，应更换合格的液压油，清洗滤网。

273. 液压自卸装置举升车厢后不能中停是何原因？如何排除？

（1）液压油外漏。一般多为管接头不紧或密封不严所致，应予以拧紧。

（2）油缸内漏。如活塞与缸筒的橡胶密封圈失效，缸筒拉伤，活塞磨损等，均会造成油缸内漏，应更换密封圈或活塞环，一般油缸拉伤可用珩磨法消除。

（3）换向阀内漏。其原因是阀杆与阀体内孔配合间隙过大，应更换。

（4）单向阀密封不严。可能是阀体与阀座配合面损伤，应予研磨；若弹簧弹力过弱，应更换。

附录 道路交通标志图解

道路交通标志							道路交通标线		
1. 警告标志	2. 禁令标志	3. 指示标志	4. 指路标志	5. 旅游区标志	6. 道路施工安全标志	7. 辅助标志	8. 禁止标线	9. 指示标线	10. 警告标线

道路交通标志

1. 警告标志

十字交叉

除了基本形十字路口外，还有部分变异的十字路口，如：五路交叉路口、变形十字路口、变形五路交叉路口等。五路以上的路口均按十字路口对待。

T形交叉

丁字形标志原则上设在与交叉口形状相符的道路上。右侧丁字路口，此标志设在进入 T 字路口以前的适当位置。

T形交叉

丁字形标志原则上设在与交叉口形状相符的道路上。左侧丁字路口此标志设在进入丁字路口以前的适当位置。

T形交叉

丁字形标志原则上设在与交叉口形状相符的道路上。此标志设在进入 T 字路口以前的适当位置。

（续）

Y形交叉

设在 Y 形路口以前的适当位置。

环形交叉

有的环形交叉路口，由于受线形限制或障碍物阻挡，此标志设在面对来车的路口的正面。

向左急弯路

向左急弯路标志设在左急转弯的道路前方适当位置。

向右急弯路

向右急弯路标志，设在右急转弯的道路前方适当位置。

反向弯路

此标志设在两个相邻的方向相反的弯路前适当位置。

连续弯路

此标志设在有连续三个以上弯路的道路以前适当位置。

上陡坡

此标志设在纵坡度在 7% 和市区纵坡度在大于 4% 的陡坡道路前适当位置。

下陡坡

此标志设在纵坡度在 7% 和市区纵坡度在大于 4% 的陡坡道路前适当位置。

（续）

两侧变窄

车行道两侧变窄主要指沿道路中心线对城缩窄的道路；此标志设在窄路以前适当位置。

右侧变窄

车行道右侧缩窄。此标志设在窄路以前适当位置。

左侧变窄

车行道左侧缩窄。此标志设在窄路以前适当位置。

窄桥

此标志设在桥面宽度小于路面宽度的窄桥以前适当位置。

双向交通

双向行驶的道路上，采用天然的或人工的隔离措施，把上下行交通完全分离，由于某种原因（施工、桥、隧道）形成无隔离的双向车道时，须设置此标志。

注意行人

一般设在郊外道路上划有人行横道的前方。城市道路上因人行横道线较多，可根据实际需要设置。

注意儿童

此标志设在小学、幼儿园、少年宫、儿童游乐场等儿童频繁出入的场所或通道处。

注意牲畜

此标志设在经常有牲畜活动的路段特别是视线不良的路段以前适当位置。

（续）

注意信号灯

此标志设在不易发现前方位信号灯控制的路口前适当位置。

注意落石

此标志设在左侧有落石危险的傍山路段之前适当位置。

注意落石

此标志设在右侧有落石危险的傍山路段之前适当位置。

注意横风

此标志设在经常有很强的侧风并有必要引起注意的路段前适当位置。

易滑

此标志设在路面的摩擦系数不能满足相应行驶速度下要求紧急刹车距离的路段前适当位置。行驶至此路段必须减速慢行。

傍山险路

此标志设在山区地势险要路段（道路外侧位陡壁、悬崖危险的路段）以前适当位置。

傍山险路

此标志设在山区地势险要路段（道路外侧位陡壁、悬崖危险的路段）以前适当位置。

堤坝路

此标志设在沿水库、湖泊、河流等堤坝路以前适当位置。

（续）

堤坝路

此标志设在沿水库、湖泊、河流等堤坝路以前适当位置。

村庄

此标志设在不易发现前方有村庄或小城镇的路段以前适当位置。

隧道

此标志设在进入隧道前的适当位置。

渡口

此标志设在汽车渡口以前适当位置。特别是有的渡口地形较位复杂、道路条件较差，使用此标志能引起驾驶员的谨慎驾驶、注意安全。

驼峰桥

此标志设在注意前方是拱度较大，不易发现对方来车，应靠右侧行驶并应减速慢行。

路面不平

此标志设在路面不平的路段以前适当位置。

过水路面

此标志设在过水路面或漫水桥路段以前适当位置。

有人看守铁路道口

此标志设在不易发现的道口以前适当位置。

（续）

无人看守铁路道口
此标志设在道口以前适当位置。

注意非机动车
此标志设在混合行驶的道路并经常有非机动车横穿、出入的地点以前适当位置。

事故易发路段
此标志设在交通事故易发路段以前适当位置。

慢行
此标志设在前方需要减速慢行的路段以前适当位置。

左右绕行
此标志表示有障碍物座左右侧绕行，放置在路段前适当位置。

左侧绕行
此标志表示有障碍物左侧绕行，放置在路段前适当位置。

右侧绕行
此标志表示有障碍物右侧绕行，放置在路段前适当位置。

施工
此标志可作为临时标志设在施工路段以前适当位置。

专家为您答疑丛书 □□□□□□□

（续）

注意危险

此标志设在以上标志不能包括在其他危险路段以前适当位置。

斜杠符号

表示距无人看守铁路道口的距离为50m。

斜杠符号

表示距无人看守铁路道口的距离100m。

斜杠符号

表示距无人看守铁路道口的距离为150m。

叉形符号

表示多股铁道与道路交叉设在无人看守铁路道口标志上端。

（续）

2. 禁令标志

禁止通行

表示禁止一切车辆和行人通行。此标志设在禁止通行的道路入口处。

禁止驶入

表示禁止一切车辆驶入。此标志设在单行路的出口处或禁止驶入的路段入口。

禁止机动车驶入

表示禁止各类机动车驶入。此标志设在禁止机动车通行路段的入口处。

禁止载货汽车驶入

表示禁止载货机动车驶入。此标志设在载货机动车驶入的路段入口处。

禁止三轮机动车驶入

表示禁止三轮机动车驶入。此标志设在禁止三轮机动车驶入的路段入口处。

禁止大型客车驶入

表示禁止大型客车驶入。此标志设在禁止大型客车驶入的路段入口处。

禁止小型客车驶入

表示禁止小型客车驶入。此标志设在禁止小型客车驶入的路段入口处。

禁止汽车拖、挂车驶入

表示禁止汽车拖、挂车驶入。此标志设在禁止汽车拖、挂车驶入的路段入口处。

（续）

禁止拖拉机驶入

表示禁止拖拉机驶入。此标志设在禁止拖拉机驶入的路段入口处。

禁止农用车驶入

表示禁止农用运输车驶入。此标志设在禁止农用运输车驶入的路段入口处。

禁止二轮摩托车驶入

表示禁止两轮摩托车驶入。此标志设在禁止两轮摩托车驶入的路段入口处。

禁止某两种车驶入

表示禁止某两种车驶入。此标志设在禁止某两种车驶入的路段入口处。

禁止非机动车进入

表示禁止非机动车进入。此标志设在禁止非机动车进入行的路段入口处。

禁止畜力车进入

表示禁止畜力车进入。此标志设在禁止畜力车进入的路段入口处。

禁止人力货运三轮车进入

表示禁止人力货运三轮车进入。此标志设在禁止人力货运三轮车进入的路段入口处。

禁止人力客运三轮车进入

表示禁止人力客运三轮车进入。此标志设在禁止人力客运三轮车进入的路段入口处。

（续）

禁止人力车进入

表示禁止人力车进入。此标志设在禁止人力车进入的路段入口处。

禁止骑自行车下坡

表示禁止骑自行车下坡通行。此标志设在禁止骑自行车下坡通行的路段入口处。

禁止骑自行车上坡

表示禁止骑自行车上坡通行。此标志设在禁止骑自行车上坡通行的路段入口处。

禁止行人进入

表示禁止行人进入。此标志设在禁止行人进入的路段入口处。

禁止向左转弯

表示前方路口禁止一切车辆向左转弯。此标志设在禁止向左转弯的路口前适当位置。

禁止向右转弯

表示前方路口禁止一切车辆向右转弯。此标志设在禁止向右转弯的路口前适当位置。

禁止直行

表示前方路口禁止一切车辆直行。此标志设在禁止直行的路口前适当位置。

禁止向左向右转弯

表示前方路口禁止一切车辆向左向右转弯。此标志设在禁止向左向右转弯的路口前适当位置。

（续）

禁止直行和向左转弯

表示前方路口禁止一切车辆直行和向左转弯。此标志设在禁止直行和向左转弯的路口前适当位置。

禁止直行和向右转弯

表示前方路口禁止一切车辆直行和向右转弯。此标志设在禁止直行和向右转弯的路口前适当位置。

禁止掉头

表示前方路口禁止一切车辆掉头。此标志设在禁止掉头的路口前适当位置。

禁止超车

表示该标志至前方解除禁止超车标志的路段内，不准机动车超车。此标志设在禁止超车的起点。

解除禁止超车

表示禁止超车路段结束。此标志设在禁止超车的终点。

禁止车辆临时或长时停放

表示在限定的范围内，禁止一切车辆临时或长时停放。此标志设在禁止车辆停放的地方。禁止车辆停放的时间、车种和范围可用辅助标志说明。

禁止车辆长时停放

禁止车辆长时停放，临时停放不受限制。禁止车辆停放的时间、车种和范围可用辅助标志说明。

禁止鸣喇叭

表示禁止鸣喇叭。此标志设在需要禁止鸣喇叭的地方。禁止鸣喇叭的时间和范围可用辅助标志说明。

（续）

限制宽度

表示禁止装载宽度超过标志所示数值的车辆通行。此标志设在最大允许宽度受限制的地方。以图为例：装载宽度不得超过 3 米。

限制高度

表示禁止装载高度超过标志所示数值的车辆通行。此标志设在最大允许高度受限制的地方。以图为例：装载高度不得超过 3.5 米。

限制质量

表示禁止总质量超过标志所示数值的车辆通行。此标志设在需要限制车辆质量的桥梁两端。以图为例：装载总质量不得超过 10t。

限制轴重

表示禁止轴重超过标志所示数值的车辆通行。此标志设在需要限制车辆轴重的桥梁两端。以图为例：限制车辆轴重量不得超过 7t。

限制速度

表示该标志至前方限制速度标志的路段内，机动车行驶速度不得超过标志所示数值。此标志设在需要限制车辆速度的路段的起点。以图为例：限制行驶时速不得超过 40 公里。

解除限制速度

表示限制速度路段结束。此标志设在限制车辆速度路段的终点。

停车检查

表示机动车必须停车接受检查。此标志设在关卡将近处，以便要求车辆接受检查或缴费等手续。标志中可加注说明检查事项。

停车让行

表示车辆必须在停止线以外停车了望，确认安全后，才准许通行。停车让行标志在下列情况下设置：（1）与交通流量较大的干路平交的支路路口；（2）无人看守的铁路道口；（3）其他需要设置的地方。

（续）

减速让行

表示车辆应减速让行，告示车辆驾驶员
必须慢行或停车，观察干路行车情况，
在确保干道车辆优先的前提下，认为安
全时方可续行。此标志设在视线良好交
叉道路的次要路口。

会车让行

表示车辆会车时，必须停车让对方车先
行。设置在会车有困难的狭窄路段的一
端或由于某种原因只能开放一条车道作
双向通行路段的一端。

禁止运输危险物品车辆驶入标志

表示禁止运输危险物品车辆驶入。设在
禁止运输危险物品车辆驶入路段的入
口处。

3. 指示标志

直行

表示只准一切车辆直行。此标志设在直
行的路口以前适当位置。

向左转弯

表示只准一切车辆向左转弯。此标志设
在车辆必须向左转弯的路口以前适当
位置。

（续）

向右转弯

表示只准一切车辆向右转弯。此标志设在车辆必须向右转弯的路口以前适当位置。

直行和向左转弯

表示只准一切车辆直行和向左转弯。此标志设在车辆必须直行和向左转弯的路口以前适当位置。

直行和向右转弯

表示只准一切车辆直行和向右转弯。此标志设在车辆必须直行和向右转弯的路口以前适当位置。

向左和向右转弯

表示只准一切车辆向左和向右转弯。此标志设在车辆必须向左和向右转弯的路口以前适当位置。

靠右侧道路行驶

表示只准一切车辆靠右侧道路行驶。此标志设在车辆必须靠右侧行驶的路口以前适当位置。

靠左侧道路行驶

表示只准一切车辆靠左侧道路行驶。此标志设在车辆必须靠左侧行驶的路口以前适当位置。

立交直行和左转弯行驶

表示车辆在立交处可以直行和按图示路线左转弯行驶。此标志设在立交左转弯出口处适当位置。

立交直行和右转弯行驶

表示车辆在立交处可以直行和按图示路线右转弯行驶。此标志设在立交右转弯出口处适当位置。

（续）

环岛行驶

表示只准车辆靠右环行。此标志设在环岛面向路口来车方向适当位置。

步行

表示该街道只供步行。此标志设在步行街的两端。

鸣喇叭

表示机动车行至该标志处必须鸣喇叭。此标志设在公路的急转弯处、陡坡等视线不良路段的起点。

最低限速

表示机动车驶入前方道路之最低时速限制。此标志设在高速公路或其他道路限速路段的起点。

单行路向左或向右

表示一切车辆向左或向右单向行驶。此标志设在单行路的路口和入口处的适当位置。

单行路直行

表示一切车辆单向行驶。此标志设在单行路的路口和入口处的适当位置。

干路先行

表示干路先行，此标志设在车道以前适当位置。

会车先行

表示会车先行，此标志设在车道以前适当位置。

（续）

人行横道

表示该处为专供行人横穿马路的通道。此标志设在人行横道的两侧。

右转车道

表示车道的行驶方向。此标志设在导向车道以前适当位置。

直行车道

表示车道的行驶方向。此标志设在导向车道以前适当位置。

直行和右转合用车道

表示车道的行驶方向。此标志设在导向车道以前适当位置。

分向行驶车道

表示车道的行驶方向。此标志设在导向车道以前适当位置。

公交线路专用车道

表示该车道专供本线路行驶的公交车辆行驶。此标志设在进入该车道的起点及各交叉口入口处以前适当位置。

机动车行驶

表示车道机动车行驶。此标志设在道路或车道的起点及交叉路口入口处前适当位置。

机动车车道

表示该车道只供机动车行驶。设在该车道的起点及交叉路口和入口前适当位置。在标志无法正对车道时，可以不标注箭头。

（续）

非机动车行驶

表示非机动车行驶。此标志设在道路或车道的起点及交叉路口入口处前适当位置。

非机动车车道

表示该车道只供非机动车行驶。设在该车道的起点及交叉路口和入口前适当位置。在标志无法正对车道时，可以不标注箭头。

允许掉头

表示允许掉头。此标志设在允许机动车掉头路段的起点和路口以前适当位置。

4. 指路标志

地名

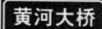

著名地点

行政区划分界

道路管理分界

国道编号

省道编号

（续）

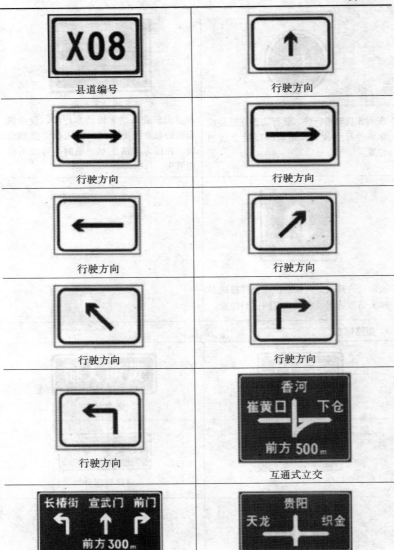

县道编号

行驶方向

行驶方向

行驶方向

行驶方向

行驶方向

行驶方向

行驶方向

互通式立交

交叉路口预告

十字交叉路口

（续）

十字交叉路口

十字交叉路口

十字交叉路口

丁字交叉路口

丁字交叉路口

环形交叉路口

环形交叉路口

环形交叉路口

交叉路口预告

互通式立交

（续）

互通式立交

互通式立交

分岔处

地点距离标志

地点识别标志

地点识别标志

地点识别标志

地点识别标志

地点识别标志

地点识别标志

地点识别标志

地点识别标志

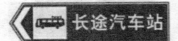

地点识别标志

地点识别标志

（续）

地点识别标志

地点识别标志

地点识别标志

告示牌

告示牌

告示牌

告示牌

告示牌

告示牌

告示牌

告示牌

告示牌

告示牌

停车场

（续）

停车场

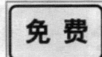

停车场

避车道

人行天桥　人行地下通道

绕行标志

绕行标志

绕行标志

此路不通

残疾人专用设施

入口预告
1km前预告高速公路入口

（续）

入口预告
500m 前预告高速公路入口

入口预告
200m 前预告高速公路入口

入口预告
通过互通立交进入高速公路的入口预告标志

入口预告
从省道进入高速公路的入口预告标志

入口预告
通向高速公路两个方向的入口预告

入口预告
高速公路入口的地点方向

入口预告
通向高速公路某方向的入口预告

入口

（续）

起点

终点预告

终点提示

终点

下一出口

下一出口

出口编号预告

出口预告

（续）

出口预告

出口预告

出口预告

出口预告

出口预告
车辆需走减速车道，由"14A"出口

出口
车辆需走直行车道，由"14B"出口

出口

出口

（续）

出口

地点方向

地点方向

地点方向

地点方向

地点方向

地点方向

地点方向

（续）

地点方向

地点距离

收费站预告

收费站预告

收费站预告

收费站

紧急电话

电话立置指示

（续）

电话立置指示

加油站

紧急停车带

服务区预告

服务区预告

服务区预告

服务区预告

停车区预告

（续）

停车区预告

停车区预告

停车场

停车场

停车场

爬坡车道

（续）

爬坡车道

爬坡车道

爬坡车道

车距确认

车距确认

车距确认

车距确认

车距确认

道路交通信息

道路交通信息

（续）

道路交通信息

里程牌

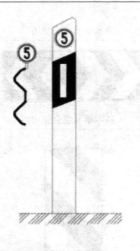

百米牌

分流

（续）

合流

线形诱导标基本单元

线形诱导标基本单元

基本单元组合使用

基本单元组合使用

基本单元组合使用

右侧通行

左侧通行

（续）

两侧通行

5. 旅游区标志

旅游区方向

旅游区距离

问询处

徒步

索道

野营地

（续）

营火

游戏场

骑马

钓鱼

高尔夫球

潜水

游泳

划船

冬季浏览区

滑雪

（续）

滑冰

6. 道路施工安全标志

施工路栏

施工路栏

锥形交通标

锥形交通标

（续）

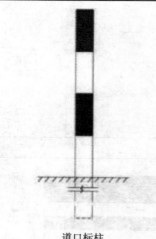

道口标柱

前方施工

前方施工

道路施工

道路封闭

道路封闭

道路封闭

道路封闭

右道封闭

右道封闭

右道封闭

（续）

左道封闭

左道封闭

左道封闭

中间封闭

中间封闭

中间封闭

车辆慢行

向左行驶

向右行驶

向左改道

7. 辅助标志

7:30 - 10:00	7:30 - 9:30 16:00 - 18:30
时间范围	时间范围

（续）

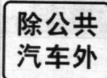

除公共汽车外

机动车

货车

货车、拖拉机

向前 200M

向左 100M

向左、向右各 50M

向右 100M

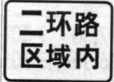

某区域内

学校

（续）

海关

事故

坍方

组合

道路交通标线

8. 禁止标线

中心黄色双实线

三车道标线

中心黄色虚实线

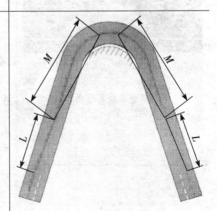

计算行车速度 $v > 60\text{km/h}$，斜率 $i \geqslant 1 : 50$；计算行车速度 $v \leqslant 60\text{km/h}$，斜率 $i \geqslant 1 : 20$；$M = $ 最小视距

（续）

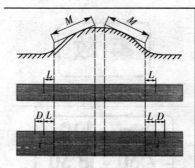

计算行车速度 $v > 60$km/h，$L \geqslant 100$m，$D = 40$M，斜率 $i \geqslant 1：50$

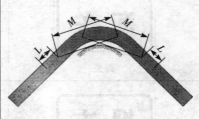

计算行车速度 $v > 60$km/h，$L \geqslant 100$m；计算机车速度 $v \leqslant 60$km/h，$L \geqslant 50$m 视距小于 M 值时，双向两车道道路在平曲线的中心线划法

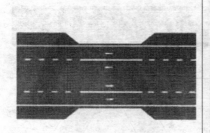

禁止变换车道线

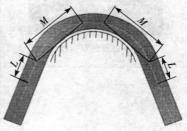

计算行车速度 $v > 60$km/h，$L \geqslant 100$m；计算行车速度 $v \leqslant 60$km/h，$L \geqslant 50$m 视距小于 M 值时，双向车道道路在平曲线的中心线划法

（续）

禁止路边长时停放车辆线

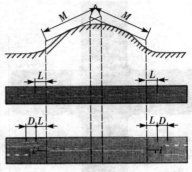

计算行车速度 $v > 60\text{km/h}$，$L \geqslant 100\text{m}$，$D = 40M$，斜率 $i \geqslant 1:50$；计算机车速度 $v \leqslant 60\text{km/h}$，$L \geqslant 50\text{m}$，$D = 20M$，斜率 $i \geqslant 1:20$；视距小于 M 值时，在道路竖曲线上的中心线划法

禁止路边临时或长时停放车辆线

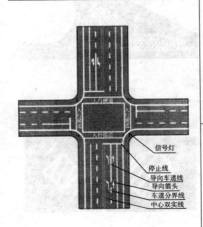

信号灯路口的停止线

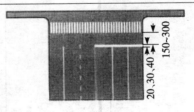

停止线的尺寸　单位：cm

停止让行线

（续）

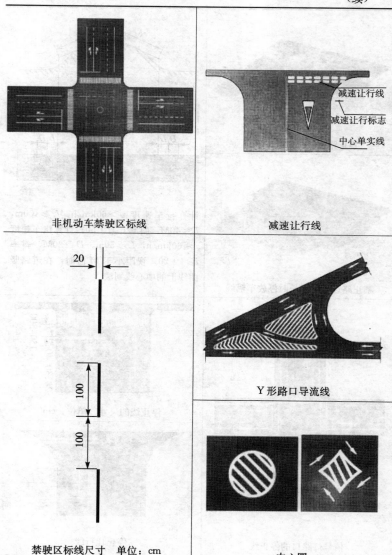

非机动车禁驶区标线

减速让行线
减速让行标志
中心单实线

减速让行线

禁驶区标线尺寸　单位：cm

Y 形路口导流线

中心圈

（续）

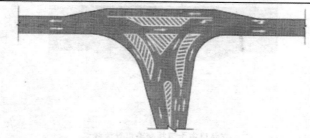

复杂行驶条件丁字路口导流线

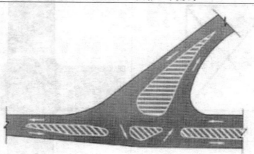

斜交丁字路口导流线

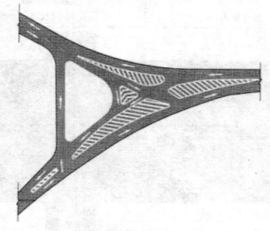

不规则路口导流线

（续）

支路口主干道相交路口导流线

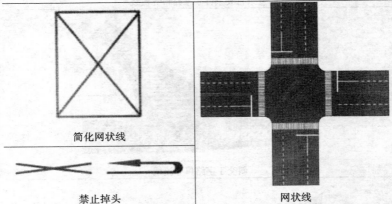

简化网状线

禁止掉头

网状线

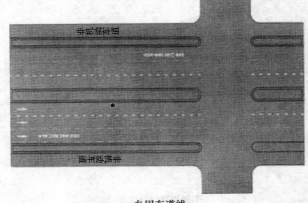

专用车道线

（续）

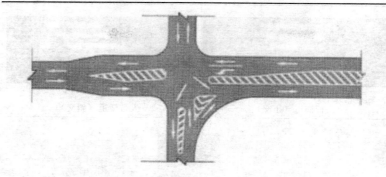

复杂行驶条件十字路口导流线

9. 指示标线

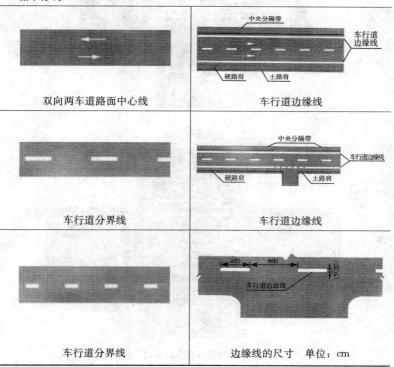

（续）

人行横道（正交）　　　　　人行横道（斜交）

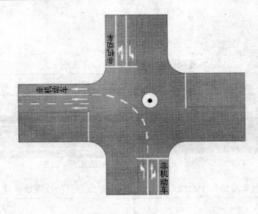

左转弯导向线

人行横道（信号灯路口）

（续）

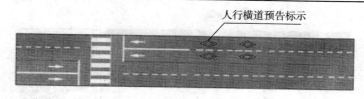

人行横道预告标示

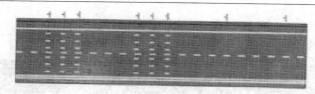

车距确认

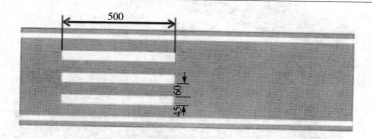

车距确认线尺寸（单位：cm）

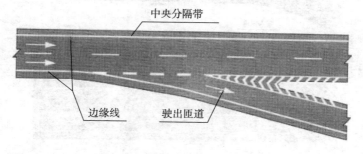

直接式出口标线

（续）

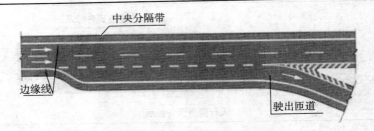

平行式出口标线

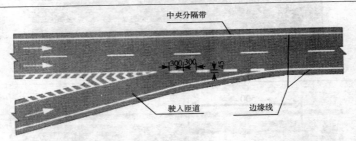

直接式入口标线（单位：cm）

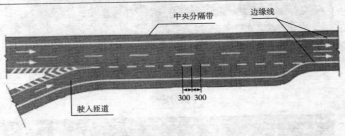

平行式入口标线（单位：cm）

平行式停车位

（续）

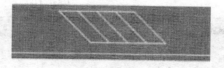

倾斜式停车位

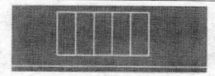

垂直式停车位

出租车专用待客停车位

单位：m

出租车专用上下客车位

残疾人专用车辆车位

非机动车专用停车位

（续）

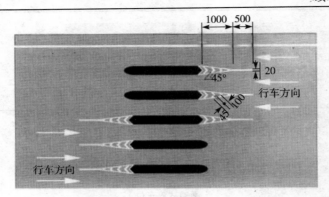

收费岛地面标线（单位：cm）

港湾式停靠站

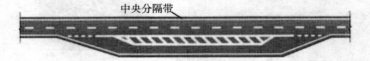

港湾式停靠站

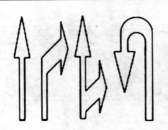

行车速度≤40km/h时的导向箭头

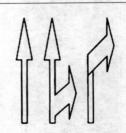

行车速度在60～80km/h时的导向箭头

（续）

最低限速

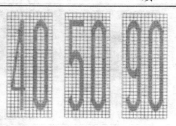

最高速度

大型车

小型车

超车道

非机动车车道标记

10. 警告标线

三车道缩减为双车道

（续）

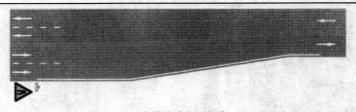

四车道缩减为双车道

四车道缩减为三车道

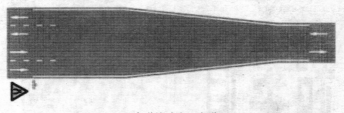

四车道缩减为两车道

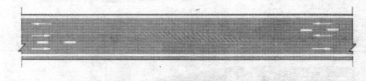

三车道斑马线过渡

双向两车道改变为双向四车道

（续）

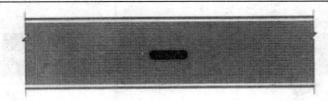

双车道中间有障碍

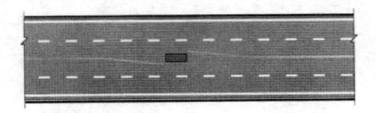

四车道中间有障碍

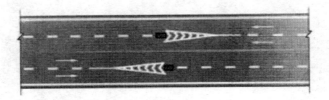

同方向二车道中间有障碍

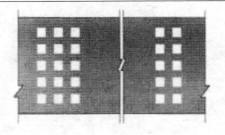

减速标线

（续）

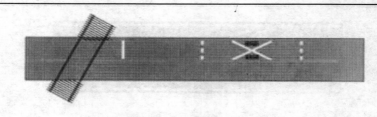

铁路平交道口标线

参 考 文 献

曹正清.2000.农用运输车维护保养及使用技术问答［M］.北京：中国盲文出版社.

管延华，陈传强.2005.农用运输车使用与维护［M］.北京：中国农业出版社.

黄星梅.2000.农用运输车维修保养图解［M］.哈尔滨：黑龙江科学技术出版社.

李问盈，王桂显.2000.农用运输车使用与维修［M］.北京：中国农业出版社.

林铭礼.2000.四轮农用运输车的使用调整与维修［M］.郑州：河南科学技术出版社.

刘淑霞，王家忠，赵晓顺.2009.农用运输车使用与维修［M］.石家庄：河北科学技术出版社.

刘文举.2010.农用运输车使用与检修技术问答［M］.北京：金盾出版社.

刘文蔚.1999.汽车与农用运输车驾驶员手册［M］.昆明：云南科学技术出版社.

鲁植雄.2000.农用汽车与拖拉机维修［M］.北京：北京理工出版社.

鲁植雄.2007.农用运输车常见故障诊断与排除图解［M］.北京：中国农业出版社.

鲁植雄.2010.四轮农用运输车常见故障诊断排除图解［M］.2版.北京：中国农业出版社.

毛峰.2009.汽车电器设备与维修［M］.北京：机械工业出版社.

屈殿银，习维芹.2010.农用运输车（低速载货汽车）的使用与维修［M］.北京：化学工业出版社.

宋年秀.2005.汽车驾驶技术［M］.北京：机械工业出版社.

王瑞丽，包秀辉，黄晓初 . 2010. 农用车使用与维修精华 ［M］. 北京：机械工业出版社 .

席新明，陈军，耿楠 . 2002. 四轮农用运输车使用维修图解 ［M］. 郑州：河南科学技术出版社 .

张建俊 . 2010. 汽车诊断与检测技术 ［M］. 3 版 . 北京：人民交通出版社 .

朱瑞祥 . 2002. 三轮农用运输车使用维修图解 ［M］. 郑州：河南科学技术出版社 .

图书在版编目（CIP）数据

农用运输车使用与维修百问百答 / 赵晓顺等编著
. —北京：中国农业出版社，2012.5
ISBN 978-7-109-16770-4

Ⅰ.①农…　Ⅱ.①赵…　Ⅲ.①农用运输车—使用—问
题解答②农用运输车—维修—问题解答　Ⅳ.①S229-44

中国版本图书馆 CIP 数据核字（2012）第 091039 号

中国农业出版社出版
（北京市朝阳区农展馆北路 2 号）
（邮政编码 100125）
责任编辑　何致莹　黄向阳

中国农业出版社印刷厂印刷　新华书店北京发行所发行
2012 年 6 月第 1 版　2012 年 6 月北京第 1 次印刷

开本：850mm×1168mm　1/32　印张：13.625
字数：338 千字　印数：1～6 000 册
定价：29.00 元
（凡本版图书出现印刷、装订错误，请向出版社发行部调换）